工業力学

［第４版］

青木 弘・木谷 晋 共著

森北出版

第 4 版の発行にあたって

1971 年に初版を発行して以来，50 年が経過しました．その間，多くの学校で本書を教科書としてご採用いただきました．

このたび，よりいっそう学びやすい教科書となるように，演習問題の解答とヒントを加筆し，レイアウトを一新してフルカラー化して，第 4 版として発行する運びとなりました．

第 4 版の発行に際しては，東京工業大学名誉教授 中原綱光先生にご協力いただきました．この場をお借りしてお礼申し上げます．

2021 年 5 月

出　版　部

まえがき

最近の科学技術の発展は目ざましいものであるが，工学の基礎の一つである力学は，つづいて履習すべき熱と流れの力学，固体の力学，機械の力学などへの入門としての重要な基礎科目であり，科学技術者を志す人はこれを十分に理解し活用できるようにしておかなければならない．

本書は，大学の工学部または工業高専において工業力学を学ぼうとする学生の教科書として編著したもので，週2時間の指導，1箇年で履習できるようにその内容を選択配列してある．従来，工業力学の教科書は高校では応用力学のなかの一編として書かれており，一方，大学での教科書は高度な内容のものが多く，それらの間には内容，程度に大きな開きがあり，その中間程度のものが少ないように見受けられる．本書はこの中間程度を目標として，初歩の微積分の知識でも十分理解でき，初等から高等への橋渡しになるよう企画した．

このため，なるべく平易，簡潔に説明し，いたずらに程度の高い理論にはしらないように心がけ，例題を豊富に取り入れて，実際の問題を力学的に考察し，それを解く能力が養えるように配慮してある．

さらに各章末の演習問題もできる限り数値を与えてあり，身近な問題としてとらえ，力学になじめるようにした．

用語は原則として，文部省編，機械学会発行“学術用語集機械工学編”によった．

以上により，本書が工業力学を学ぼうとする学生の基礎の力をつけることにいささかでも役立つならば，著者として幸いこの上ないと思うしだいである．

終わりに，この本の編著に当たり参考にさせていただいた内外の多くの図書の著者に対し深甚なる謝意を表するとともに，刊行に当たって，その編集校正に多大の援助をいただいた森北出版株式会社ならびに同社編集部池田広好氏に対し厚く御礼申し上げる．

昭和45年10月

著　　者

目　次

第1章　力

1.1　力……………………………………… 1
1.2　1点にはたらく力の合成と分解 ……………………………………… 2
1.3　力のモーメント…………………… 6
1.4　着力点の異なる力の合成………… 9
演習問題………………………………… 15

第2章　力のつりあい

2.1　1点にはたらく力のつりあい ……………………………………… 17
2.2　接着点，支点にはたらく力……… 19
2.3　着力点の異なる力のつりあい ……………………………………… 21
2.4　トラス……………………………… 24
演習問題………………………………… 28

第3章　重　心

3.1　重心と図心………………………… 31
3.2　物体の重心………………………… 32
3.3　物体のすわり……………………… 39
演習問題………………………………… 41

第4章　点の運動

4.1　点の運動（速度と加速度）……… 43
4.2　直線運動…………………………… 46
4.3　平面運動…………………………… 49
4.4　相対運動…………………………… 52
演習問題………………………………… 54

第5章　運動と力

5.1　運動の法則………………………… 56
5.2　慣性力……………………………… 58
5.3　向心力と遠心力…………………… 59
演習問題………………………………… 60

第6章　剛体の運動

6.1　剛体の回転運動と慣性モーメント ……………………………………… 62
6.2　慣性モーメントに関する定理…… 64
6.3　断面二次モーメント……………… 65
6.4　簡単な物体の慣性モーメント…… 66
6.5　剛体の平面運動…………………… 73
6.6　剛体の平面運動の方程式………… 76
6.7　回転体のつりあい………………… 78
演習問題………………………………… 82

第7章　衝　突

7.1　運動量と力積……………………… 84
7.2　角運動量…………………………… 86
7.3　運動量保存の法則………………… 87
7.4　衝　突……………………………… 89
演習問題………………………………… 97

第8章　仕事，エネルギー，動力

8.1　仕　事……………………………… 99
8.2　エネルギー………………………… 102
8.3　動　力……………………………… 109
演習問題………………………………… 111

第9章　摩　擦

9.1　すべり摩擦………………………… 113
9.2　ころがり摩擦……………………… 115
9.3　ベルトの摩擦……………………… 117
9.4　ブレーキ…………………………… 119
9.5　軸受の摩擦………………………… 120
演習問題………………………………… 122

第10章　簡単な機械

10.1　て　こ…………………………… 124
10.2　滑　車…………………………… 124
10.3　輪　軸…………………………… 128
10.4　斜　面…………………………… 129
10.5　機械の効率……………………… 134
演習問題………………………………… 135

第11章　振　動

11.1　単振動…………………………… 137
11.2　いろいろな振り子……………… 139
11.3　自由振動と強制振動…………… 145
演習問題………………………………… 149

演習問題の解答とヒント……………… 150
参考文献………………………………… 169
国際単位系（SI）……………………… 170
付　表　………………………………… 172
索　引　………………………………… 173

FORCE

第1章 力

1.1 力

1.1.1 力とその表示

われわれが静止している物体を持ち上げたり，動いている物体を止めたり，ばねをのばしたり，あるいは縮めたりするとき，すなわち物体の運動の状態を変化させ，あるいは物体の形を変えたりするとき，その原因となるものを**力**（force）という．地上にあるものを手で持ち上げるとき，筋肉の緊張を感じる．これは重力にさからって物体を持ち上げるために力をはたらかせたためで，肉体的感覚を通して力を知ることができる例である．

物体に力をはたらかせる場合，大きさ，方向，向き，力のはたらく点によってその効果は異なる．この力のはたらく点を**着力点**，力の方向を示す線を**作用線**という．力を図示するには**図1.1**のように，着力点Oより力の方向に力の大きさに比例した長さの線分OAをとり，OAの先に向きを示す矢印をつけて表す．速度，力，電界の強さなどのように，大きさ，方向と向きをもつ量を**ベクトル**（vector）という．Oをベクトルの始点，Aを終点といい，$\overrightarrow{\mathrm{OA}}$ または太い文字，たとえば $\boldsymbol{a}$ のように表し，大きさを示すには絶対値記号をつけて，$|\overrightarrow{\mathrm{OA}}|$，$|\boldsymbol{a}|$，または細い文字 a で表す．1.3節，4.1節に出てくる力のモーメント，加速度などもベクトル量である．これに対して時間，長さ，エネルギー，体積，面積，質量，電荷などは，大きさだけで方向や向きをもたない量であり，このような量を**スカラー**（scalar）という．

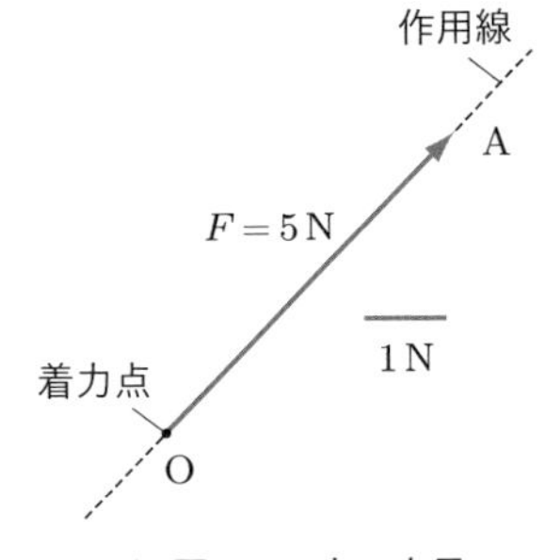

▶図1.1　力の表示

1.1.2 力の単位

力は運動の第二法則によって定義される．質量1 kgの物体に $1\ \mathrm{m/s^2}$ の加速度を生じさせる力を1ニュートン（N）という（第5章 運動と力 を参照のこと）*．

$$1\ \mathrm{N} = 1\ \mathrm{kg \cdot m/s^2}$$

*なお，質量1 kgの物体を重力にさからって支える力を1重量キログラムといい，これを1 kgfと書く．kgfは，従来，工業上よく用いられてきた重力単位系の力の単位である．重力加速度 g は地球上の場所によってごくわずかに違うが，国際標準の値は $g = 9.80665\ \mathrm{m/s^2}$ であり，したがって，$1\ \mathrm{kgf} = 9.80665\ \mathrm{N}$ である．物体の質量を m［kg］，重量を w［kgf］とすると，本質は異なるが，数値のうえでは $m = w$ である．

1.2　1点にはたらく力の合成と分解

1.2.1　2力の合成

2力が1点にはたらくとき，この2力と同じはたらきをする一つの力を求めることを**2力の合成**といい，合成された一つの力を**合力**（resultant force）という．**図1.2**のように，1点Oにはたらく2力 $\boldsymbol{F}_1$，$\boldsymbol{F}_2$ を $\overrightarrow{\mathrm{OA}}$，$\overrightarrow{\mathrm{OB}}$ で表すとき，この2力の合力を求めるには，OA，OBを2辺とする平行四辺形OACBをつくり，その対角線OCによってできる $\overrightarrow{\mathrm{OC}}$ の力 $\boldsymbol{R}$ が $\boldsymbol{F}_1$ と $\boldsymbol{F}_2$ の合力である．このようにして求める方法を**力の平行四辺形**の法という．また図1.2より，OB∥AC，OB = ACであるから，$\overrightarrow{\mathrm{OB}} = \overrightarrow{\mathrm{AC}}$ である．このことより**図1.3**のように，$\boldsymbol{F}_2$ の力をAを始点とする $\overrightarrow{\mathrm{AC}}$ で表せば，$\overrightarrow{\mathrm{OC}}$ が求める合力 $\boldsymbol{R}$ となる．これを**力の三角形**という．

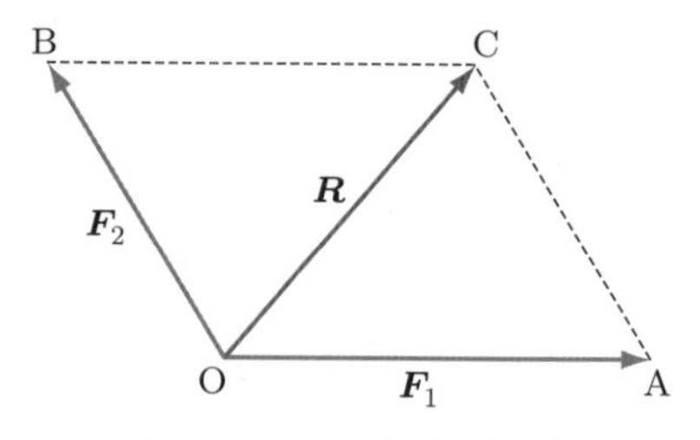

▶図1.2　力の平行四辺形

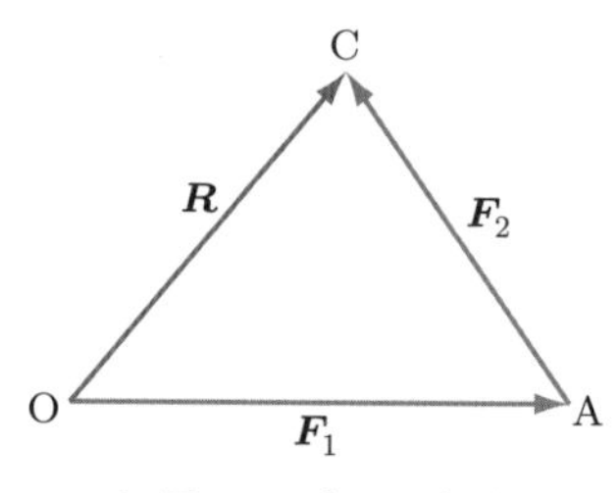

▶図1.3　力の三角形

以上は図による解法であるが，計算によって求めるには，**図1.4**のように，$\boldsymbol{F}_1$，$\boldsymbol{F}_2$ のなす角を α，合力 $\boldsymbol{R}$ と $\boldsymbol{F}_1$ のなす角を θ とすると，△OACにおいて余弦定理により，

$$R^2 = F_1^2 + F_2^2 - 2F_1F_2\cos(180° - \alpha)$$

$$= F_1^2 + F_2^2 + 2F_1F_2\cos\alpha$$

$$R = \sqrt{F_1^2 + F_2^2 + 2F_1F_2\cos\alpha} \qquad (1.1)$$

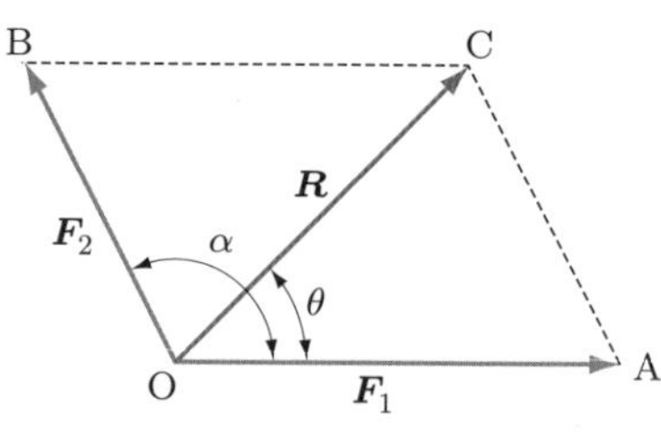

▶図1.4　2力の合成

とすればよい．また，正弦定理により，

$$\frac{F_2}{\sin\theta} = \frac{R}{\sin(180° - \alpha)} = \frac{R}{\sin\alpha} \qquad \therefore \quad \sin\theta = \frac{F_2}{R}\sin\alpha \qquad (1.2)$$

となる．式(1.1)，(1.2)により，合力 $\boldsymbol{R}$ の大きさとその方向が求められる．

例題 1.1　1点Oにはたらく2力 $\boldsymbol{F}_1$，$\boldsymbol{F}_2$ の大きさが20 N，15 N，また，そのなす角 α が120°のとき，その合力を求めよ．

解答▶　式(1.1)より，合力の大きさはつぎのように求められる．

$$R=\sqrt{F_1^2+F_2^2+2F_1F_2\cos\alpha}=\sqrt{20^2+15^2+2\times20\times15\cos120^\circ}$$
$$=18.03 \qquad \therefore\ 18.0\,\mathrm{N}$$

式(1.2)より，合力と力 $\boldsymbol{F}_1$ とのなす角 θ はつぎのようになる．

$$\sin\theta=\frac{F_2}{R}\sin\alpha=\frac{15}{18.03}\sin120^\circ=0.7205 \qquad \therefore\ \theta=46.1^\circ$$

1.2.2 力の分解

一つの力をそれと同じはたらきをする二つ以上の力に分けることを**力の分解**という．分解によって得られた力を，もとの力の**分力**（component of force）という．力を分解するには合成の逆を行えばよい．

図 1.5 のように，一つの力を分解する方法は無数にある．このことより，二つの力に分解する場合，分解する力を含む平面内で二つの分力の方向を与えるか，一つの分力を与えるかの条件をつければ，一つの解が求まる．**図 1.6** のように，力 $\boldsymbol{F}$ を含む平面内に任意の直交座標軸をとり，その両軸方向への分力に分けることを考える．力 $\boldsymbol{F}$ の作用線と x 軸とのなす角を θ とすると，x 軸方向への分力 $\boldsymbol{F}_x$，y 軸方向への分力 $\boldsymbol{F}_y$ は，

$$\left.\begin{aligned}F_x&=F\cos\theta\\F_y&=F\sin\theta\end{aligned}\right\} \tag{1.3}$$

と表される．ここで，F_x，F_y を力 $\boldsymbol{F}$ の x 方向成分，y 方向成分という．直角分力 $\boldsymbol{F}_x$，$\boldsymbol{F}_y$ がわかっているとき，力の大きさ F と x 軸の正の方向とのなす角 θ は，つぎの式から求められる．

$$F=\sqrt{F_x^2+F_y^2} \tag{1.4}$$

$$\tan\theta=\frac{F_y}{F_x} \tag{1.5}$$

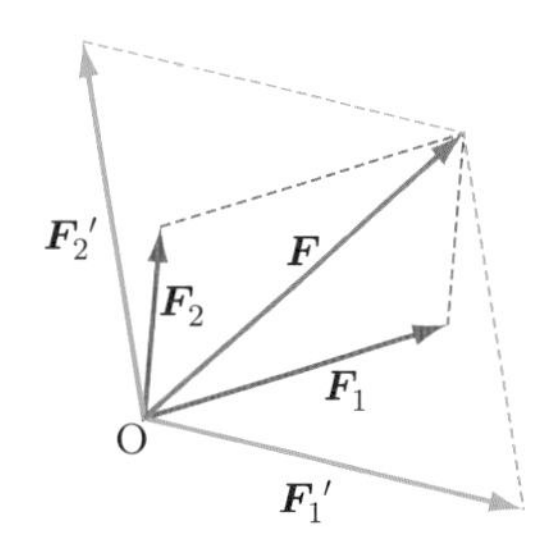

▶図 1.5　力の分解

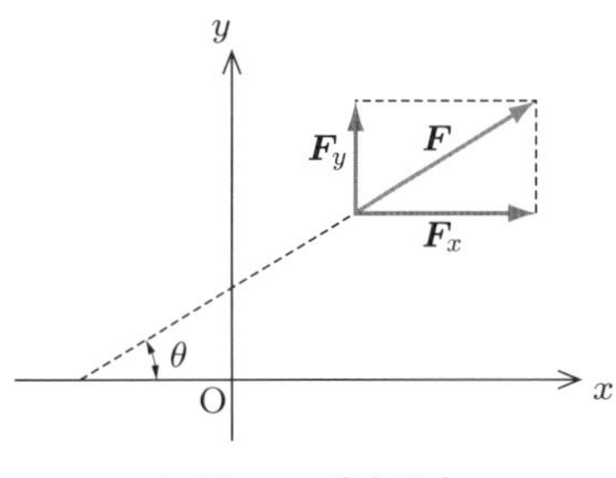

▶図 1.6　直角分力

1.2.3 3 力以上の力系の合成

いま，**図 1.7**（a）のように，1 点 O にはたらく力を，$\boldsymbol{F}_1$，$\boldsymbol{F}_2$，…，$\boldsymbol{F}_n$ とする．この合力を求めるには，図（b）のように任意の点 O′ をとり，点 O′ より力 $\boldsymbol{F}_1$ に相当する

$\overrightarrow{O'A}$をひき，A から力 $\boldsymbol{F}_2$ に相当する $\overrightarrow{AB}$ をひき，順に繰り返して最後に力 $\boldsymbol{F}_n$ に相当するベクトルの終点を E とすると，$\overrightarrow{O'E}$ が求める合力 $\boldsymbol{R}$ を表す．このようにしてつくられた多角形を，**力の多角形**（polygon of force）という．

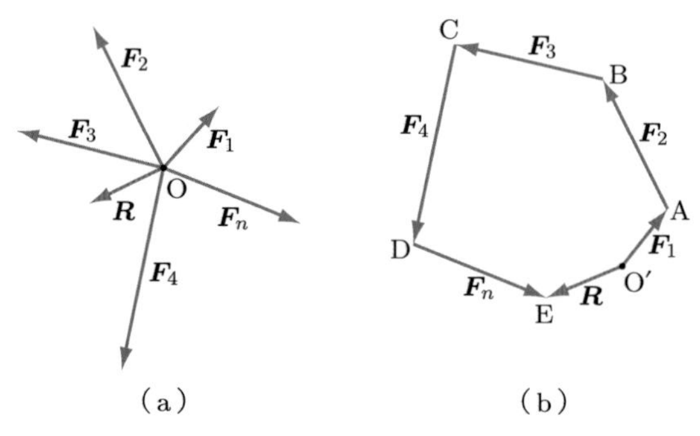

▶図 1.7　力の合成

これは，力の三角形の法により，$\boldsymbol{F}_1+\boldsymbol{F}_2$ を求め，つぎに $\boldsymbol{F}_1+\boldsymbol{F}_2$ に $\boldsymbol{F}_3$ を加え，さらに $\boldsymbol{F}_1+\boldsymbol{F}_2+\boldsymbol{F}_3$ に $\boldsymbol{F}_4$ を加えるというように，図形の上に連続的に力の三角形の法を利用したものである．この力の多角形は，平面図形でなくてもよい．

同一平面内に力がある場合，**図 1.8** のように，O を原点とする任意の直交座標軸 x，y をとり，力 $\boldsymbol{F}_1$，$\boldsymbol{F}_2$，⋯，$\boldsymbol{F}_n$ と x 軸の正の方向とのなす角を θ_1，θ_2，⋯，θ_n，合力 $\boldsymbol{R}$ と x 軸の正の方向とのなす角を θ とすると，各力の座標軸（x，y）方向の成分と合力の x，y 成分 R_x，R_y の間につぎの式が成り立つ．

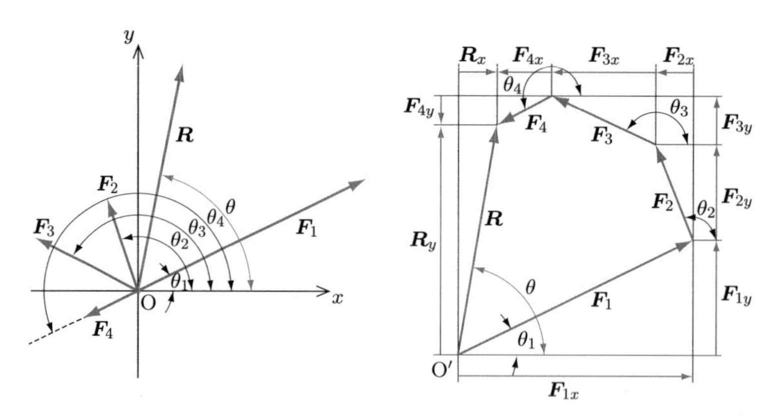

▶図 1.8　1 点にはたらく多くの力の合成

$$
\left.\begin{aligned}
R_x &= F_1\cos\theta_1 + F_2\cos\theta_2 + \cdots + F_n\cos\theta_n = \sum_{i=1}^{n} F_i\cos\theta_i \\
R_y &= F_1\sin\theta_1 + F_2\sin\theta_2 + \cdots + F_n\sin\theta_n = \sum_{i=1}^{n} F_i\sin\theta_i
\end{aligned}\right\} \tag{1.6}
$$

したがって，合力の大きさと方向はつぎのように求められる．

$$
R = \sqrt{R_x{}^2 + R_y{}^2} = \sqrt{\left(\sum_{i=1}^{n} F_i\cos\theta_i\right)^2 + \left(\sum_{i=1}^{n} F_i\sin\theta_i\right)^2} \tag{1.7}
$$

$$
\tan\theta = \frac{R_y}{R_x} = \frac{\displaystyle\sum_{i=1}^{n} F_i\sin\theta_i}{\displaystyle\sum_{i=1}^{n} F_i\cos\theta_i} \tag{1.8}
$$

図 1.9 のように，1 点 O に 4 力 $\boldsymbol{F}_1$，$\boldsymbol{F}_2$，$\boldsymbol{F}_3$，$\boldsymbol{F}_4$ がはたらいているとき，その合力を求めよ．

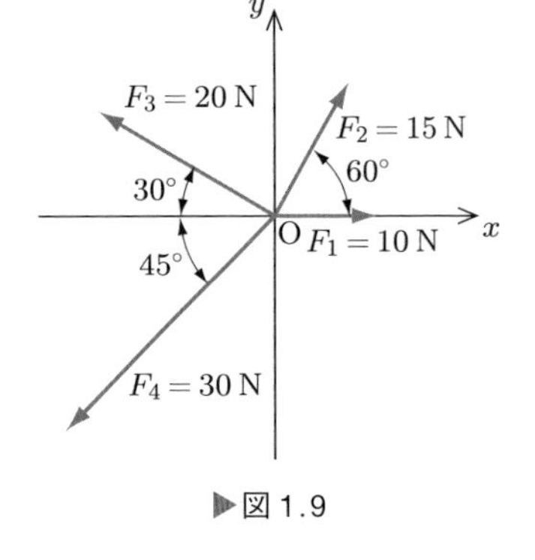

▶図 1.9

解答▶ 計算を表に整理すると，**表 1.1** のようになる．

$$
R = \sqrt{R_x{}^2 + R_y{}^2} = \sqrt{(-21.03)^2 + (1.78)^2}
$$
$$
= 21.1\ \mathrm{N}
$$

$$
\tan\theta = \frac{R_y}{R_x} = \frac{1.78}{-21.03} = -0.0846
$$

$$
\therefore\quad \theta = 175.2^\circ
$$

したがって，合力の大きさは 21.1 N，x 軸となす角は 175.2° である．

▶表 1.1

F_i	θ_i	$\cos\theta_i$	$\sin\theta_i$	F_{ix}	F_{iy}
$F_1 = 10$ N	0°	1.0000	0.0000	10.00	0.00
$F_2 = 15$ N	60°	0.5000	0.8660	7.50	12.99
$F_3 = 20$ N	150°	−0.8660	0.5000	−17.32	10.00
$F_4 = 30$ N	225°	−0.7071	−0.7071	−21.21	−21.21
				$R_x = -21.03$	$R_y = 1.78$

1.3 力のモーメント

1.3.1 力のモーメント

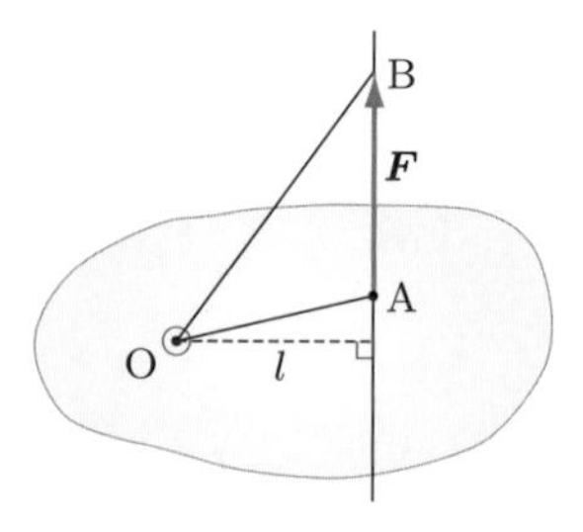

▶図 1.10　力のモーメント

図 1.10 のように，軸 O で固定された物体に，軸 O に垂直な平面上の作用線が軸の位置を通らない力 $\boldsymbol{F}$ をはたらかせると，この物体は軸 O のまわりに回転する．このとき，力 $\boldsymbol{F}$ の大きさと軸から力 $\boldsymbol{F}$ の作用線までの距離 l が大きいほど，物体を回転させる能力は大きい．このように，物体を回転させようとする力のはたらきを**力のモーメント**（moment of force）という．その大きさを N とすると，

$$N = Fl \tag{1.9}$$

で表される．ここで，l を**モーメントの腕**（arm）という．また大きさだけでなく，物体を回転させようとする向きも考え，同一平面上ではたらく力のモーメントは時計回りのモーメントを負，反時計回りのモーメントを正とする．このように，力のモーメントは大きさのほかに向きをもつ量であるからベクトル量である．スパナでボルトを締め付けたり，自転車のペタルを足で踏むのは，いずれも力のモーメントを加えて回転を与えているのである．

力のモーメントの定義から，力 $\boldsymbol{F}$ の軸 O のまわりのモーメントの大きさは図 1.10 の △OAB の面積の 2 倍になっている．力のモーメントの単位は，力 $\boldsymbol{F}$ に N，腕の長さ l に m の単位を用いて，N·m である．

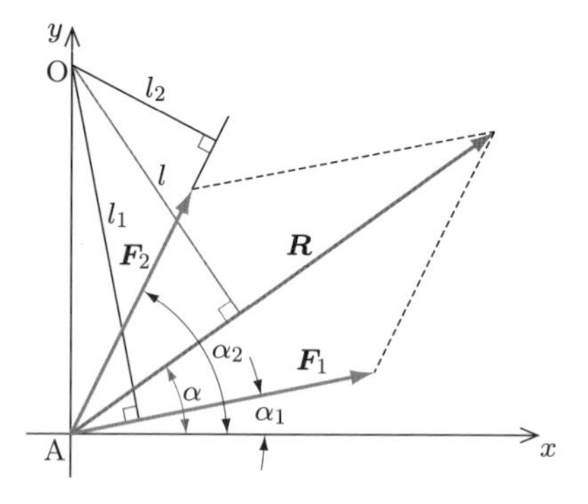

▶図 1.11　2 力のモーメントとその合力のモーメント

1 点 A にはたらく 2 力 $\boldsymbol{F}_1$，$\boldsymbol{F}_2$ とその合力 $\boldsymbol{R}$ と，同一平面上にある任意の点 O のまわりのモーメントについて調べてみる．**図 1.11** のように，A を原点とする直交座標軸 x，y を考える．力 $\boldsymbol{F}_1$，$\boldsymbol{F}_2$，合力 $\boldsymbol{R}$ と x 軸とのなす角を α_1，α_2，α とし，点 O より $\boldsymbol{F}_1$，$\boldsymbol{F}_2$，$\boldsymbol{R}$ の作用線への距離を l_1，l_2，l とすると，つぎの関係が成り立つ．

$$l_2 = \mathrm{OA}\cos\alpha_2 \qquad l_1 = \mathrm{OA}\cos\alpha_1$$
$$l = \mathrm{OA}\cos\alpha$$

また，点 O のまわりの $\boldsymbol{F}_1$，$\boldsymbol{F}_2$，$\boldsymbol{R}$ のモーメントを N_1，N_2，N とすれば，

$$N_1 = F_1 l_1 = F_1 \cdot \mathrm{OA} \cos \alpha_1$$

$$N_2 = F_2 l_2 = F_2 \cdot \mathrm{OA} \cos \alpha_2$$

となる．したがって，つぎの式が得られる．

$$N_1 + N_2 = \mathrm{OA}(F_1 \cos \alpha_1 + F_2 \cos \alpha_2) \tag{1.10}$$

また，

$$N = Rl = R \cdot \mathrm{OA} \cos \alpha = \mathrm{OA} \cdot R \cos \alpha \tag{1.11}$$

と表される．ところが，$\boldsymbol{R}$ は $\boldsymbol{F}_1$，$\boldsymbol{F}_2$ の合力であるから，その x 方向分力の間に

$$F_1 \cos \alpha_1 + F_2 \cos \alpha_2 = R \cos \alpha \tag{1.12}$$

の関係が成り立つ．したがって，式(1.10)～(1.12)より，つぎの式が導かれる．

$$N_1 + N_2 = N \tag{1.13}$$

このように，1点にはたらく2力の，この力と同一平面上の任意の点のまわりのモーメントの和は，その合力のモーメントに等しい．3力以上の場合も順次二つずつ加えていけばよいから，同様のことが成り立つ．すなわち，同一平面内で**1点にはたらく多くの力のその平面内の任意の点に関するモーメントの代数和は，その合力のモーメントに等しい**．

図1.12のように，点A(1, 3)を着力点とし，作用線が x 軸と60° の角をなす大きさ20 N の力 $\boldsymbol{F}$ の原点Oのまわりのモーメントを求めよ．ただし，x 軸，y 軸の1目盛は1 m とする．

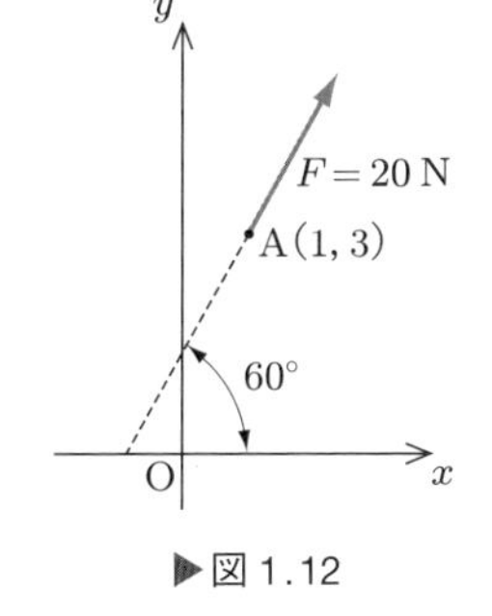

図1.12

解答 力 $\boldsymbol{F}$ の直角分力 $\boldsymbol{F}_x$，$\boldsymbol{F}_y$ を求めると，

$$F_x = F \cos 60° = 20 \times \frac{1}{2} = 10\,\mathrm{N}$$

$$F_y = F \sin 60° = 20 \times \frac{\sqrt{3}}{2} = 17.3\,\mathrm{N}$$

となる．力 $\boldsymbol{F}$ によるモーメントは，その分力 $\boldsymbol{F}_x$，$\boldsymbol{F}_y$ によるモーメントの和に等しいから，原点Oのまわりのモーメント N は，

$$N = 17.3 \times 1 - 10 \times 3 = -12.7\,\mathrm{N \cdot m}$$

となる．したがって，時計回りの方向12.7 N·m である．

例題1.3のように，直接原点から力 $\boldsymbol{F}$ の作用線までの距離を求めてモーメントを計算するより，分力を考えて求めるほうが簡単な場合がある．

1.3.2 偶　力

大きさが等しく，向きが反対の二つの平行力を**偶力**(couple) という．**図 1.13** において，偶力の含まれる平面内の任意の点 O のまわりのモーメント N は，つぎのように表される．

$$
\begin{aligned}
N &= -\mathrm{OA}\cdot F + \mathrm{OB}\cdot F = F(\mathrm{OB} - \mathrm{OA}) \\
&= F\cdot \mathrm{AB} \qquad (1.14)
\end{aligned}
$$

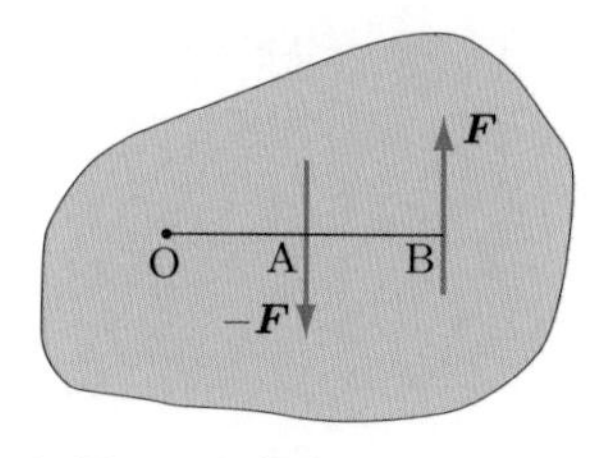

▶図 1.13　偶力のモーメント

ここで，AB は偶力の作用線間の距離で，これを**偶力の腕**という．このモーメントの大きさは，式(1.14)より点 O の位置に無関係である．これを**偶力のモーメント**という．偶力は物体を回転させる能力をもつ一組の平行力であり，物体を移動させる能力はもたない．偶力のモーメントも，物体を反時計方向に回転させようとするとき正であると定める．

同一平面あるいは平行平面内で，偶力のモーメントが等しい偶力はみな同じ回転作用をもつ．また，一つの平面または平行平面に同時に作用するいくつかの偶力は，それらの偶力のモーメントの代数和を求めて，一つの偶力に合成することができる．

1.3.3 力の置き換え

図 1.14(a)のように，点 A に力 $\boldsymbol{F}$ がはたらいているとする．$\boldsymbol{F}$ の作用線からの距離 d の点 B に力 $\boldsymbol{F}$ を平行移動すると，作用線の位置が変わるから，物体に与える効果は変わるはずである．ここで，物体に与える効果を変えないで，力を平行移動するにはどうしたらよいかを考えてみよう．点 A にはたらく力 $\boldsymbol{F}$ はそのままにして，点 B に，$\boldsymbol{F}$ に平行で大きさ F の反対向きの 2 力 $\boldsymbol{F}$，$-\boldsymbol{F}$ を加えるとする（図(b)）．点 B におけるこの 2 力の合力は 0 であるから，この物体には点 A にはたらく $\boldsymbol{F}$ 以外に何も力がはたらかないのと同じである．

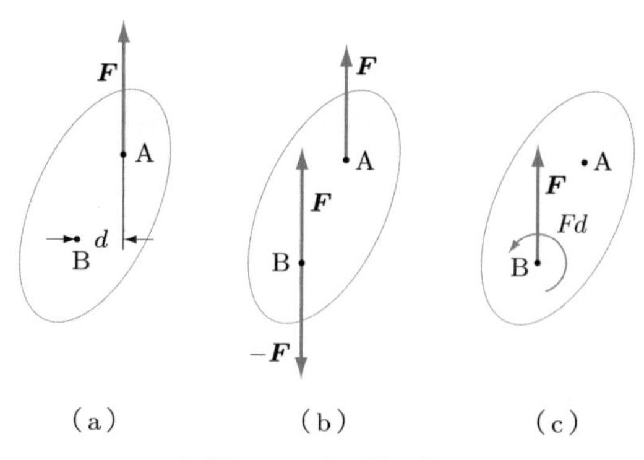

▶図 1.14　力の置き換え

このとき，A にはたらく $\boldsymbol{F}$ と B にはたらく $-\boldsymbol{F}$ は大きさ Fd のモーメントをもつ偶力であるから，この物体の点 A にはたらく力 $\boldsymbol{F}$ による効果は，B にはたらく力 $\boldsymbol{F}$ と大きさ Fd のモーメントをもつ偶力が，この物体にはたらいたときの効果と同じである（図(c)）．すなわち，力を平行移動した場合，物体に及ぼす効果を変えないためには，さらに Fd の偶力のモーメントを物体に加えればよい．また，この逆を考えれば，偶力と力を合成して一つの力にすることができる．

1.4 着力点の異なる力の合成

1.4.1 2力の合成

図 1.15 のように，同一平面内の 2 力 $\boldsymbol{F}_1$，$\boldsymbol{F}_2$ が着力点 A，B にはたらいているとする．この合力を求めるには，物体にはたらく力は，その着力点を作用線上の任意の点に移しても物体全体の運動に及ぼす効果は変わらないことから，$\boldsymbol{F}_1$，$\boldsymbol{F}_2$ をその作用線の交点 O まで移動し，1 点にはたらく場合と同様に合成すればよい．合力の作用線は点 O を通り，合力の着力点はその作用線上のどこにとってもよい．

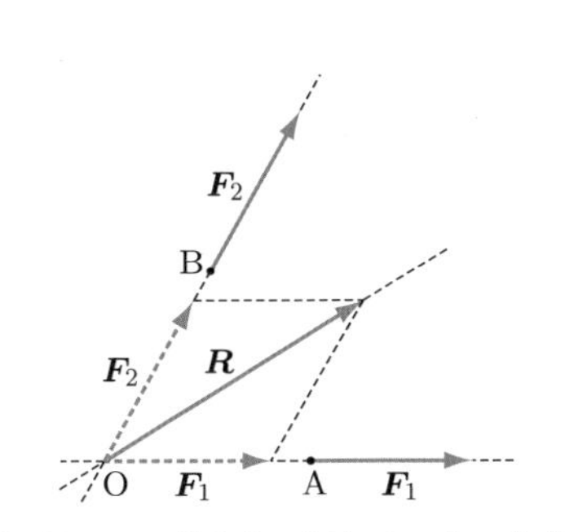

▶図 1.15　着力点の異なる 2 力の合成

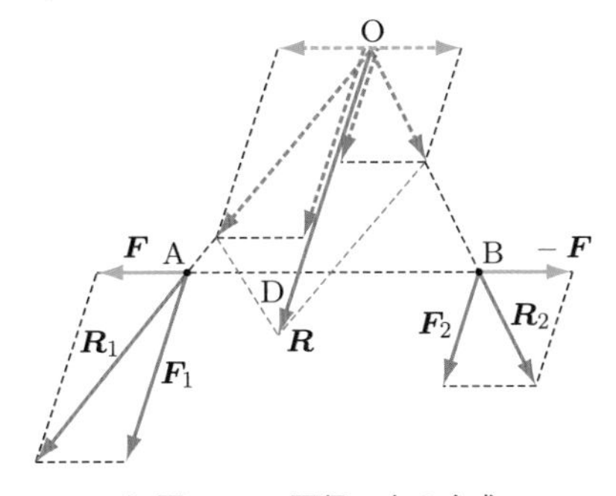

▶図 1.16　平行 2 力の合成

以上は 2 力が平行でない場合であるが，2 力が平行であると，2 力の作用線の交点は求まらない．**図 1.16** のように，同じ向きの平行な 2 力 $\boldsymbol{F}_1$，$\boldsymbol{F}_2$ が着力点 A，B にはたらいているとする．AB を結ぶ直線を作用線とする，大きさが等しく反対向きの 2 力 $\boldsymbol{F}$，$-\boldsymbol{F}$ を加える．このとき，加えた 2 力の合力は 0 であるから，全体として何も力を加えなかったのと同じである．$\boldsymbol{F}$ と $\boldsymbol{F}_1$，$-\boldsymbol{F}$ と $\boldsymbol{F}_2$ の合力 $\boldsymbol{R}_1$，$\boldsymbol{R}_2$ を求めると，$\boldsymbol{R}_1$，$\boldsymbol{R}_2$ は平行にならないから，この $\boldsymbol{R}_1$，$\boldsymbol{R}_2$ の合力を前述の方法で求めれば，それが求める平行力の合力となる．$\boldsymbol{R}$ の大きさは $F_1 + F_2$ であり，$\boldsymbol{R}$ の作用線と AB との交点を D とすると，

$$\frac{F_1}{F} = \frac{\mathrm{OD}}{\mathrm{DA}} \qquad \frac{F_2}{F} = \frac{\mathrm{OD}}{\mathrm{DB}}$$

となり，つぎの関係式が得られる．

$$\frac{F_1}{F_2} = \frac{\mathrm{DB}}{\mathrm{DA}} \tag{1.15}$$

つまり，合力の作用線は AB を 2 力の大きさ F_1，F_2 の逆比に内分する点 D を通る．

つぎに，$\boldsymbol{F}_1$，$\boldsymbol{F}_2$ が反対向きで平行な場合，同様にして**図 1.17** のように求めれば，合力 $\boldsymbol{R}$ の大きさは $|F_1 - F_2|$ となり，向きは 2 力の大きいほうの向きに一致し，作用線は AB を 2 力の大きさ F_1，F_2 の逆比に外分する点を通ることがわかる．このとき，F_1，F_2 が等しいと，このような平行 2 力の合力を求めることはできない．これは 1.3.2 項に述べた偶力である．すなわち，偶力はこれと同じ効果を及ぼす一つの力に合成することはできないのである．

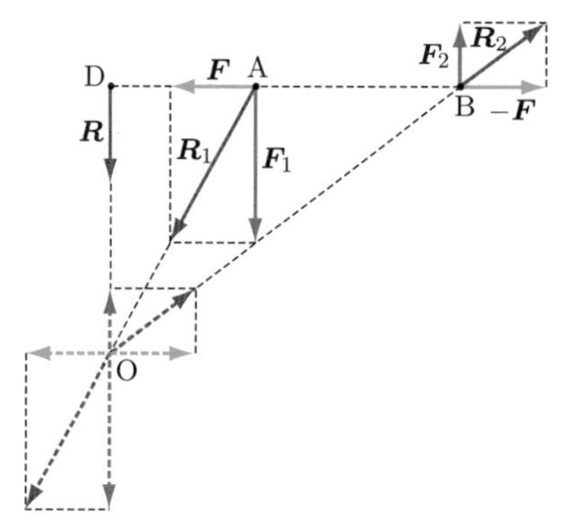

▶図 1.17　平行 2 力の合成

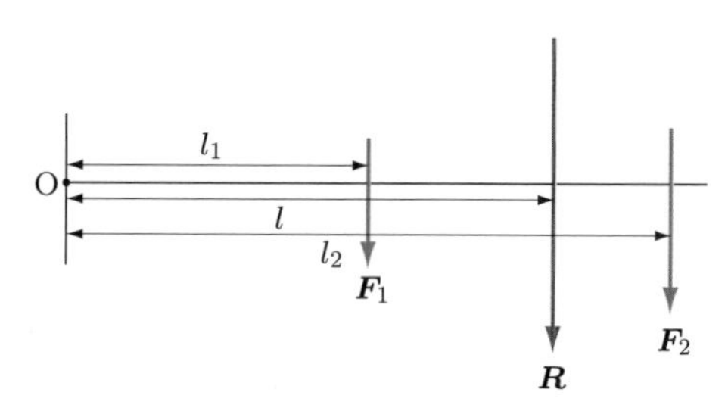

▶図 1.18　平行 2 力のモーメントとその合力のモーメント

図 1.18 において，平行 2 力を $\boldsymbol{F}_1$，$\boldsymbol{F}_2$，その合力を $\boldsymbol{R}$ とし，任意の点 O より各平行力と合力の作用線への距離を l_1，l_2，l とする．このとき，

$$R = F_1 + F_2$$

$$\frac{l - l_1}{l_2 - l} = \frac{F_2}{F_1} \qquad F_1(l - l_1) = F_2(l_2 - l)$$

$$F_1 l_1 + F_2 l_2 = (F_1 + F_2)l = Rl$$

となり，ここで，$F_1 l_1 + F_2 l_2$ は $\boldsymbol{F}_1$，$\boldsymbol{F}_2$ の点 O のまわりのモーメントの和，Rl は合力 $\boldsymbol{R}$ の点 O のまわりのモーメントである．この式より，平行力の場合にも，各力のモーメントの和はその合力のモーメントに等しいことがわかる．このことは 3 力以上の場合にも成り立つ．

1.4.2　3力以上の力系の合成

図1.19のように，点A(x_a, y_a)を着力点とする一つの力$\boldsymbol{F}$があるとする．この力を含む平面上に，任意の点Oを原点とする直交座標軸x，yをとる．

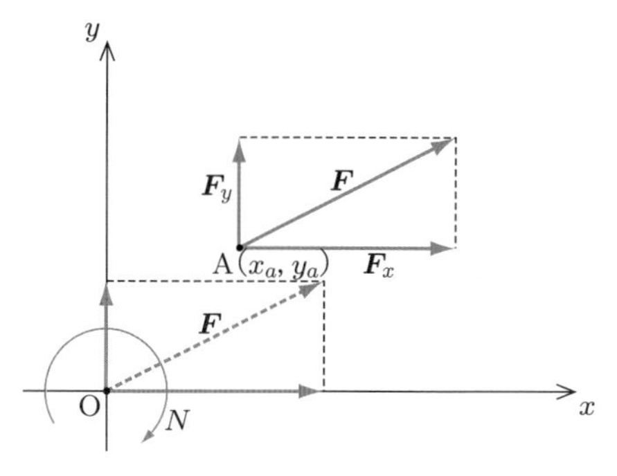

▶図1.19　力の原点への平行移動

力$\boldsymbol{F}$のx方向分力を$\boldsymbol{F}_x$，y方向分力を$\boldsymbol{F}_y$とし，この力を着力点が原点になるように平行移動する．1.3.3項で述べたように，点Aにはたらく力$\boldsymbol{F}$の効果は，原点Oにはたらく力$\boldsymbol{F}_x$，$\boldsymbol{F}_y$と$F_y x_a - F_x y_a$の大きさのモーメントをもつ偶力とに置き換えることができる．

着力点の異なる多数の力が同一平面上ではたらくときは，その平面上に任意の直交座標軸をとり，各力を上述したように原点Oにはたらく力と偶力に置き換え，

$$R_x = \sum_i F_{ix} \qquad R_y = \sum_i F_{iy} \qquad N = \sum_i (F_{iy} x_i - F_{ix} y_i)$$

を求める．これより，合力$\boldsymbol{R}$の大きさは，

$$R = \sqrt{R_x^{\,2} + R_y^{\,2}} = \sqrt{\left(\sum_i F_{ix}\right)^2 + \left(\sum_i F_{iy}\right)^2} \tag{1.16}$$

となり，$\boldsymbol{R}$とx軸とのなす角θは，つぎのようになる．

$$\tan\theta = \frac{R_y}{R_x} \tag{1.17}$$

したがって，原点にはたらく大きさR，x軸とのなす角θの力と，大きさNのモーメントをもつ偶力とにまとめることができる．また，力と偶力は一つの力に置き換えられるから，力系は原点Oからの距離dが，

$$Rd = N \qquad \therefore \ d = \frac{N}{R} \tag{1.18}$$

で与えられる作用線上の一つの力$\boldsymbol{R}$となる．

多数の平行力を合成するときは，1.4.1項に述べた各力のモーメントの和はその合力のモーメントに等しいことを利用すれば簡単である．

平行力を$\boldsymbol{F}_1$，$\boldsymbol{F}_2$，…，$\boldsymbol{F}_n$とし，任意の点Oより各力の作用線への距離をl_1，l_2，…，l_n，合力$\boldsymbol{R}$の作用線への距離をlとすれば，つぎの式が成り立つ．

$$R = F_1 + F_2 + \cdots + F_n = \sum_{i=1}^{n} F_i \tag{1.19}$$

$$l = \frac{F_1 l_1 + F_2 l_2 + \cdots + F_n l_n}{R} = \frac{\sum_{i=1}^{n} F_i l_i}{\sum_{i=1}^{n} F_i} \tag{1.20}$$

これらの式により，大きさと作用線の位置を求めることができる．

例題 1.4 **図 1.20** に示す 4 力の合力を求めよ．

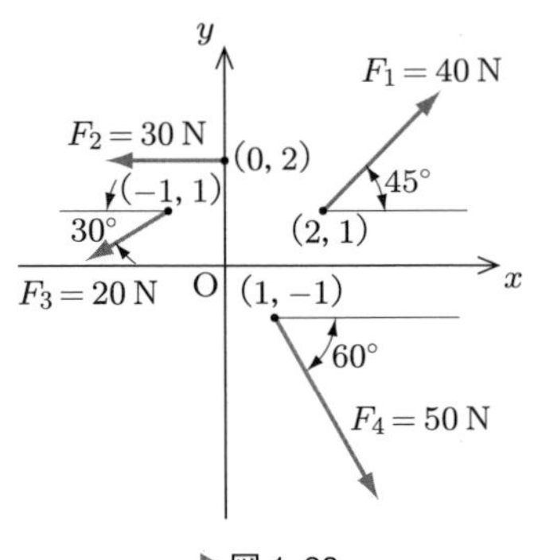

▶図 1.20

解答▶ 計算を表に整理すると，**表 1.2** のようになる．

▶表 1.2

F_i	θ_i	F_{ix}	F_{iy}	x_i	y_i	$F_{iy}x_i - F_{ix}y_i$
$F_1 = 40$	45°	28.28	28.28	2	1	$28.28 \times 2 - 28.28 \times 1 = 28.28$
$F_2 = 30$	180°	−30.00	0.00	0	2	$0.00 \times 0 - (-30.00 \times 2) = 60.00$
$F_3 = 20$	210°	−17.32	−10.00	−1	1	$-10.00 \times (-1) - (-17.32) \times 1 = 27.32$
$F_4 = 50$	−60°	25.00	−43.30	1	−1	$-43.30 \times 1 - 25.00 \times (-1) = -18.30$
		$R_x = 5.96$	$R_y = -25.02$			$N = 97.30$

$$R_x = 5.96 \qquad R_y = -25.02$$

$$R = \sqrt{(5.96)^2 + (-25.02)^2} = \sqrt{661.52} = 25.72 \qquad \therefore \ 25.7\,\mathrm{N}$$

$$\theta = \tan^{-1}\left(\frac{-25.02}{5.96}\right) \text{ より } \quad \theta = -76.6°$$

また，原点からの距離 d はつぎのようになる．

$$d = \frac{N}{R} = \frac{97.30}{25.72} = 3.8$$

例題 1.5 図 1.21 のように平行力がはたらいているとき，その合力を求めよ．

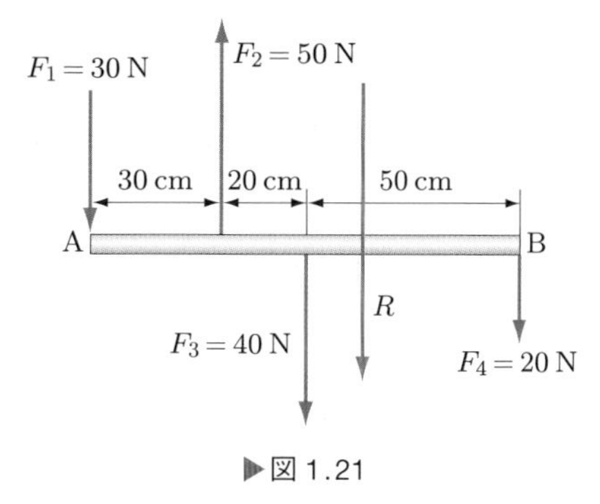

▶図 1.21

解答▶ 上向きの力を正とすると，合力 $\boldsymbol{R}$ の大きさはつぎのようになる．

$$\begin{aligned} R &= -F_1 + F_2 - F_3 - F_4 \\ &= -30 + 50 - 40 - 20 \\ &= -40\ \text{N} \end{aligned}$$

点 A のまわりのモーメントのつりあいより，
合力 $\boldsymbol{R}$ の作用線までの距離 l は，つぎのように求められる．

$$-40\,l = 50 \times 30 - 40 \times 50 - 20 \times 100 \qquad \therefore \quad l = 62.5$$

したがって，大きさ 40 N，作用線は点 A より右 62.5 cm のところにある下向きの力となる．

図式で求める方法を 4 力の場合を例にとって述べよう．**図 1.22**(a)のような着力点の異なる同一平面上にある力 $\boldsymbol{F}_1$，$\boldsymbol{F}_2$，$\boldsymbol{F}_3$，$\boldsymbol{F}_4$ を合成するには，力 $\boldsymbol{F}_1$，$\boldsymbol{F}_2$，$\boldsymbol{F}_3$，$\boldsymbol{F}_4$ で区切られた平面に A，B，C，D，E の記号をつけ，A，B の境界の力 $\boldsymbol{F}_1$ を AB の力，B，C の境界の力 $\boldsymbol{F}_2$ を BC の力といい，$\overrightarrow{\mathrm{ab}}$，$\overrightarrow{\mathrm{bc}}$ で表す．同様にして $\boldsymbol{F}_3$，$\boldsymbol{F}_4$ は CD，DE の力といい，$\overrightarrow{\mathrm{cd}}$，$\overrightarrow{\mathrm{de}}$ で表す．このような記号をつける方法を**バウの記号法**(Bow's notation）という．ところで，図(b)のように，$\overrightarrow{\mathrm{ab}}$，$\overrightarrow{\mathrm{bc}}$，$\overrightarrow{\mathrm{cd}}$，$\overrightarrow{\mathrm{de}}$ の順に加えていくと，$\overrightarrow{\mathrm{ae}}$ が合力 $\boldsymbol{R}$ の大きさと向きを示す．このようにしてできた力の多角形を**示力図**（force diagram）という．

合力の作用線を求めるには，図(b)のように，任意の点 O をとり，その点 O と示力図の多角形の各頂点とを結ぶ．このとき，この点 O を**極**（pole)，Oa，Ob などを

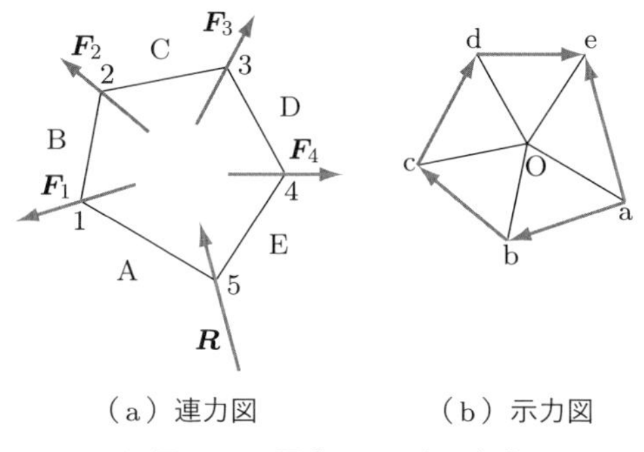

（a）連力図　　（b）示力図

▶図 1.22　図式による力の合成

射線（ray）という．

力 $\boldsymbol{F}_1$ の作用線上に任意の点1をとり，点1より区域BにObに平行線をひき，力 $\boldsymbol{F}_2$ の作用線との交点を2とする．点2より区域CにOcに平行線をひき，力 $\boldsymbol{F}_3$ の作用線との交点3，同様にして力 $\boldsymbol{F}_4$ の作用線との交点4を求め，点4よりOeにひいた平行線と，点1よりOaにひいた平行線との交点を5とすると，点5が合力 $\boldsymbol{R}$ の作用線上の点である．よって，点5より $\overrightarrow{\mathrm{ae}}$ に平行線をひき，その上に $\overrightarrow{\mathrm{ae}}$ を移せば，合力 $\boldsymbol{R}$ が求められる．このとき，点1，2，3，4，5を結んでできる多角形を**連力図**（funicular polygon），また，直線12，23，34，45，51を**索線**（string）とよぶ．

点5が合力 $\boldsymbol{R}$ の作用線上の点であることはつぎのようにしてわかる．$\boldsymbol{F}_1$，$\boldsymbol{F}_2$，$\boldsymbol{F}_3$，$\boldsymbol{F}_4$ の各力を連力図の索線方向への分力として書き換えると，$\boldsymbol{F}_1$ の分力は示力図から $\overrightarrow{\mathrm{aO}}$，$\overrightarrow{\mathrm{Ob}}$，$\boldsymbol{F}_2$ の分力は $\overrightarrow{\mathrm{bO}}$，$\overrightarrow{\mathrm{Oc}}$ である．ところが，$\overrightarrow{\mathrm{Ob}}$，$\overrightarrow{\mathrm{bO}}$ は索線12上にあるから，合力は0となる．同様にして，$\overrightarrow{\mathrm{cO}}$ と $\overrightarrow{\mathrm{Oc}}$，$\overrightarrow{\mathrm{dO}}$ と $\overrightarrow{\mathrm{Od}}$ もつりあう．残るのは $\overrightarrow{\mathrm{aO}}$ と $\overrightarrow{\mathrm{Oe}}$ であるから，合力 $\boldsymbol{R}$ は $\overrightarrow{\mathrm{aO}}+\overrightarrow{\mathrm{Oe}}$ である．$\overrightarrow{\mathrm{aO}}$ の作用線は15，$\overrightarrow{\mathrm{Oe}}$ の作用線は45である．したがって，索線15と45との交点5は合力の作用線上の点となる．

例題 1.6 **図1.23**のようにはたらく4力の合力を図式により求めよ．

解答▶ **図1.24**(a)のように，力の作用線の位置を与えられた長さに比例した長さで定め，作用線を描く．その上に，各力の大きさに比例した長さで力を描いてバウの記号をつける．つぎに，図(b)の示力図，図(a)の連力図を描く．この図より，合力は，作用線が図(a)の点5を通り，大きさ126 N，向きは x 方向となす角73°の力である．

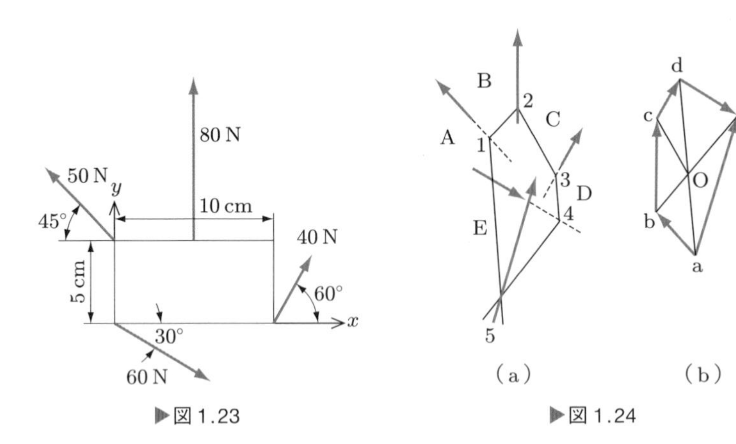

▶図1.23　▶図1.24

例題 1.7 図 1.25 に示す平行力の合力を図式で求めよ．

解答 図 1.26（a），（b）にその連力図と示力図を示す．図より，合力の作用線は $\boldsymbol{F}_1$ の作用線より右 42 cm のところにあり，大きさは 50 N で向きは下向きである．

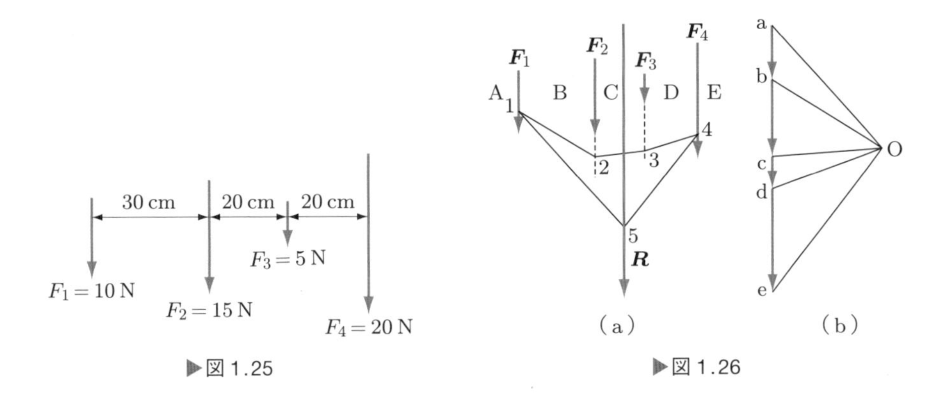

▶図 1.25　　▶図 1.26

演習問題

1.1 20 N と 30 N の力が 60° の角をなしてはたらくとき，その合力を求めよ．

1.2 図 1.27 のように，100 N の力を二つの作用線の方向に分解せよ．

1.3 図 1.28 のように，1 点にはたらく 5 力の合力を求めよ．

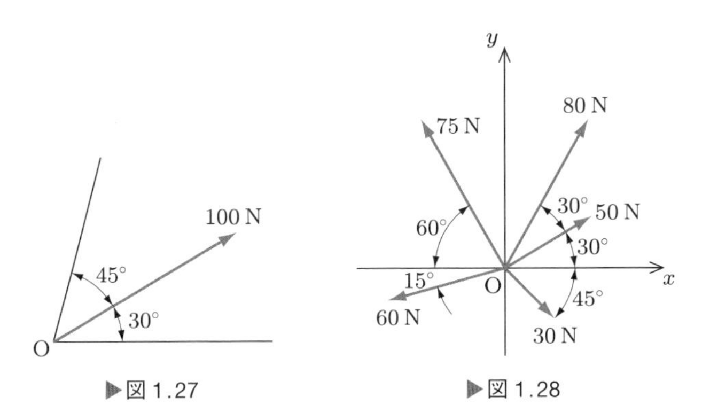

▶図 1.27　　▶図 1.28

1.4 図 1.28 に示す 5 力の合力を図式で求めよ．

1.5 モーメントが面積で表されることを利用して，同一平面内で 1 点にはたらく多くの力の任意の点に関するモーメントの和は，その合力のモーメントに等しいことを示せ．

1.6 図 1.29 のように，正三角形 ABC の頂点 A，B に力がはたらいているとき，頂点 C のまわりのモーメントを求めよ．

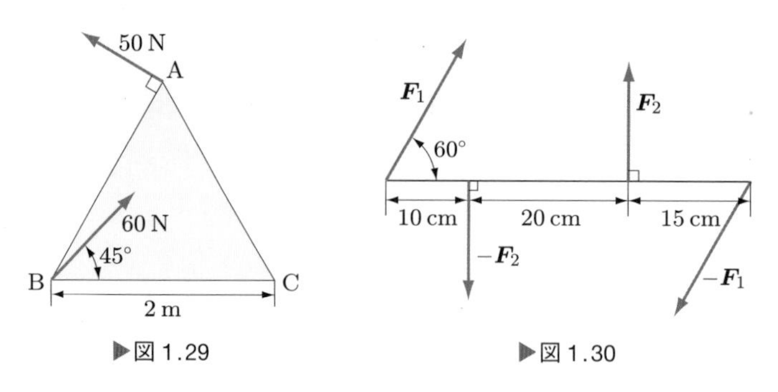

▶図 1.29　▶図 1.30

1.7 **図 1.30** において，$F_1 = 8$ N，$F_2 = 6$ N とするとき，この二つの偶力のモーメントの和を求めよ．

1.8 作用線間の距離が 10 cm になるように，大きさ 30 N の力を力の右側に平行移動したとき，発生する偶力のモーメントを求めよ．

1.9 同じ向きに平行で，作用線間の距離が 50 cm，大きさがそれぞれ 20 N，30 N の 2 力 $\boldsymbol{F}_1$，$\boldsymbol{F}_2$ の合力を求めよ．

1.10 問題 1.9 で $\boldsymbol{F}_1$，$\boldsymbol{F}_2$ の向きが反対のとき，その合力を求めよ．

1.11 **図 1.31** のようにはたらく 4 力の合力を求めよ．

1.12 **図 1.32** のようにはたらく 4 力の合力を求めよ．

1.13 **図 1.33** のような平行力の合力を求めよ．

1.14 図 1.31 の 4 力の合力を図式により求めよ．

1.15 図 1.33 の 4 力の合力を図式により求めよ．

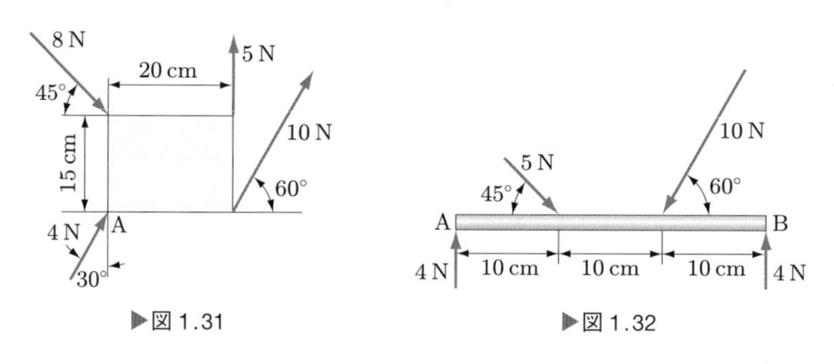

▶図 1.31　▶図 1.32

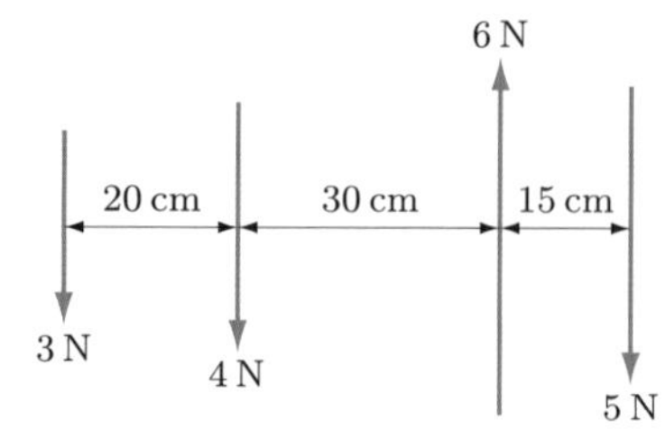

▶図 1.33

EQUILIBRIUM OF FORCE

第2章 力のつりあい

2.1 1点にはたらく力のつりあい

物体に2力以上の力がはたらいているとき，その物体が力のはたらいていないときと同じ状態であれば，これらの力はつりあっているという．

1点にはたらく力がつりあうには，それらの合力が0になっていればよい．したがって，1点にはたらく2力の大きさが等しく，向きが反対であればつりあう．たとえば，台の上に物体がのっているとする．このとき，物体はそれにはたらく重力 W で台を押すが，台はその重力と大きさが等しく，反対向きの力 $-\boldsymbol{W}$ で物体を押し上げている．つまり，この物体には重力 W と台が物体を押し上げる力 $-\boldsymbol{W}$ がはたらくから，$W + (-W) = 0$ となる．すなわち，合力が0となってつりあっているのである．

図2.1(a)のように，1点Oにはたらく3力 $\boldsymbol{F}_1$, $\boldsymbol{F}_2$, $\boldsymbol{F}_3$ がつりあっているとき，この合力は0であるから，この3力によってできる力の多角形は閉じて，図(b)のようになる．このとき，三角形の内角は $180° - \theta_1$, $180° - \theta_2$, $180° - \theta_3$ となる．この三角形に正弦定理を用いると，

$$\frac{F_1}{\sin(180° - \theta_1)} = \frac{F_2}{\sin(180° - \theta_2)} = \frac{F_3}{\sin(180° - \theta_3)}$$

$$\therefore \quad \frac{F_1}{\sin\theta_1} = \frac{F_2}{\sin\theta_2} = \frac{F_3}{\sin\theta_3} \tag{2.1}$$

が成り立つ．すなわち，3力の大きさと，各力の作用線とのなす角の間に式(2.1)の関係が成り立っているとき，3力がつりあっているのである．これをラミの定理(Lami's theorem)という．

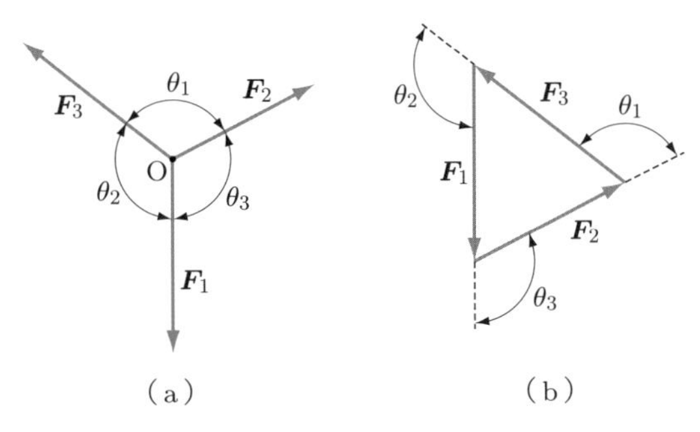

▶図2.1　3力のつりあい

例題 2.1 図 2.2(a)のように，水平面と60°，45° の角をなす綱で 50 kg の物体をつるした．このとき，綱に作用する力の大きさを求めよ．

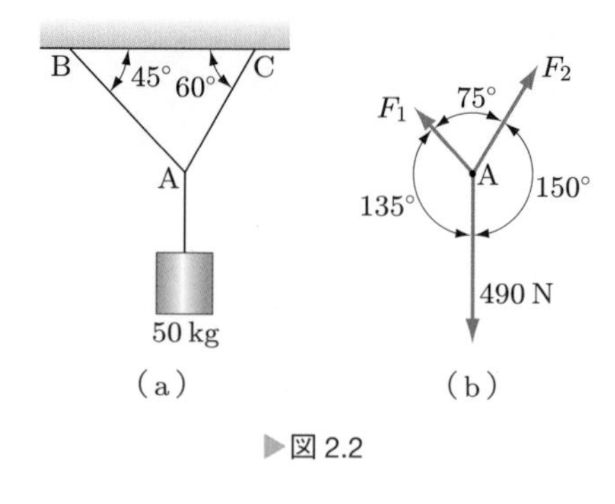

▶図 2.2

解答▶ 綱 AB，AC に作用する力をそれぞれ $\boldsymbol{F}_1$，$\boldsymbol{F}_2$ とする．図(b)のように，点 A にはこの $\boldsymbol{F}_1$，$\boldsymbol{F}_2$ と，鉛直下向きに $50g$，すなわち 490 N の重力がはたらいて，つりあっている*．

式(2.1)より，

$$\frac{F_1}{\sin 150°} = \frac{F_2}{\sin 135°} = \frac{490}{\sin 75°}$$

$$F_1 = 490 \times \frac{\sin 150°}{\sin 75°} = 254 \qquad F_2 = 490 \times \frac{\sin 135°}{\sin 75°} = 359$$

となる．したがって，綱 AB に作用する力の大きさは 254 N，綱 AC に作用する力の大きさは 359 N である．

同一平面上で 1 点 O に多数の力がはたらくとき，それらがつりあっているということは，その合力が 0 であるということで，このことを図式で表すと，力の多角形が閉じているということである．計算による場合は，点 O を原点とする任意の直交座標軸を考え，その軸方向の分力をつくり，各軸方向の分力の和を $\sum_i F_{ix}$，$\sum_i F_{iy}$ とすると，$\sum_i F_{ix} = 0$，$\sum_i F_{iy} = 0$ であればよい．

例題 2.2 図 2.3 のように，1 点 O に 3 力 $\boldsymbol{F}_1$，$\boldsymbol{F}_2$，$\boldsymbol{F}_3$ がはたらいている．これにどのような力を加えるとつりあうかを求めよ．

解答▶ 大きさ F_4 で，x 軸となす角が θ である力を加えるとつりあうとする．

$$\sum_i F_{ix} = 0,\ \sum_i F_{iy} = 0 \quad より,$$

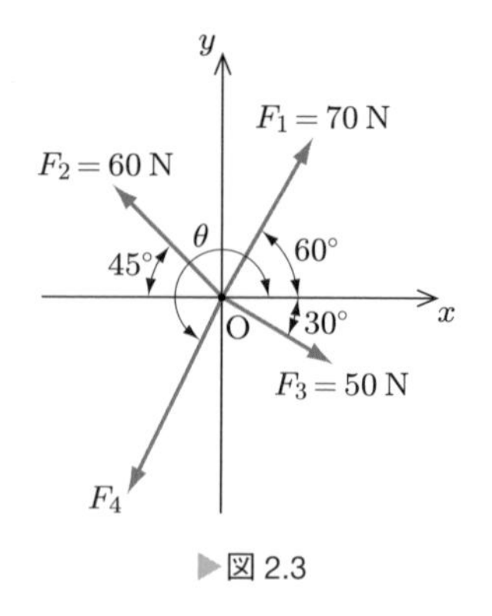

▶図 2.3

*質量 m [kg] の物体にはたらく重力の大きさ W は，$W = mg$ （g は重力加速度）と表される．詳しくは 5.1.2 項を参照のこと．

$$\sum_i F_{ix} = 70\cos 60° + 60\cos 135° + 50\cos(-30°) + F_4\cos\theta = 0$$
$$\sum_i F_{iy} = 70\sin 60° + 60\sin 135° + 50\sin(-30°) + F_4\sin\theta = 0$$

これより，

$$F_4\cos\theta = -35.9 \qquad F_4\sin\theta = -78.0$$
$$\therefore \quad F_4 = \sqrt{(F_4\sin\theta)^2 + (F_4\cos\theta)^2} = \sqrt{(-78.0)^2 + (-35.9)^2} = 85.9\,\mathrm{N}$$
$$\tan\theta = \frac{\sin\theta}{\cos\theta} = \frac{F_4\sin\theta}{F_4\cos\theta} = \frac{-78.0}{-35.9} = 2.17$$
$$\therefore \quad \theta = 245.3°$$

となる．したがって，大きさ 85.9 N，x 軸とのなす角 245.3° の力を加えればよい．

2.2 接触点，支点にはたらく力

物体にはたらく力のつりあいの問題を考えるとき，物体と物体との接触点，また，物体の運動を拘束する支点にはたらく力がどのようになっているかの知識が必要になる．

二つの物体 A，B が接触し，A が B を押すと，作用・反作用の法則により，A は B から同じ力で押し返される．この反作用による力を接触点における**反力**（reaction force）という．このとき，接触面の状態がなめらかで摩擦がなければ，反力の方向は接触面に垂直な方向である．実際には摩擦はあるが，問題によってはこれを無視して近似的に取り扱ってよい場合が多い．**図 2.4** のように，質量 M の球が糸でなめらかな壁につるしてある．このとき，球と壁との接触点にはたらく力は壁の面に垂直であり，この反力 $\boldsymbol{R}$ と重力 $\boldsymbol{W}$（大きさ $W = Mg$），糸の張力 $\boldsymbol{T}$ とがつりあっている．

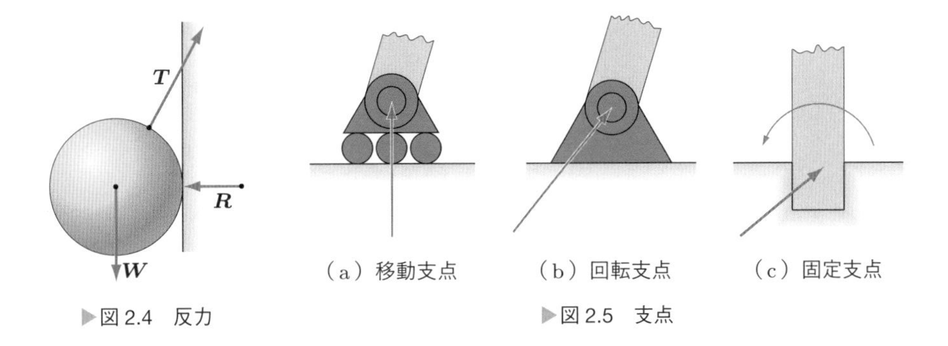

▶図 2.4　反力

▶図 2.5　支点

物体の運動を拘束する支点は，普通，**図 2.5** に示す 3 種類に分けられる．図(a)のように，一定方向への移動が可能な支点を**移動支点**といい，反力は移動方向に垂直な方向にはたらく．図(b)のように，回転だけが自由であるものを**回転支点**といい，反力は作用線が回転の中心を通る力になる．図(c)のように，移動も回転もできない支点を**固定支点**といい，反力を生じるだけでなく，モーメントも受けるから，モーメントの反作用も生じる．

例題 2.3 **図 2.6** のように，水平方向と 90°，30° の傾きをもつなめらかな板の間に，質量 5 kg の半径の等しい球を入れたとき，接触点 A，B，C，D における反力の大きさを求めよ．

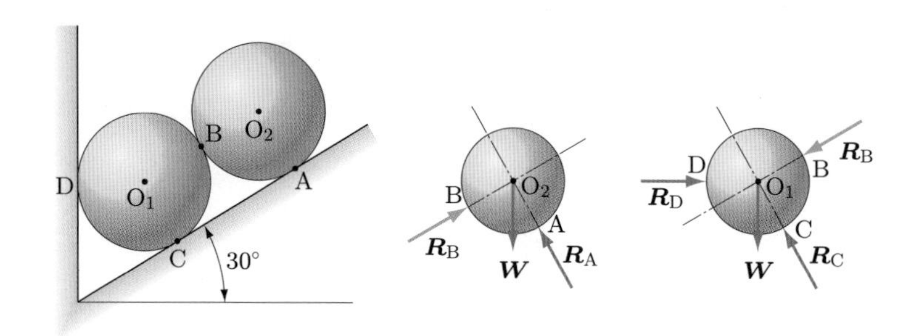

▶図 2.6

解答▶ 接触点 A，B，C，D における反力を $\boldsymbol{R}_A$，$\boldsymbol{R}_B$，$\boldsymbol{R}_C$，$\boldsymbol{R}_D$ とする．球 O_2 に対して，反力 $\boldsymbol{R}_A$，$\boldsymbol{R}_B$ と球 O_2 にはたらく重力 $\boldsymbol{W}$ はつりあっている．30° の板の方向とそれに垂直な方向の分力を考えると，$W = 5g$ [N] より，

$$R_B = 5g\sin 30^\circ = 24.5 \qquad R_A = 5g\cos 30^\circ = 42.4$$

となる．また，球 O_1 に対して，反力 $\boldsymbol{R}_B$，$\boldsymbol{R}_C$，$\boldsymbol{R}_D$ と球 O_1 にはたらく重力 $\boldsymbol{W}$ はつりあっているから，

$$R_D\cos 30^\circ = 5g\sin 30^\circ + R_B$$

$$R_D = \frac{5g\sin 30^\circ + 5g\sin 30^\circ}{\cos 30^\circ} = 10g\tan 30^\circ = 56.6$$

$$R_C = R_D\sin 30^\circ + 5g\cos 30^\circ = 70.7$$

となる．したがって，A，B，C，D における反力の大きさは，$R_A = 42.4$ N，$R_B = 24.5$ N，$R_C = 70.7$ N，$R_D = 56.6$ N となる．

2.3 着力点の異なる力のつりあい

同一平面上ではたらく着力点の異なる力を合成するとき，その平面上に任意の直交座標軸をとり，その原点に着力点がくるように各力を平行移動した．このとき，各力は平行移動した力と偶力に置き換えられることを学んだ．すなわち，1点にはたらく力がつりあうためには合力が0であればよかったが，着力点の異なる同一平面上の力のつりあいの場合には，合力が0であっても，偶力が残れば回転する．したがって，つりあっているためには任意の点のまわりの各力のモーメントの和も0でなければならない．すなわち，つぎの式が成り立たなければならない．

$$
\left.\begin{aligned}
R_x &= \sum_i F_{ix} = \sum_i F_i \cos\theta_i = 0 \\
R_y &= \sum_i F_{iy} = \sum_i F_i \sin\theta_i = 0 \\
N &= \sum_i N_i = \sum_i (F_{iy}x_i - F_{ix}y_i) = 0
\end{aligned}\right\} \tag{2.2}
$$

このことより，着力点の異なる2力がつりあうには，その作用線が一致し，大きさが等しく，向きが反対であればよい．また，平行でない3力 $\boldsymbol{F}_1$，$\boldsymbol{F}_2$，$\boldsymbol{F}_3$ がつりあうには，**図 2.7** のように，これらの3力の合力が0であると同時にそれらの力の作用線が1点で交わればよい．

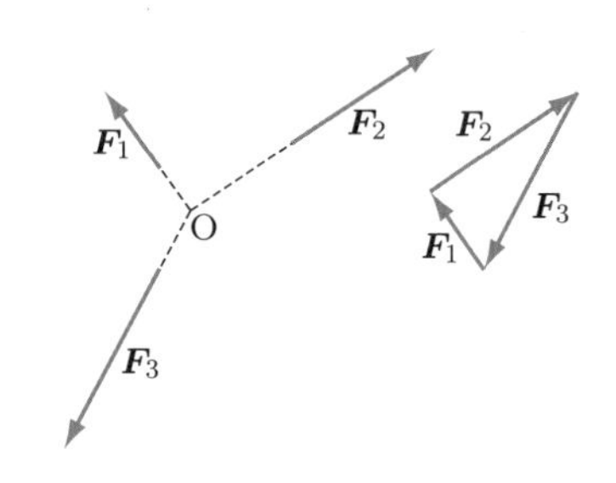

▶図 2.7　着力点の異なる力のつりあい

例題 2.4　**図 2.8** のように，質量 M の一様な棒の一端を長さ l の糸でつるし，他端に水平力 $\boldsymbol{F}$ を加えてつりあわせたとき，糸と棒が鉛直線となす角を求めよ．

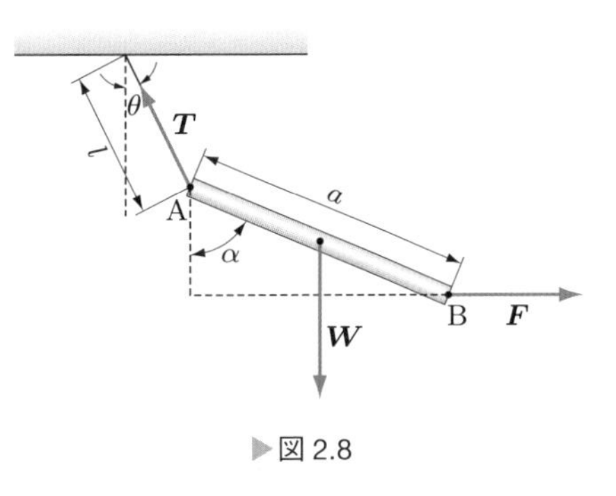

▶図 2.8

解答▶　糸と棒が鉛直線となす角をそれぞれ θ，α とし，糸の張力を $\boldsymbol{T}$ とする．$\boldsymbol{T}$ と重力 $\boldsymbol{W}$（大きさ $W = Mg$），$\boldsymbol{F}$ はつりあっているから，$\sum_i F_{ix} = 0$，$\sum_i F_{iy} = 0$ より，

$$F - T\sin\theta = 0 \qquad \therefore \quad F = T\sin\theta \tag{①}$$

$$T\cos\theta - W = 0 \qquad \therefore \quad W = T\cos\theta \tag{②}$$

$$①\div② \quad \tan\theta = \frac{F}{W} \qquad \therefore \quad \theta = \tan^{-1}\frac{F}{W} = \tan^{-1}\frac{F}{Mg}$$

と求められる．また，棒の長さを a として，点Aのまわりのモーメントのつりあいより，

$$\frac{a}{2}\sin\alpha\cdot W = a\cos\alpha\cdot F \qquad \therefore \quad \tan\alpha = \frac{2F}{W} \qquad \therefore \quad \alpha = \tan^{-1}\frac{2F}{W} = \tan^{-1}\frac{2F}{Mg}$$

となる．よって，糸は鉛直線と $\tan^{-1}\dfrac{F}{Mg}$，棒は鉛直線と $\tan^{-1}\dfrac{2F}{Mg}$ の角をなす．

例題 2.5 **図 2.9** のように，はりに荷重がかかっている．A，Bにはたらく反力 $\boldsymbol{R}_{\mathrm{A}}$，$\boldsymbol{R}_{\mathrm{B}}$ の大きさを求めよ．

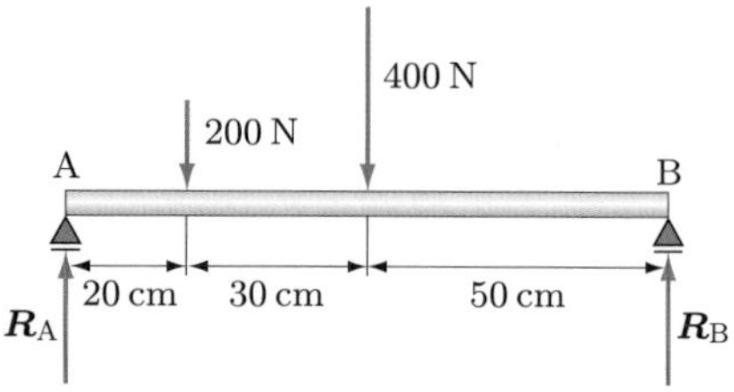

▶図 2.9

解答▶ $\sum_i F_i = 0$ より，つぎの関係が成り立つ．

$$R_{\mathrm{A}} + R_{\mathrm{B}} = 200 + 400 \qquad ①$$

また，点Aのまわりのモーメントのつりあいより，

$$100R_{\mathrm{B}} - 20 \times 200 - 50 \times 400 = 0 \qquad ②$$

となる．①，②を解いて，$R_{\mathrm{A}} = 360\ \mathrm{N}$，$R_{\mathrm{B}} = 240\ \mathrm{N}$ となる．

図式による場合，各力の合力が0であるというのは，示力図が閉じることである．式(2.2)に示したように，合力が0であっても偶力が残ればつりあっていない．**図 2.10** のように，4力 $\boldsymbol{F}_1$，$\boldsymbol{F}_2$，$\boldsymbol{F}_3$，$\boldsymbol{F}_4$ の示力図は閉じるが，$\boldsymbol{F}_1$，$\boldsymbol{F}_2$，$\boldsymbol{F}_3$ の合力 $\boldsymbol{R}$ と $\boldsymbol{F}_4$ との作用線が一致しなければ偶力が残る．この4力がつりあっている場合には，この両者の作用線が一致しなければならない．すなわち，多くの力がつりあうには，

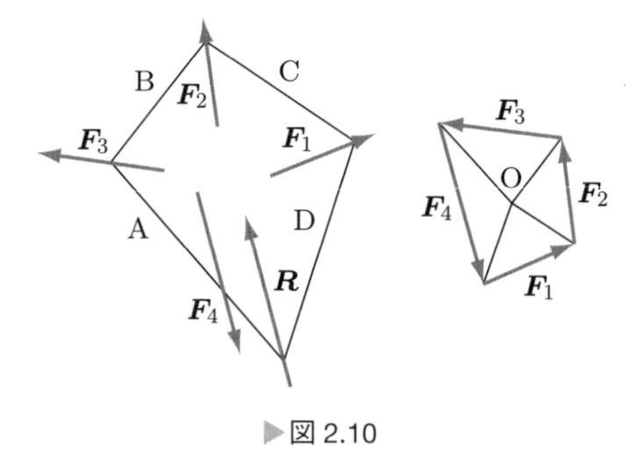

▶図 2.10

（i） 各力でつくった示力図が閉じる

（ii） 連力図の頂点が各力の作用線上にある

が同時に成り立たなければならない．

例題 2.6 **図 2.11** のように，水平なはり PQ の点 P がピンで支持されている．点 Q に綱をつけて 30° の方向に引っ張るとき，ピンの反力 $\boldsymbol{R}$ と綱の張力 $\boldsymbol{T}$ を求めよ．

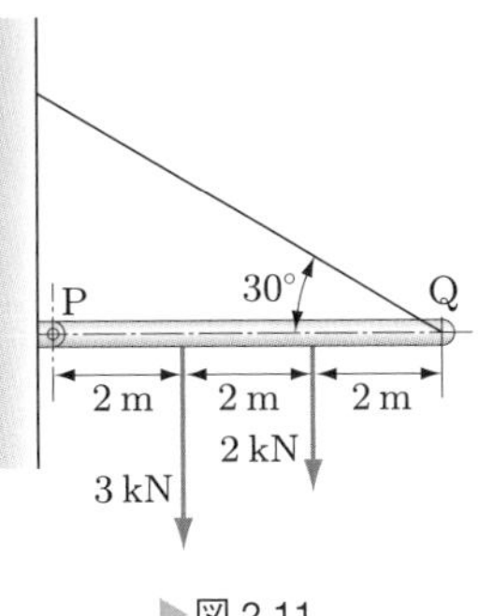

▶図 2.11

解答▶ **図 2.12**(a)のように，バウの記号をつける．図(b)の $\overrightarrow{\mathrm{ab}}$，$\overrightarrow{\mathrm{bc}}$ がわかるから，図(b)の実線の部分のところまで描くことができる．反力 $\boldsymbol{R}$ の作用線は点 P を通ることがわかっているから，連力図の $\boldsymbol{R}$ の作用線上の点 1 を点 P にとり，射線 Oa，Ob，Oc を利用して，連力図の点 2，3，4 が決定される．連力図は各力の作用線上に頂点をもつ多角形になるから 41 を結ぶ．

つぎに示力図で張力 $\boldsymbol{T}$ の方向がわかっており，また，連力図の 41 と Od が平行でなければならないから，示力図で d が決定される．示力図も閉じるから，$\overrightarrow{\mathrm{da}}$ が反力 $\boldsymbol{R}$ の大きさと方向であり，$\overrightarrow{\mathrm{cd}}$ の大きさが張力 $\boldsymbol{T}$ の大きさになる．

図より，反力 $\boldsymbol{R}$ の大きさは，4.9 kN，張力 $\boldsymbol{T}$ の大きさは 4.7 kN である．このように未知の力について，その作用線が通る点だけがわかっているとき，連力図はこの点から出発させて描けばよい．

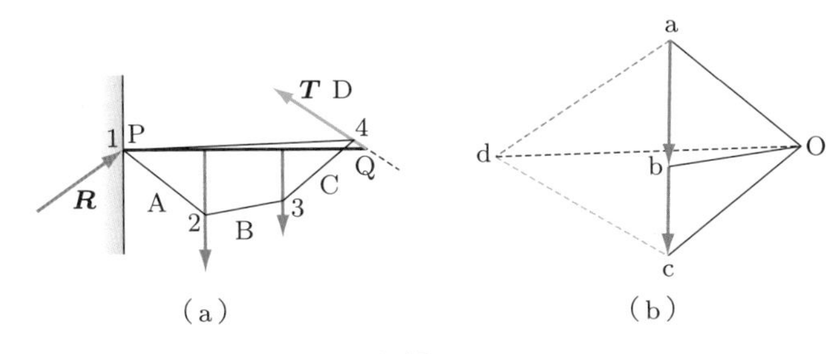

▶図 2.12

例題 2.7 **図 2.13**(a)のように，はりに 4 力 $\boldsymbol{F}_1$，$\boldsymbol{F}_2$，$\boldsymbol{F}_3$，$\boldsymbol{F}_4$ がはたらいている．支点における反力 $\boldsymbol{R}_1$，$\boldsymbol{R}_2$ を図式により求めよ．

解答▶ 図(b)のように示力図をつくり，極 O をとり，射線 Oa，Ob，Oc，Od，Oe を決定する．図(a)の反力 $\boldsymbol{R}_1$ の作用線上に点 1 をとり，連力図 1，2，3，4，5，6 をつくる．反力と 4 力はつりあっているから，連力図は閉じる．これにより索線 61 が決定し，示力図において射線 Of を 61 に平行にひけば fa，ef の長さが $\boldsymbol{R}_1$，$\boldsymbol{R}_2$ の大きさになる．図より，$R_1 = 6.2$ kN，$R_2 = 5.8$ kN である．

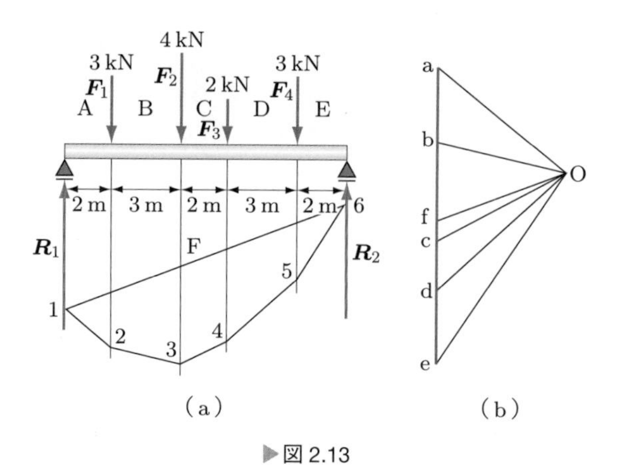

▶図 2.13

2.4 トラス

橋りょう，クレーン，鉄塔などの構造をみると，いくつかの棒状の**部材**（member）を組み合わせてつくってある．このような構造物を**骨組構造**といい，部材の連結点を**節点**（joint）という．とくに節点で回転自由なピンによって結合され，かつ，相対運動のできない骨組構造を**トラス**（truss）という．トラスが基礎と接触するところは回転あるいは移動支点になっている．ここでは，各部材が同一平面上にある平面トラスについて調べることにする．

節点間に直接外力を受けない部材はピンの中心を通る力が作用してつりあっているのであるから，力は両端にあるピンの中心間を結ぶ直線を作用線とし，互いに大きさが等しく，向きが反対の力でなければならない．したがって，部材は両端のピンから引張力または圧縮力を受ける．引張力を受ける部材を**引張材**（tension member），圧縮力を受ける部材を**圧縮材**（compression member）という．

部材にこのような引張力や圧縮力がはたらくと，その内部に大きさが等しく，向きが反対の**内力**（internal force）がはたらく．引張力を受ける場合，この内力は両端のピンを内方へ引き入れるようにはたらき，圧縮力を受ける場合は，両端のピンを外方へ押そうとするようにはたらく．したがって，ある部材が引張材であるか圧縮材であるかは，そのなかにはたらく内力が両端のピンを引っ張っているか，押しているかで調べることができる．

2.4.1 節点法

トラスの部材にはたらく力を求める方法の一つとして，**節点法**がある．これは，反力などの外力をまず求め，つぎに外力が作用する節点から順次，節点ごとに力のつりあいの条件を用いて各部材にはたらく力を決定していく方法である．

節点にはたらく外力と内力とを直角分力に分け，各方向の分力の和が0である式をつくり，この式を解いて求める．この場合，はたらく力の向きがわからないときは，部材は引張力を受けていると仮定して解き，負の値となれば，その部材は圧縮力を受けていると考えればよい．

以上の方法では，一つの節点で未知の力が三つ以上はたらくときは解けないが，このときは，解くことのできる節点，すなわち未知の力が二つ以内の節点から解いていけばよい．

図 2.14(a)に示すトラスにはたらく反力と，部材にはたらく力を求めてみよう．

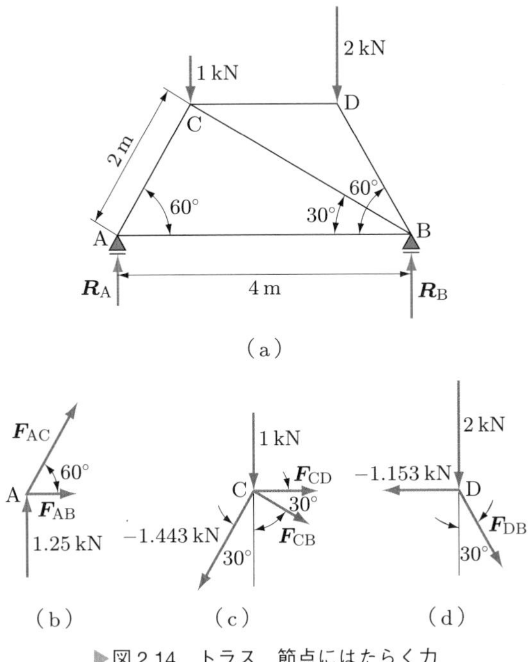

▶図 2.14　トラス，節点にはたらく力

支点 A，B における反力は，支点 A のまわりのモーメントを考えると，つぎのように求められる．

$$N_A = 4R_B - 3 \times 2 - 1 \times 1 = 0$$

$$\therefore \quad R_B = 1.75 \qquad R_A = 1 + 2 - 1.75 = 1.25$$

つぎに，部材にはたらく力を求めてみよう．

節点 A において，図（b）より，

$$F_{AC}\sin 60^\circ + R_A = 0 \qquad \therefore \quad F_{AC} = -1.443$$

$$F_{AC}\cos 60^\circ + F_{AB} = 0 \qquad \therefore \quad F_{AB} = 0.721$$

となり，節点 C において，図（c）より，

$$1 - 1.443\cos 30^\circ + F_{CB}\sin 30^\circ = 0 \qquad \therefore \quad F_{CB} = 0.499$$

$$1.443\sin 30^\circ + 0.499\cos 30^\circ + F_{CD} = 0 \qquad \therefore \quad F_{CD} = -1.153$$

となる．また，節点 D において，図（d）より，つぎのようになる．

$$2 + F_{DB}\cos 30^\circ = 0 \qquad \therefore \quad F_{DB} = -2.309$$

以上をまとめると，支点における反力は $R_A = 1.25$ kN，$R_B = 1.75$ kN，各部材にはたらく力は AC：1.44 kN（圧縮材），AB：0.72 kN（引張材），BC：0.50 kN（引張材），CD：1.15 kN（圧縮材），BD：2.31 kN（圧縮材）となる．

2.4.2 切断法

節点法によると，ある部材にはたらく力を求めるのに，解くことのできる節点から順に解いて，その部材のある節点について解かなければならないが，これに対して，ある部材にはたらく力を直接求めたいときに用いる方法として**切断法**がある．これは，求めようとする部材を通る切断面を考えて，この切断面が切る部材の内力は外力と同様に考え，力のつりあい条件より求める方法である．

このとき，未知の力が三つ以内になるように切断する．**図 2.15** のトラスの部材 CD，GD，GH にはたらく力を切断法で求めてみよう．

モーメントのつりあいから，点 A，B の反力 $\boldsymbol{R}_A$，$\boldsymbol{R}_B$ の大きさは，$R_A = 5$ kN，$R_B = 5$ kN と求まる．部材 CD，GD，GH にはたらく力は，**図 2.16** のように△AGC の

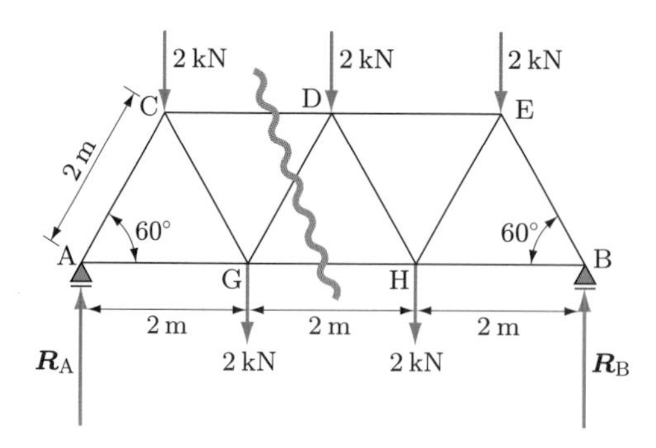

▶図 2.15　トラスの切断法

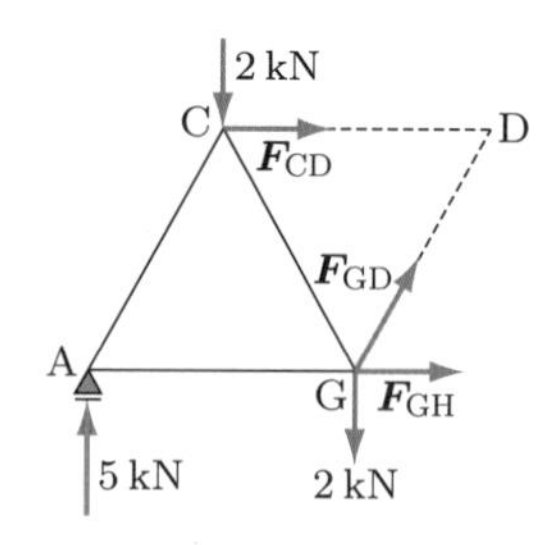

▶図 2.16　トラスにはたらく外力と内力

形の物体にはたらく外力と考えて，ここでつりあいを考える．

点Gのまわりのモーメントのつりあいより，

$$1 \times 2 - 2 \times 5 - \sqrt{3}\,F_{CD} = 0 \qquad \therefore \quad F_{CD} = -\frac{8}{\sqrt{3}} = -4.62$$

となり，点Dのまわりのモーメントのつりあいより，

$$2 \times 2 + 1 \times 2 - 3 \times 5 + \sqrt{3}\,F_{GH} = 0 \qquad \therefore \quad F_{GH} = \frac{9}{\sqrt{3}} = 5.20$$

となる．また，$\sum_i F_{ix} = 0$ より，F_{GD} はつぎのようになる．

$$F_{GD} \cos 60^\circ + F_{GH} + F_{CD} = 0 \qquad \therefore \quad F_{GD} = \frac{-2}{\sqrt{3}} = -1.16$$

以上をまとめて，部材 CD：4.62 kN（圧縮材），部材 GD：1.16 kN（圧縮材），部材 GH：5.20 kN（引張材）がはたらくことになる．

2.4.3 図式解法

トラスの各節点にはたらく力はつりあっているから，その示力図は閉じている．このことを利用して，部材にはたらく未知の力を順次求めていけばよい．

図 2.17 に示すトラスの部材にはたらく力と支点の反力を求めてみよう．

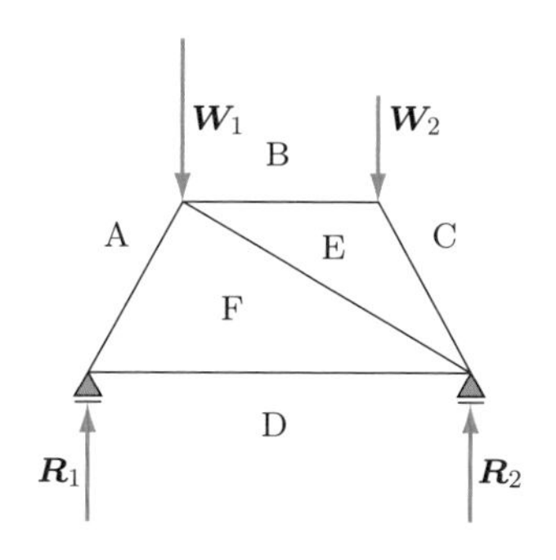

▶図 2.17　トラスにはたらく外力

バウの記号法により図のように記号をつけ，つぎに**図 2.18**(a)の示力図と連力図によって反力 $\boldsymbol{R}_1$, $\boldsymbol{R}_2$ を求める．示力図の $\overrightarrow{\mathrm{da}}$, $\overrightarrow{\mathrm{cd}}$ が反力 $\boldsymbol{R}_1$, $\boldsymbol{R}_2$ である．節点1のまわりの力のつりあいより，図(b)のように示力図をつくる．このとき，各節点における各力を示力図のベクトルとして描くには，節点を中心として時計回りまたは反時計回りのいずれか一定の向きに従うようにする．

節点1の場合，わかっている反力 $\boldsymbol{R}_1$，すなわち，DAの力のベクトル $\overrightarrow{\mathrm{da}}$ を描き，つぎに時計回りでAFの力のベクトル $\overrightarrow{\mathrm{af}}$, FDの力のベクトル $\overrightarrow{\mathrm{fd}}$ で示力図が閉じるように描く，これにより，部材12は圧縮材，部材14は引張材であることがわかる．力の大きさは，単位の長さより求まる．

同様にして，節点2は図(c)，節点3は図(d)，節点4は図(e)のように，順次わかった部材にはたらく力を利用しながら，示力図をつくっていけばよい．

図(b)，(c)，(d)，(e)をまとめて，図(f)のように描けば簡単になる．このとき，図(a)のように，力の方向を示す矢印を描き入れておけば，部材が圧縮材か引張

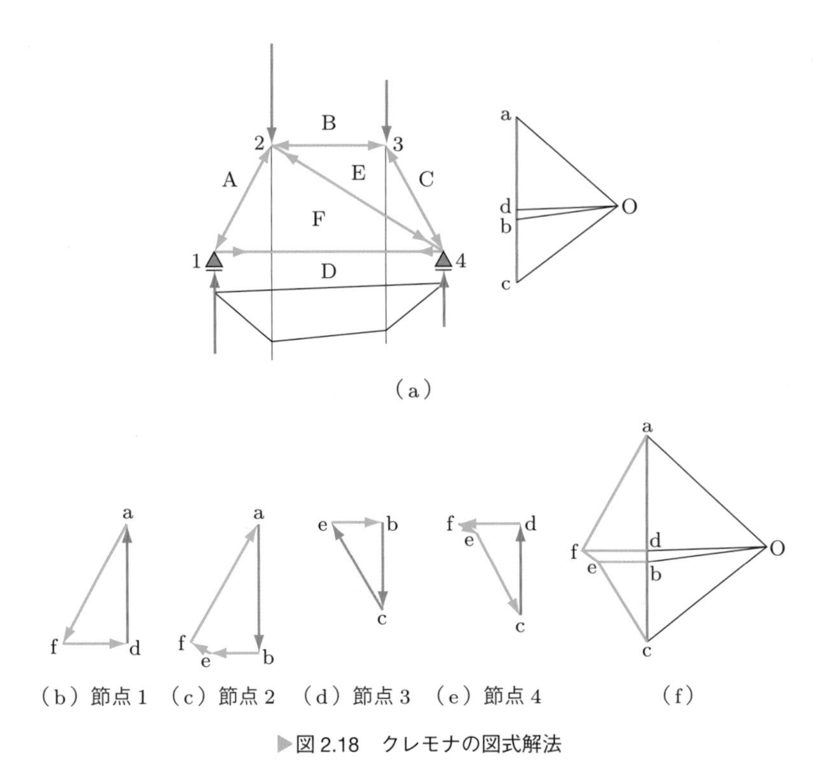

▶図 2.18　クレモナの図式解法

材かがわかる．このように未知の力が二つ以下の節点からはじめて，各部材にはたらく力を順次図式的に求める方法を**クレモナ**（Cremona）**の方法**という．

演習問題

2.1　**図 2.19** において，500 N の力とつりあう力 $\boldsymbol{F}_1$，$\boldsymbol{F}_2$ の大きさを求めよ．

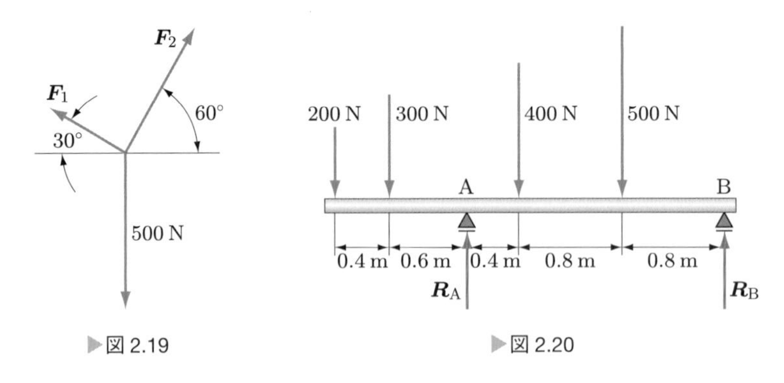

▶図 2.19

▶図 2.20

2.2　**図 2.20** に示すはりの反力 $\boldsymbol{R}_A$，$\boldsymbol{R}_B$ の大きさを求めよ．

2.3 問題 2.2 を図式で解いてみよ．

2.4 10 kg と P［kg］の物体をロープでつると，**図 2.21** に示すような位置で静止した．ロープ AB，BC，CD の張力の大きさおよび P の値を求めよ．

2.5 直角に曲がった一様な太さの針金が，天井より**図 2.22** のように糸でつり下げられている．ここで，AB = 10 cm，BC = 15 cm のとき，角 α を求めよ．

2.6 **図 2.23** のように，質量 200 kg の一様な太さの鉄材の一端 A は傾角 30° のなめらかな斜面に，他端 B は水平のなめらかな床にあって，斜面に沿って大きさ P の力で引っ張られて静止している．A，B における反力および力 P の大きさを求めよ．

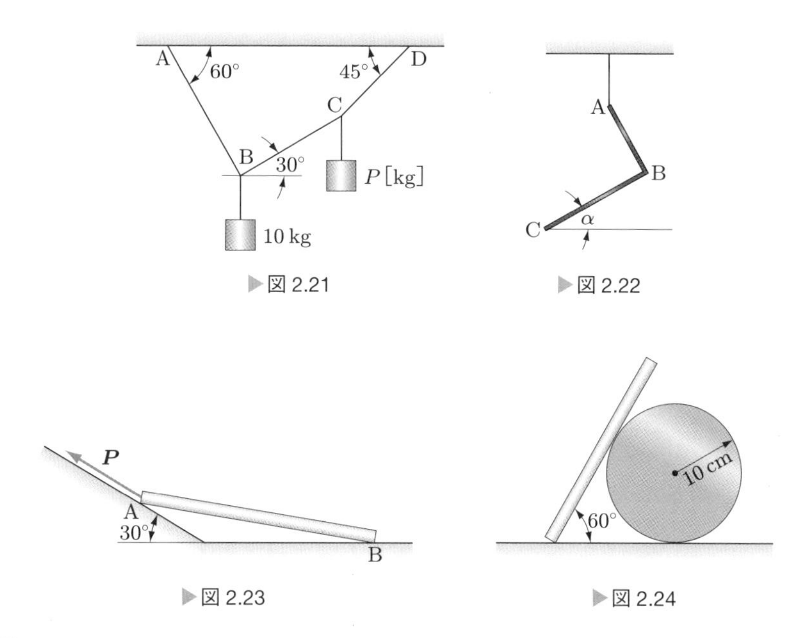

▶図 2.21

▶図 2.22

▶図 2.23

▶図 2.24

2.7 **図 2.24** のように，半径 10 cm の円筒に一様な断面の質量 0.50 kg，長さ 30 cm の棒をたてかけたところ，床との傾き 60° の位置で静止した．棒と円筒との接触面はなめらかであるが，ほかの接触面はなめらかでないとき，棒にはたらく円筒からの反力および床からの反力を求めよ．

2.8 **図 2.25** のように，箱のなかに 2 個の丸鋼棒が入っている．丸鋼棒 O_1，O_2 はそれぞれ質量 30 kg，20 kg，半径 15 cm，10 cm である．接触点 A，B，C，D にはたらく力の大きさを求めよ．ただし，面はすべてなめらかであるとする．

2.9 長さ l で一様な断面のまっすぐな棒をその両端 A，B につけた糸で支えてぶら下げた．糸の水平線に対する角が α，β（$\alpha > \beta$）のとき，棒の水平に対する傾きを求めよ．

2.10 **図 2.26** は，くい A を抜く装置である．点 E に下向きに 500 N の力を加えるとき，AC にはたらく引張力の大きさを求めよ．ただし，$\alpha = 5°$ とする．

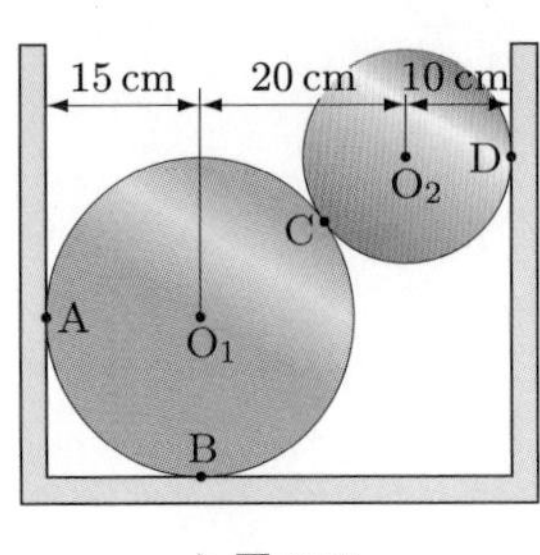

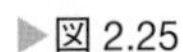
▶図 2.25

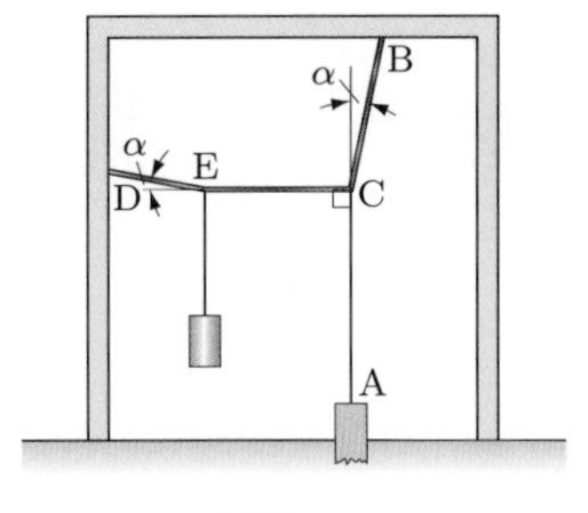

▶図 2.26

2.11 質量 400 kg，半径 50 cm のローラがある．このローラが**図 2.27** のように高さ 5 cm の石にのりあげるとき，ハンドル AB に加える水平方向の力を求めよ．

2.12 質量を無視できる T 字型の棒が**図 2.28** のように点 O でピンでとめてあり，A はなめらかな垂直な壁に接触していて，AB は水平である．B に 50 kg の物体をつるすとき，点 A および点 O の反力を求めよ．

2.13 問題 2.12 の解を図式で求めよ．

2.14 **図 2.29** のトラスの各部材にはたらく力および支点の反力を求めよ．

2.15 **図 2.30** の部材 CD，CG，HG にはたらく力を切断法により求めよ．

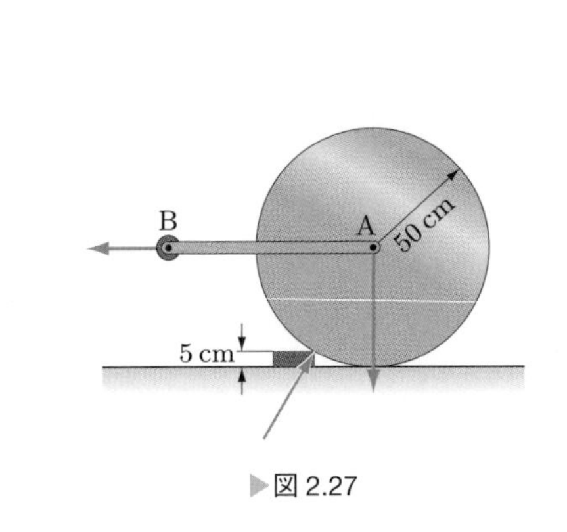

▶図 2.27

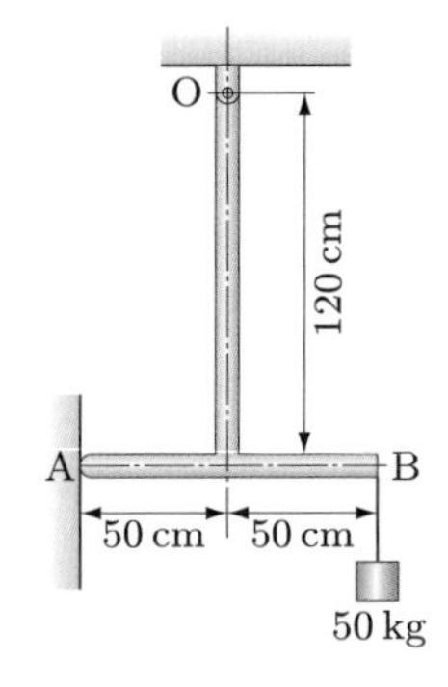

▶図 2.28

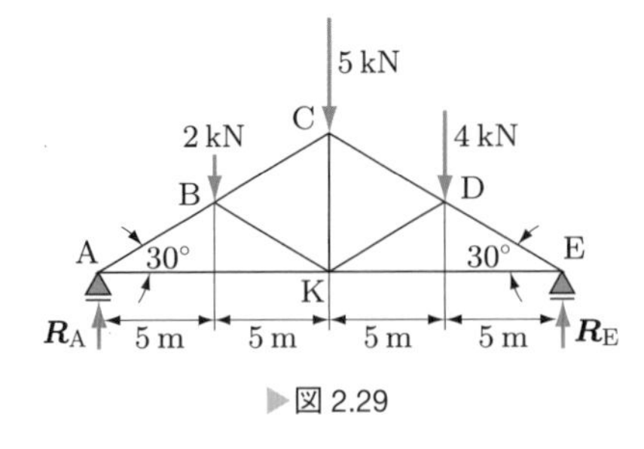

▶図 2.29

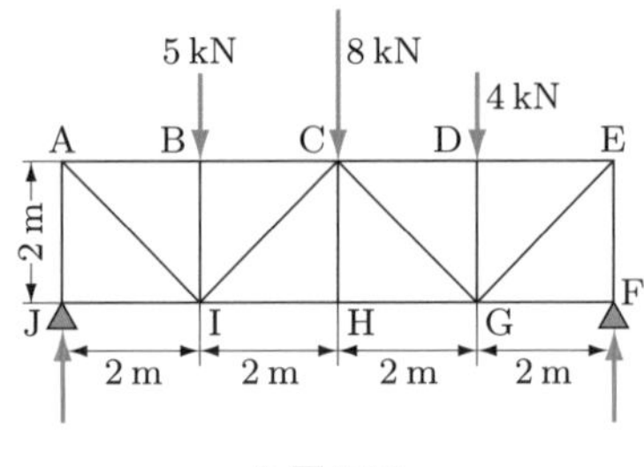

▶図 2.30

CENTER OF GRAVITY

重　心

第3章

3.1 重心と図心

物体を構成する微小部分には，その質量に比例した重力が作用する．これらは平行力と考えられる．これら平行力の合力の作用線は，物体の姿勢を変えてもつねに物体のある定まった1点を通る．この定点を物体の**重心**（center of gravity）といい，合力の大きさは物体の**重さ**（weight）である．このように，重心は物体にはたらく全重力が1点に集中したと考えたときの点で，質量もこの点に集中していると考えてよい．このことは，一面からいえば，物体を代表する点ということができる．

図3.1のように，重力が z 軸方向にはたらくとして，物体の微小部分にはたらく重力をそれぞれ w_1, w_2, w_3, …，その座標を (x_1, y_1, z_1), (x_2, y_2, z_2), (x_3, y_3, z_3), …とし，物体にはたらく全重力を W とすると，つぎの式が成り立つ．

$$W = w_1 + w_2 + w_3 + \cdots = \sum_i w_i \qquad (3.1)$$

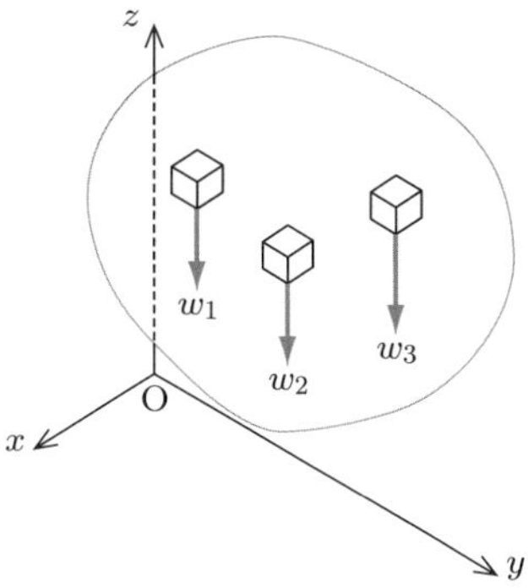

▶図3.1　物体の重心

重心Gの座標を (x_G, y_G, z_G) とすれば，分力のモーメントの和は合力のモーメントに等しいから，座標軸まわりのモーメントを計算して，つぎの式が得られる．

$$Wx_G = w_1x_1 + w_2x_2 + w_3x_3 + \cdots \qquad (3.2)$$

$$Wy_G = w_1y_1 + w_2y_2 + w_3y_3 + \cdots \qquad (3.3)$$

つぎに，物体と座標軸の位置関係をそのままに保ったまま回転させて，重力の方向が x 軸方向になるようにした場合を考えれば，同様にして，

$$Wz_G = w_1z_1 + w_2z_2 + w_3z_3 + \cdots \qquad (3.4)$$

の関係が得られる．したがって，重心は，

$$
\left.\begin{aligned}
x_G &= \frac{w_1 x_1 + w_2 x_2 + w_3 x_3 + \cdots}{W} = \frac{\sum_i w_i x_i}{\sum_i w_i} \\
y_G &= \frac{w_1 y_1 + w_2 y_2 + w_3 y_3 + \cdots}{W} = \frac{\sum_i w_i y_i}{\sum_i w_i} \\
z_G &= \frac{w_1 z_1 + w_2 z_2 + w_3 z_3 + \cdots}{W} = \frac{\sum_i w_i z_i}{\sum_i w_i}
\end{aligned}\right\} \tag{3.5}
$$

で与えられ，物体に固定された1点であることがわかる．

ここで，微小部分を0に近づけて，その極限をとれば，

$$
x_G = \frac{\int x\,\mathrm{d}w}{\int \mathrm{d}w} \qquad y_G = \frac{\int y\,\mathrm{d}w}{\int \mathrm{d}w} \qquad z_G = \frac{\int z\,\mathrm{d}w}{\int \mathrm{d}w} \tag{3.6}
$$

のように積分を用いて表すことができる．

均質な物体では，重力の大きさは体積に比例するから，物体の体積を V とすると，式(3.6)はつぎのように書くことができる．

$$
x_G = \frac{\int x\,\mathrm{d}V}{V} \qquad y_G = \frac{\int y\,\mathrm{d}V}{V} \qquad z_G = \frac{\int z\,\mathrm{d}V}{V} \tag{3.7}
$$

同様に，均質で一様な厚さの薄い板や，一様な断面の細い針金などでは，その重力の大きさは面積や長さに比例するから，板の面積を A，線の長さを L とすると，

$$
\text{板の場合}\quad x_G = \frac{\int x\,\mathrm{d}A}{A} \qquad y_G = \frac{\int y\,\mathrm{d}A}{A} \tag{3.8}
$$

$$
\text{線の場合}\quad x_G = \frac{\int x\,\mathrm{d}L}{L} \qquad y_G = \frac{\int y\,\mathrm{d}L}{L} \tag{3.9}
$$

より求めることができる．このようにして求められる，物体の形状だけから決まる点を**図心**（centroid）という．均質な物体の重心は，その物体の図心に一致する．

3.2 物体の重心

3.2.1 規則的な図形の重心

物体が対称軸をもてば重心は対称軸上にある．そして，二つの対称軸をもてば，その交点が重心の位置になる．物体が点対称であればその点が重心である．また，物体

を重心のわかっているいくつかの部分に分けることができる場合，各部分の重心にはたらく平行力の合力を求めて，重心の位置を求めることができる．以下で，いくつかの例題によってさまざまな図形の重心を求めてみよう．

例題 3.1　**図 3.2** に示す平面板の重心の位置を求めよ．

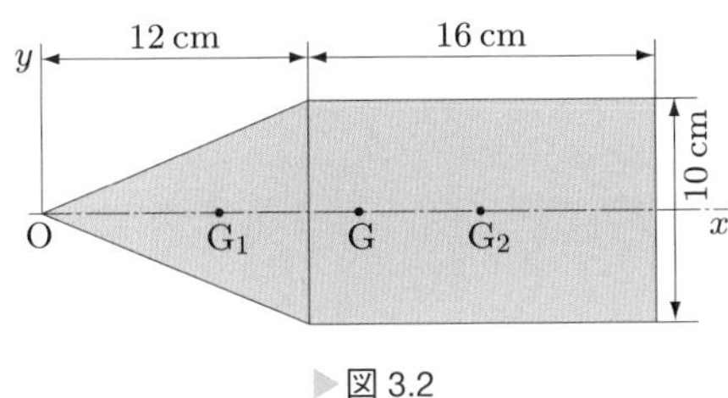

▶図 3.2

解答▶　図のように座標軸をとる．x 軸に関して対称であるから，重心は x 軸上にある．この図形を三角形と長方形に分け，三角形の重心を G_1，長方形の重心を G_2 とすると，$OG_1 = 8$ cm，$OG_2 = 20$ cm となる．重心の x 座標を x_G とすれば，y 軸のまわりのモーメントを考えて，つぎの式が成り立つ．

$$220\,x_G = 160 \times 20 + 60 \times 8 \qquad \therefore \quad x_G = 16.7$$

したがって，重心は x 軸上で原点より右へ 16.7 cm のところにある．

例題 3.2　**図 3.3** のような長方形の板に円形の穴があいている．この板の重心の位置を求めよ．

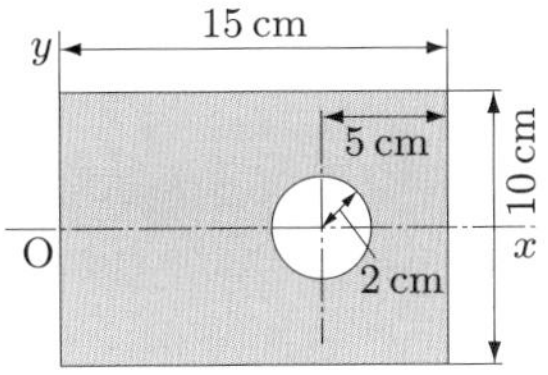

▶図 3.3

解答▶　図のように座標軸をとる．x 軸に関して対称であるから，重心の x 座標を求めればよい．y 軸のまわりのモーメントを考えれば，穴のない板のモーメントは穴のあいている板のモーメントと穴の部分のモーメントの和である．したがって，重心の x 座標 x_G は，

$$15 \times 10 \times 7.5 = 4\pi \times 10 + x_G(15 \times 10 - 4\pi)$$

$$\therefore \quad x_G = \frac{15 \times 10 \times 7.5 - 4\pi \times 10}{15 \times 10 - 4\pi} = 7.3$$

となり，重心は半径 2 cm の穴の中心より左へ 2.7 cm のところにある．

例題 3.3 半径 r，中心角 α の円弧の重心を求めよ．

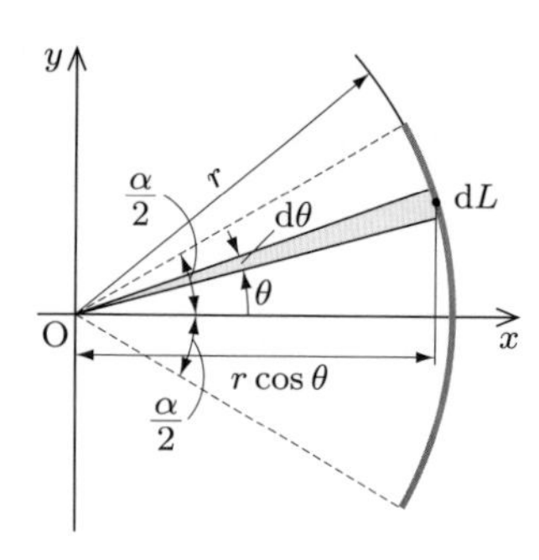

▶図 3.4

解答▶ **図 3.4** のように座標軸をとる．x 軸となす角 θ のところにできる微小な弧の長さ $\mathrm{d}L$ に対する中心角を $\mathrm{d}\theta$ とする．x 軸対称であるから，重心の y 座標は $y_G = 0$ である．また，重心の x 座標 x_G はつぎのようにして求められる．

$$x_G = \frac{\int x\,\mathrm{d}L}{\int \mathrm{d}L} = \frac{\int_{-\alpha/2}^{\alpha/2} r\cos\theta\cdot r\,\mathrm{d}\theta}{\int_{-\alpha/2}^{\alpha/2} r\,\mathrm{d}\theta}$$

$$= r\frac{[\sin\theta]_{-\alpha/2}^{\alpha/2}}{[\theta]_{-\alpha/2}^{\alpha/2}} = \frac{2r}{\alpha}\sin\frac{\alpha}{2}$$

これにより，重心の座標は $\left(\frac{2r}{\alpha}\sin\frac{\alpha}{2},\ 0\right)$ である．

例題 3.4 **図 3.5** で示される，$y = 2x^2$，$x = 1$ と x 軸で囲まれる平面図形の重心の位置を求めよ．

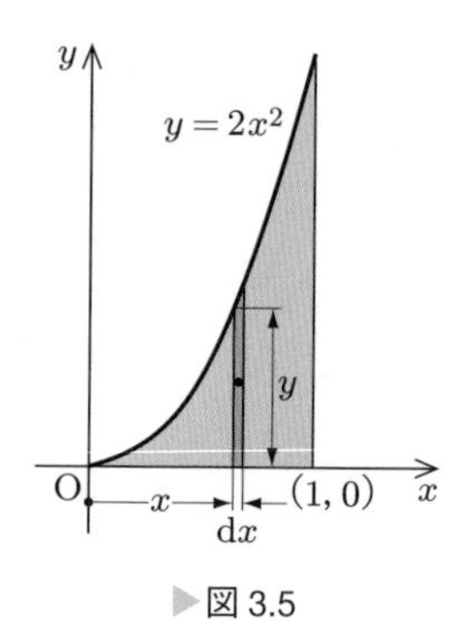

▶図 3.5

解答▶ 図形の面積 A はつぎのように求められる．

$$A = \int_0^1 y\,\mathrm{d}x = \int_0^1 2x^2\,\mathrm{d}x = \left[\frac{2x^3}{3}\right]_0^1 = \frac{2}{3}$$

重心の座標は，式(3.8)を用いてつぎのように計算できる．

$$x_G = \frac{\int_0^1 xy\,\mathrm{d}x}{A} = \frac{3}{2}\int_0^1 2x^3\,\mathrm{d}x = 3\left[\frac{x^4}{4}\right]_0^1 = \frac{3}{4}$$

$$y_G = \frac{\int_0^1 \frac{y}{2}y\,\mathrm{d}x}{A} = \frac{3}{4}\int_0^1 y^2\,\mathrm{d}x = \frac{3}{4}\int_0^1 4x^4\,\mathrm{d}x$$

$$= 3\left[\frac{x^5}{5}\right]_0^1 = \frac{3}{5}$$

これより，座標 $\left(\frac{3}{4},\ \frac{3}{5}\right)$ のところが重心となる．

例題 3.5 半径 r，中心角 α の扇形の重心の位置を求めよ．

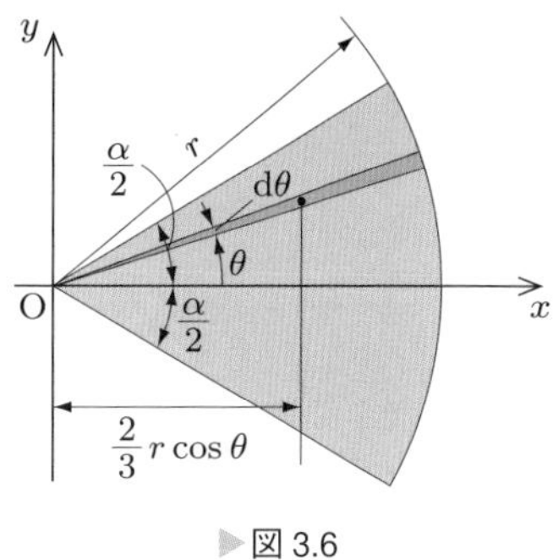

▶図 3.6

解答▶ **図 3.6** のように座標軸をとる．x 軸となす角 θ のところに中心角が $\mathrm{d}\theta$ である微小な扇形を考える．扇形の面積 $\mathrm{d}A$ は $\mathrm{d}A = \dfrac{1}{2}r^2\mathrm{d}\theta$，その重心の位置は扇形を二等辺三角形と考えると，中心より $\dfrac{2}{3}r$ のところにある．x 軸に関して対称であるから，その x 座標はつぎのように計算できる．

$$x_{\mathrm{G}} = \frac{\displaystyle\int_{-\alpha/2}^{\alpha/2} \frac{2}{3}r\cos\theta \cdot \frac{1}{2}r^2\,\mathrm{d}\theta}{\displaystyle\int_{-\alpha/2}^{\alpha/2} \frac{1}{2}r^2\,\mathrm{d}\theta} = \frac{2}{3}r\frac{[\sin\theta]_{-\alpha/2}^{\alpha/2}}{[\theta]_{-\alpha/2}^{\alpha/2}} = \frac{4r}{3\alpha}\sin\frac{\alpha}{2}$$

これより，重心の位置の座標は $\left(\dfrac{4r}{3\alpha}\sin\dfrac{\alpha}{2},\ 0\right)$ となる．

例題 3.6 底面の半径 R，高さ h の直円すいの重心の位置を求めよ．

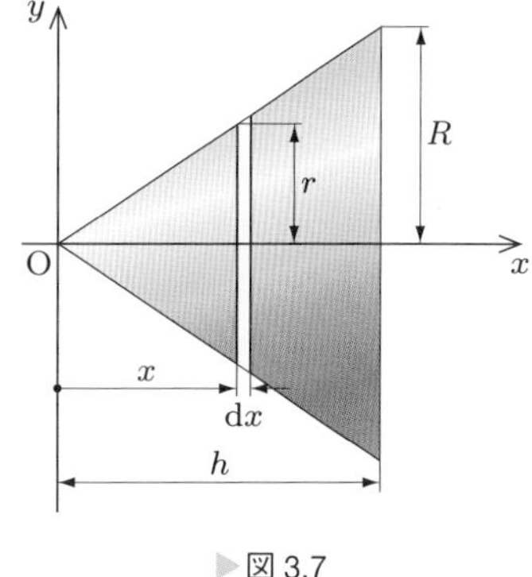

▶図 3.7

解答▶ **図 3.7** のように，円すいの頂点を原点，軸を x 軸とする．頂点から距離 x のところで，軸に垂直で微小な厚さ $\mathrm{d}x$ の円板を考えると，その体積 $\mathrm{d}V$ は，

$$\mathrm{d}V = \pi r^2\,\mathrm{d}x$$

と表される．また，$r : R = x : h$ より，

$$r = \frac{Rx}{h} \qquad \therefore\ \mathrm{d}V = \pi\frac{R^2}{h^2}x^2\,\mathrm{d}x$$

となる．重心は x 軸上にあるから，重心の x 座標 x_{G} は，つぎのように求められる．

$$x_{\mathrm{G}} = \frac{\displaystyle\int_0^h x\,\mathrm{d}V}{\displaystyle\int_0^h \mathrm{d}V} = \frac{\displaystyle\int_0^h x\pi\frac{R^2}{h^2}x^2\,\mathrm{d}x}{\displaystyle\int_0^h \pi\frac{R^2}{h^2}x^2\,\mathrm{d}x} = \frac{\left[\dfrac{x^4}{4}\right]_0^h}{\left[\dfrac{x^3}{3}\right]_0^h} = \frac{3}{4}h$$

したがって，重心の位置は円すいの軸上底面より高さ $\dfrac{h}{4}$ のところにある．

表 3.1 に，さまざまな図形の重心をまとめる．

▶表 3.1　簡単な図形の重心

線	（a）線分 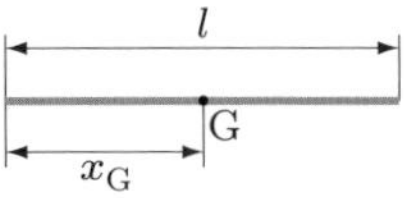 $x_G = \dfrac{l}{2}$	（b）円弧 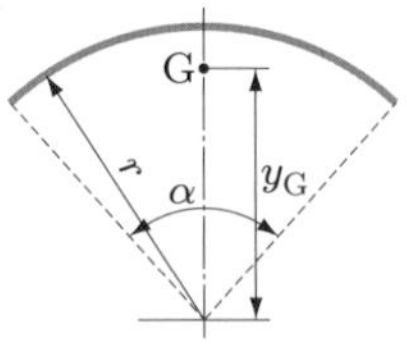 $y_G = \dfrac{2r}{\alpha}\sin\dfrac{\alpha}{2}$	（c）半円弧 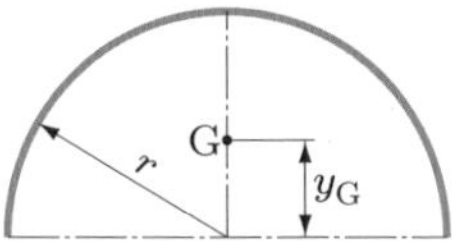 $y_G = \dfrac{2r}{\pi}$
平面	（a）三角形 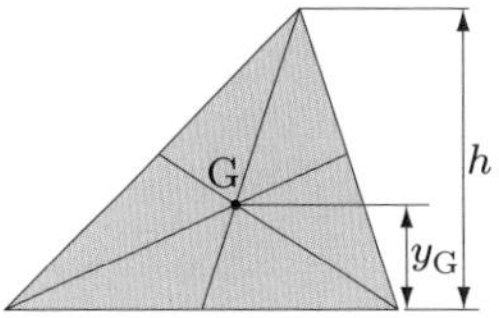 三中線の交点　$y_G = \dfrac{h}{3}$	（b）平行四辺形 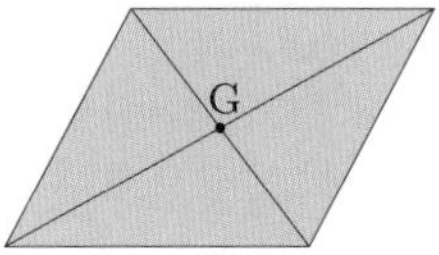 対角線の交点	（c）台形 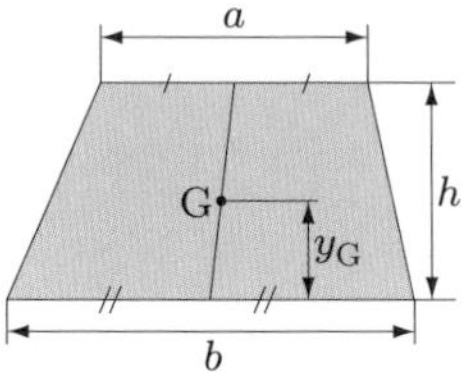 $y_G = \dfrac{1}{3}\left(\dfrac{2a+b}{a+b}\right)h$
	（d）扇形 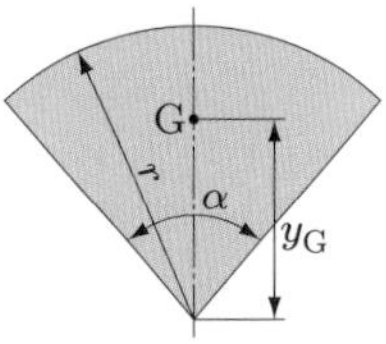 $y_G = \dfrac{4r}{3\alpha}\sin\dfrac{\alpha}{2}$	（e）半円 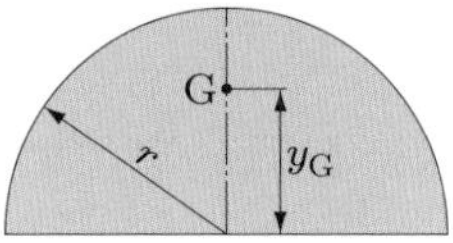 $y_G = \dfrac{4r}{3\pi}$	
曲面	（a）円すい面 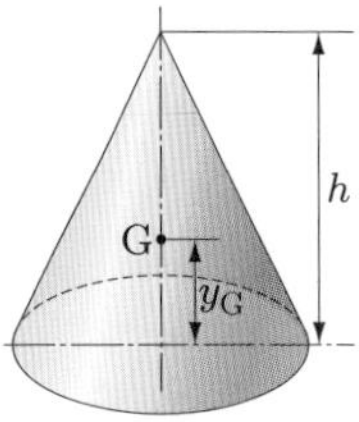 $y_G = \dfrac{h}{3}$	（b）半球面 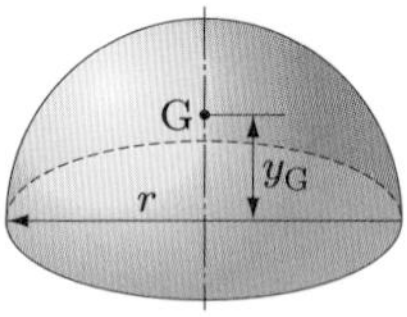 $y_G = \dfrac{r}{2}$	

▶表 3.1　簡単な図形の重心（つづき）

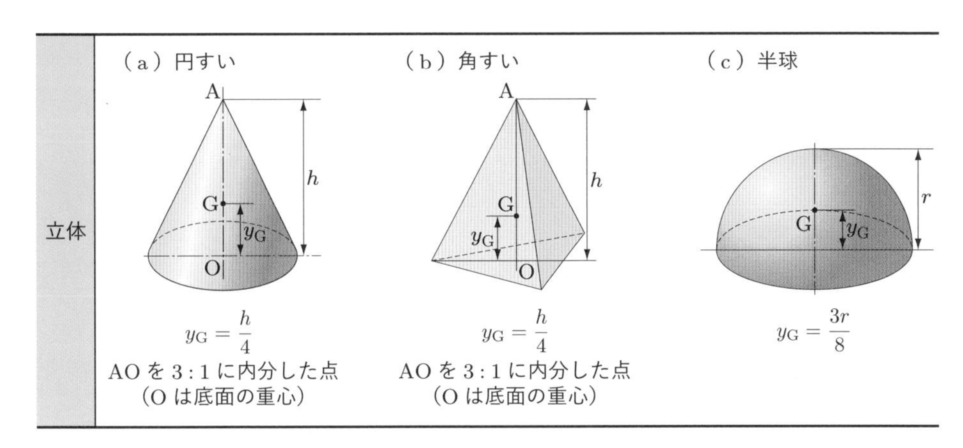

3.2.2　回転体の重心

ここでは重心の位置を利用して，回転体の表面積，体積を求める方法について述べよう．**図 3.8** のように，長さ L の曲線 AB が x 軸のまわりに回転してできる曲面の表面積を考える．微小線分 $\mathrm{d}L$ によってできる曲面の表面積が $2\pi y\,\mathrm{d}L$ であるから，全体の表面積を S とすれば，

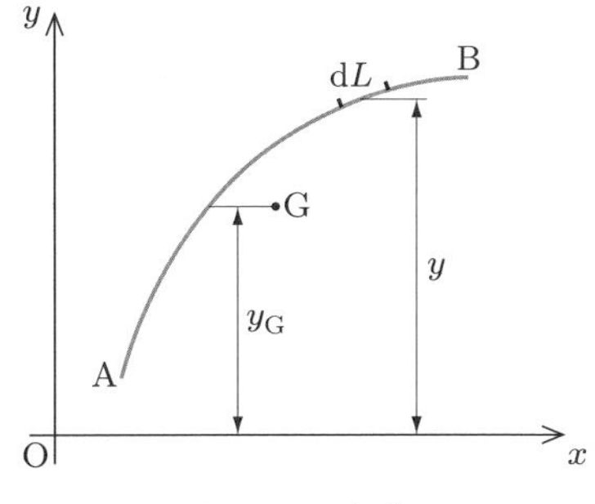

▶図 3.8　回転曲面

$$S = \int 2\pi y\,\mathrm{d}L = 2\pi \int y\,\mathrm{d}L \tag{3.10}$$

と表される．また，式(3.9)より，

$$\int y\,\mathrm{d}L = y_G L$$

である．ここで，y_G は曲線 AB の重心の y 座標なので，式(3.10)はつぎのように書くことができる．

$$S = 2\pi y_G L \tag{3.11}$$

つぎに，**図 3.9** の面積 A の部分が，x 軸のまわりに回転してできる体積 V を考える．微小面積 $\mathrm{d}A$ によってできる回転体の体積は $2\pi y\,\mathrm{d}A$ であるから，全体の体積 V は，

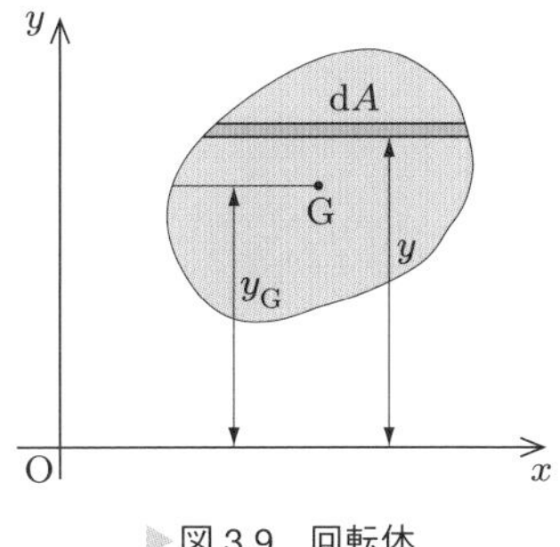

▶図 3.9　回転体

$$V = \int 2\pi y\,\mathrm{d}A = 2\pi \int y\,\mathrm{d}A \tag{3.12}$$

と表される．また，式(3.8)より，

$$\int y \, \mathrm{d}A = y_{\mathrm{G}} A$$

である．ここで，y_{G} は面積 A の図形の重心の y 座標なので，式(3.12)はつぎのように書くことができる．

$$V = 2\pi y_{\mathrm{G}} A \tag{3.13}$$

式(3.11)，(3.13)は，**曲線がある軸のまわりに回転してできる曲面の表面積は，その曲線の長さと，その曲線の重心が軸のまわりに回転してできる円周の長さとの積に等しい**，また**面積がある軸のまわりに回転してできる回転体の体積は，その面積と，重心が描く円周の長さとの積に等しい**ことを表している．

例題 3.7 直径 5 cm の丸棒を削って，**図 3.10** のような形に仕上げた．削り取られた部分の体積と，できあがった物体の側面積を求めよ．

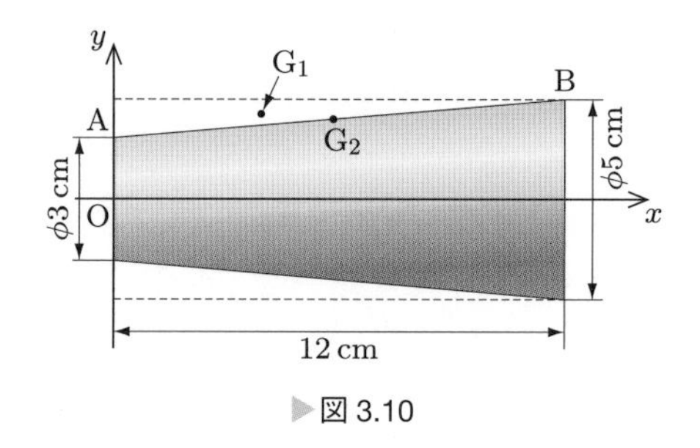

▶図 3.10

解答▶ 削り取られた三角形の部分の重心は，回転軸より

$$y_{\mathrm{G1}} = \left(\frac{5}{2} - \frac{1}{3}\right) = \frac{13}{6}\ \mathrm{cm}$$

のところにあり，この三角形の面積 A はつぎの式で求められる．

$$A = 1 \times 12 \times \frac{1}{2} = 6\ \mathrm{cm}^2$$

よって，削り取られた部分の体積 V は，式(3.13)より，

$$V = 2\pi \times \frac{13}{6} \times 6 = 26\pi = 81.6\ \mathrm{cm}^3$$

となる．側面積は，重心の位置が軸より $y_{\mathrm{G2}} = 2$ cm，長さ $L = \sqrt{145}$ cm の線分が回転してできる面積で，式(3.11)より，つぎのように求められる．

$$S = 2\pi \times 2 \times \sqrt{145} = 4\pi\sqrt{145} = 151.2\ \mathrm{cm}^2$$

3.3 物体のすわり

水平面上にある物体を少し傾けると，重心の位置が最初の位置より上がるような物体は安定な（stable）すわりであるという．たとえば，**図 3.11**(a)のように，半球は少し傾けると重心の位置は上がる．このとき，水平面からの反力と，この物体にはたらく重力による偶力のモーメントを生じ，物体をもとの状態にもどそうとする．

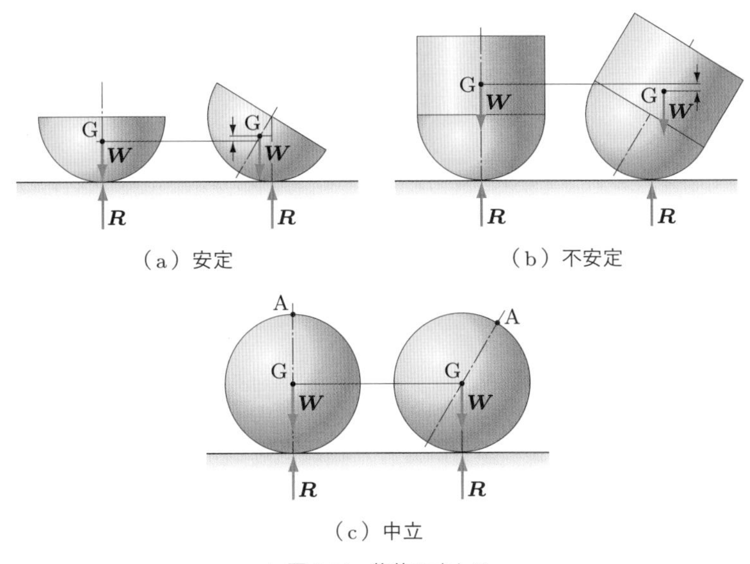

図 3.11　物体のすわり

物体を少し傾けて，重心の位置が最初の位置より下がるような物体は，不安定な（unstable）すわりであるという．たとえば図(b)のように，半球の上に円柱をつけ，全体の重心の位置が円柱の部分にあるような物体は，傾けると重心の位置は下がる．このとき，この物体にはたらく重力と反力から生じる偶力のモーメントはこの物体を倒そうとする方向にはたらき，物体は倒れる．

傾けても重心の位置が変わらないような物体は，中立の（neutral）すわりであるという．たとえば，水平面上にある球はいくら傾けても重心は球の中心の位置にあり，その高さは変わらない．このとき，図(c)のように，偶力のモーメントを生じないから，傾けた位置でもまたつりあっている．

図 3.12(a)のように，平面上にある物体の重心を通る鉛直線がその物体の基底の部分を通るときは物体は安定であるが，図(b)のような場合は，床からの反力と物体の重さによる偶力のモーメントにより倒れる．

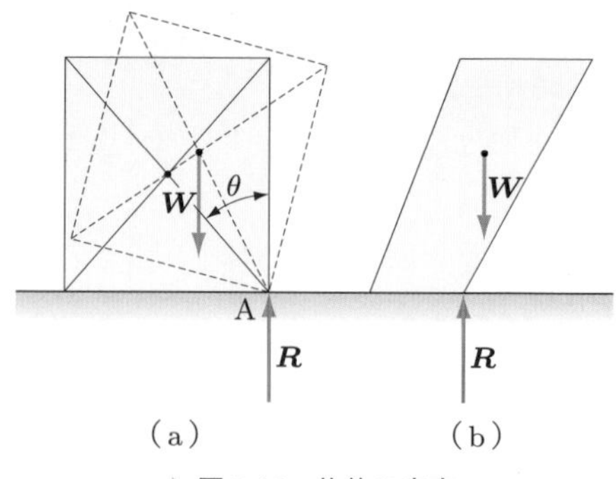

▶図 3.12　物体の安定

つぎに，図(a)のような物体を点 A のまわりに回転させるとき，重心の位置が最高点に達するときの回転角を θ とする．回転角が θ より小さい間は A における反力とこの物体にはたらく重力による偶力のモーメントにより，物体はもとの状態にもどろうとする．

回転角が θ を過ぎると，物体にはたらく重力と A における反力による偶力のモーメントは前とは反対向きとなり，物体は最初の位置にもどろうとしないで反対側に倒れる．

重心が下にあると反対側に倒れるまでに回転させる角 θ が大きくなり，反対側に倒れにくく，少しの傾きではすぐもとの状態にもどる．また，重いほど回転させるのに必要なモーメントが大きいから，倒れにくい．

このことから，構造物は基底が広いほど，重いほど，また重心が下にあるほど安定なことがわかる．

例題 3.8　**図 3.13** のように，半径 r の半球の上に直円柱をのせて中立のすわりにするのに必要な円柱の高さ h を求めよ．

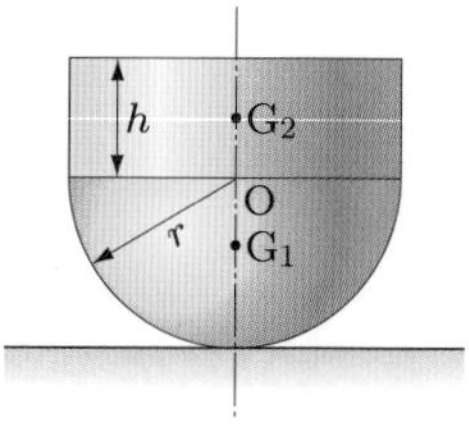

▶図 3.13

解答▶　半球の重心を G_1，円柱の重心を G_2，円柱の高さを h とする．中立のすわりになるには，この物体の重心が点 O にくればよい．点 O のまわりのモーメントのつりあいより，ρ を密度（単位体積当たりの質量）とすると，

$$\rho\pi r^2 h\frac{h}{2} = \rho\frac{2}{3}\pi r^3\frac{3}{8}r$$

となる．これより，円柱の高さ h はつぎのように求められる．

$$h^2 = \frac{r^2}{2} \qquad \therefore \quad h = \frac{r}{\sqrt{2}}$$

演習問題

3.1　**図 3.14**（a），（b）のように曲げた，一様な断面の細い針金の重心の位置を求めよ．

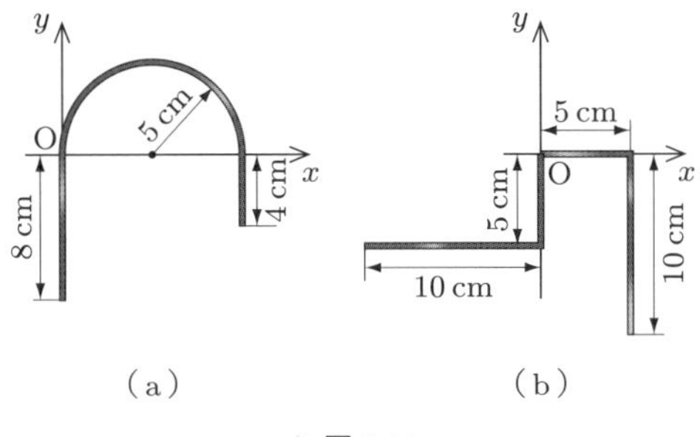

▶図 3.14

3.2　**図 3.15**（a），（b），（c）のような平面図形の重心の位置を求めよ．

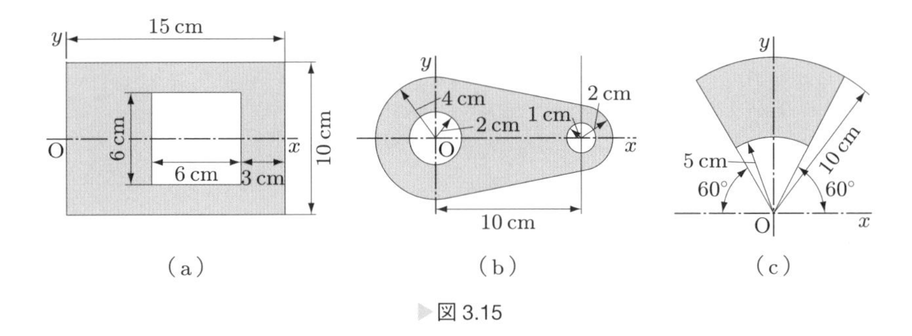

▶図 3.15

3.3　**図 3.16**（a），（b），（c）のような均質な物体の重心の位置を求めよ．

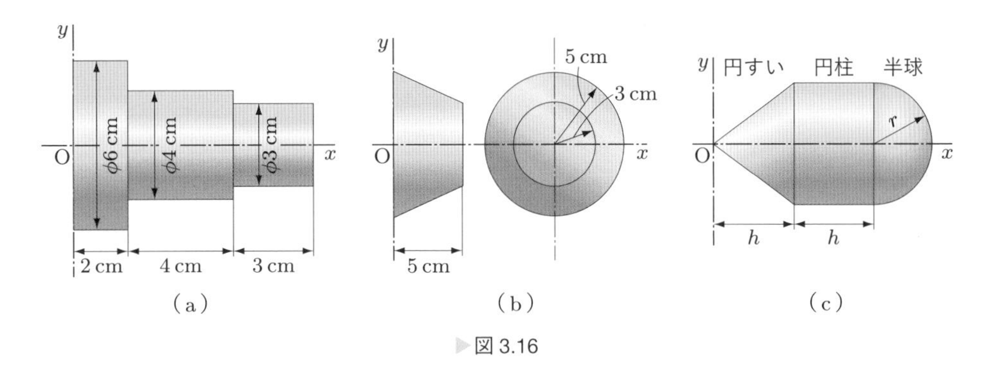

▶図 3.16

3.4 **図 3.17** のような長さ l，質量 M の物体を，B を支点として A でつるすときの必要な力が W_A，反対に A を支点にし B で同じ姿勢につるすときの必要な力が W_B であった．この物体の質量 M と重心の位置を求めよ．

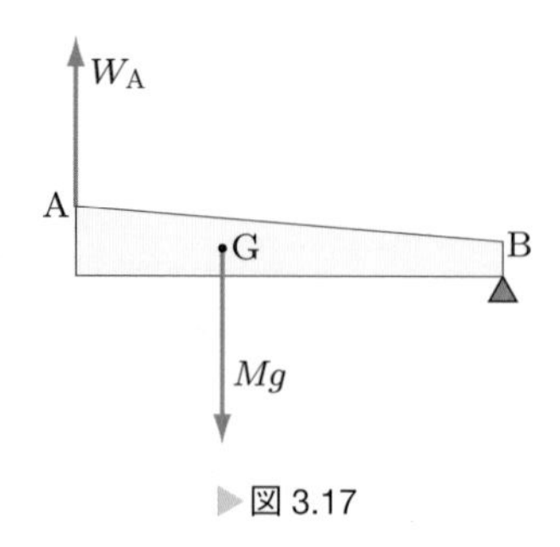

▶図 3.17

3.5 自動車の重心の位置を求めるために，前輪と後輪を同じ水平面上にある別々の台ばかりにのせて量ったら，それぞれ M_A，M_B［kg］であった．つぎに前輪ののっている台ばかりを h［cm］だけ上げて量ったら M_a，M_b［kg］であった．このときの重心の位置を求めよ．ただし，車軸間の距離は l［cm］とする．

3.6 半径 r の球の体積が $\dfrac{4}{3}\pi r^3$ であることを用いて，半円の重心の位置を求めよ．

3.7 半径 5 cm の円が中心から 30 cm の距離にある軸のまわりに回転してできる，ドーナツ型の物体の体積と表面積を求めよ．

3.8 **図 3.18** のように，同じ材料でつくった半径 r の半球の上に，高さ h の直円すいをのせたところ中立のすわりになった．h と r の関係を求めよ．

3.9 **図 3.19** のように，傾角 30° の斜面上に半径 10 cm の円柱をおいたとき，この円柱が倒れないようにしたい．円柱の高さの最大値はいくらか．

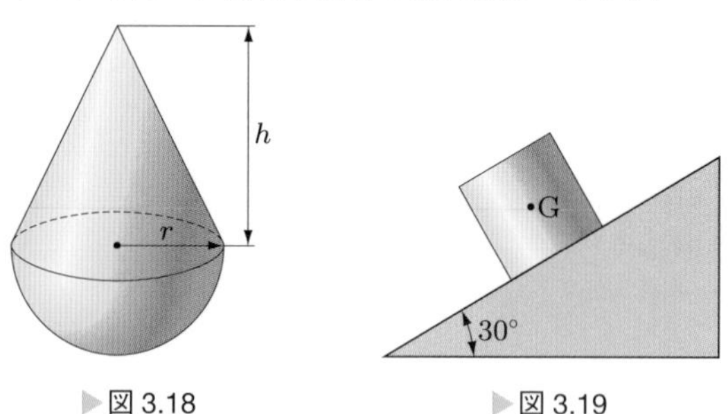

▶図 3.18　　▶図 3.19

MOTION OF POINT

第4章 点の運動

4.1 点の運動（速度と加速度）

点が時間の経過とともにその位置を変えることを，**運動**（motion）という．点が実際に通った道筋を**経路**（path）といい，経路が直線のときを**直線運動**，空間に描いた曲線の場合を**曲線運動**という．

4.1.1 速さと速度

図 4.1 のように，任意の時刻 t から $t+\Delta t$ の間に点が経路上を点 P から点 P′ まで動いたとする．このとき，経路上にとった定点 P_0 から点 P，P′ までの経路に沿った経路の長さを考える．その長さをそれぞれ s，$s+\Delta s$ とすると，Δt の間に Δs 動いたのであるから，$\dfrac{\Delta s}{\Delta t}$ はこの間の**平均の速さ**である．ここで，Δt を限りなく小さくすると，点 P′ は限りなく点 P に近づき，このとき $\dfrac{\Delta s}{\Delta t}$ も一定の値 v に近づく．すなわち，

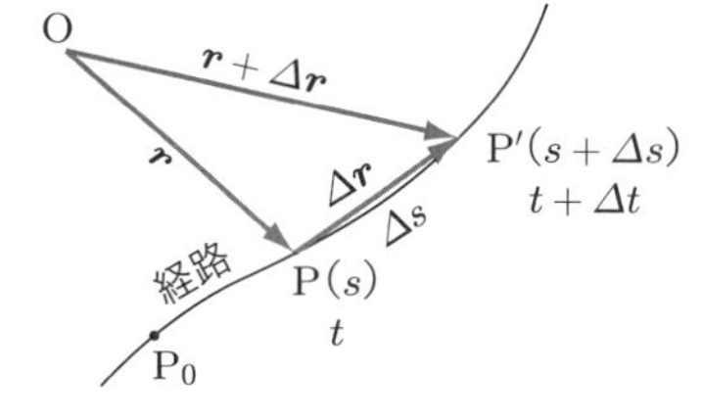

▶図 4.1　点の変位と速度

$$v=\lim_{\Delta t\to 0}\frac{\Delta s}{\Delta t}=\frac{\mathrm{d}s}{\mathrm{d}t}=\dot{s} \tag{4.1}$$

と書くことができ，この v を時刻 t における**速さ**（speed）という．ここで（ $\dot{}$ ）は $\dfrac{\mathrm{d}}{\mathrm{d}t}$ の略号である．

速さはスカラー量である．そこで，運動の方向と向きを考えて**速度**（velocity）を定義する．いま，固定点 O を始点，点 P を終点とするベクトル $\overrightarrow{\mathrm{OP}}=\boldsymbol{r}$ によって点 P の位置を表すことにする．これを点 P の**位置ベクトル**という．点 P′ の位置ベクトルを $\boldsymbol{r}+\Delta\boldsymbol{r}$ とすると，Δt の間の**変位**（displacement）は $\overrightarrow{\mathrm{PP'}}=\Delta\boldsymbol{r}$ である．Δt が十分小さければ，点 P から点 P′ への経路は $\Delta\boldsymbol{r}$ に十分近いと考えられ，$\dfrac{\Delta\boldsymbol{r}}{\Delta t}$ はこの間の平均の速度を表すことになる．したがって，速さの場合と同様に，時刻 t のときの速度は，

$$\boldsymbol{v}=\lim_{\Delta t\to 0}\frac{\Delta\boldsymbol{r}}{\Delta t}=\frac{\mathrm{d}\boldsymbol{r}}{\mathrm{d}t}=\dot{\boldsymbol{r}} \tag{4.2}$$

となる．$\Delta t \to 0$ のとき，P′ は経路上を P に限りなく近づくから，$\Delta \boldsymbol{r}$ の方向は P における経路の接線の方向と一致する．また，

$$\lim_{\Delta t \to 0} \frac{|\Delta \boldsymbol{r}|}{\Delta t} = \lim_{\Delta t \to 0} \frac{\Delta s}{\Delta t} = \frac{\mathrm{d}s}{\mathrm{d}t} = v$$

である．すなわち，速度 $\boldsymbol{v}$ は，大きさが v，方向は経路の接線方向で，向きは経路の向きのベクトルである（**図 4.2** 参照のこと）．時刻 t のときの速さは，**図 4.3** に示すように，$s = s(t)$ の $t = t$ における曲線の接線の傾き $\tan\theta$ で与えられる．速度の単位には cm/s，m/s，km/h などが用いられる．

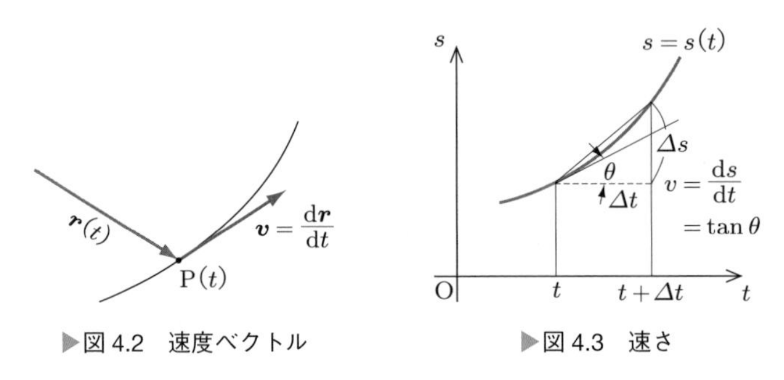

▶図 4.2　速度ベクトル　　▶図 4.3　速さ

4.1.2 加速度

図 4.4（a）のように，時刻 t における速度を $\boldsymbol{v}$，$t + \Delta t$ における速度を $\boldsymbol{v} + \Delta \boldsymbol{v}$ とする．時間 Δt の間に速度が $\Delta \boldsymbol{v}$ 変化したのであるから，速度の時間変化の割合 $\dfrac{\Delta \boldsymbol{v}}{\Delta t}$ はこの間の**平均の加速度**である．そして，時刻 t における**加速度**（acceleration）は，

$$\boldsymbol{a} = \lim_{\Delta t \to 0} \frac{\Delta \boldsymbol{v}}{\Delta t} = \frac{\mathrm{d}\boldsymbol{v}}{\mathrm{d}t} = \dot{\boldsymbol{v}} = \frac{\mathrm{d}}{\mathrm{d}t}\left(\frac{\mathrm{d}\boldsymbol{r}}{\mathrm{d}t}\right) = \frac{\mathrm{d}^2\boldsymbol{r}}{\mathrm{d}t^2} = \ddot{\boldsymbol{r}} \tag{4.3}$$

で表される．ここで（ ¨ ）は $\dfrac{\mathrm{d}^2}{\mathrm{d}t^2}$ の略号である．速度はベクトル量であるから，加速度もベクトル量である．

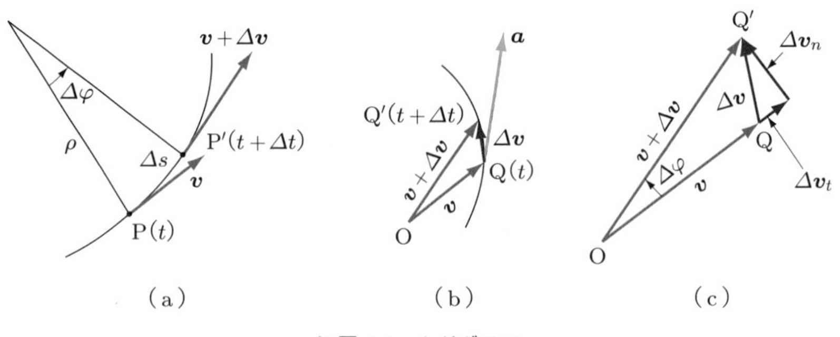

▶図 4.4　ホドグラフ

ところで，図（b）のように，経路上の各点における速度ベクトルを定点Oを始点として描くと，その終点Qの動きによって，速度の時間変化 $\boldsymbol{\Delta v}$ が直観的にわかる．このような点Qの描く曲線を**ホドグラフ**（hodograph）という．

経路上の点P，P′ のホドグラフ上の対応点をQ，Q′ とすると，$\overrightarrow{QQ'} = \boldsymbol{\Delta v}$ である．$\Delta t \to 0$ のとき，Q′ はホドグラフ上をQに限りなく近づくから，速度の場合と同様に，加速度の方向はQにおけるホドグラフの接線の方向と一致する．

直線運動の場合には，速度の方向は一定であるから，$\boldsymbol{\Delta v}$ の方向，すなわち加速度の方向も一定であり，加速度は，

$$a = \frac{\mathrm{d}v}{\mathrm{d}t} = \frac{\mathrm{d}}{\mathrm{d}t}\left(\frac{\mathrm{d}s}{\mathrm{d}t}\right) = \frac{\mathrm{d}^2 s}{\mathrm{d}t^2} = \ddot{s} \tag{4.4}$$

で与えられる．加速度の単位には $\mathrm{cm/s^2}$，$\mathrm{m/s^2}$ などが用いられる．

4.1.3 接線加速度，法線加速度

曲線運動の場合には，速度 $\boldsymbol{v}$ の方向が変わるから，加速度の方向は速度の方向と一致しない．図4.4（c）に示すように，$\boldsymbol{\Delta v}$ を速度 $\boldsymbol{v}$ の方向とそれに垂直な方向，すなわち経路の接線方向と主法線方向に分け，それぞれ $\boldsymbol{\Delta v}_t$，$\boldsymbol{\Delta v}_n$ とする．このとき，

$$\lim_{\Delta t \to 0} \frac{\boldsymbol{\Delta v}_t}{\Delta t} = \boldsymbol{a}_t \qquad \lim_{\Delta t \to 0} \frac{\boldsymbol{\Delta v}_n}{\Delta t} = \boldsymbol{a}_n \tag{4.5}$$

であり，$\boldsymbol{a}_t$ を**接線加速度**（tangential acceleration），$\boldsymbol{a}_n$ を**法線加速度**（normal acceleration）という．接線加速度は速度の大きさに変化を与え，法線加速度は速度の方向を変える．加速度は一般にこの二つの項から成り立っている．

いま，$\angle \mathrm{QOQ'} = \Delta\varphi$ とし，Δs の増す向きに φ の正の向きをとる．$\Delta t \to 0$，$\Delta s \to 0$，$\Delta\varphi \to 0$ の極限を考えるのであるから，

$$\Delta v_t = (v + \Delta v)\cos\Delta\varphi - v = \Delta v$$
$$\Delta v_n = (v + \Delta v)\sin\Delta\varphi = v\Delta\varphi$$

と書ける．また，経路上の点Pにおける経路の曲率半径を ρ とすると，

$$\lim_{\Delta\varphi \to 0} \frac{\Delta s}{\Delta\varphi} = \frac{\mathrm{d}s}{\mathrm{d}\varphi} = \rho \tag{4.6}$$

となる．したがって，接線加速度，法線加速度の大きさは，それぞれ

$$a_t = \lim_{\Delta t \to 0} \frac{\Delta v}{\Delta t} = \frac{\mathrm{d}v}{\mathrm{d}t} \qquad a_n = \lim_{\Delta t \to 0} \frac{v\Delta\varphi}{\Delta t} = \lim_{\Delta t \to 0} v \frac{\Delta s}{\Delta t}\frac{\Delta\varphi}{\Delta s} = \frac{v^2}{\rho} \tag{4.7}$$

であり，加速度の大きさは，つぎのように表される．

$$a = \sqrt{a_t{}^2 + a_n{}^2} = \sqrt{\left(\frac{\mathrm{d}v}{\mathrm{d}t}\right)^2 + \left(\frac{v^2}{\rho}\right)^2} \tag{4.8}$$

4.2 直線運動

直線運動の場合，その直線を座標軸にとり，運動する点の座標を s とすると計算に都合がよい．速度の方向は一定で，座標軸の方向である．したがって，加速度の方向も座標軸の方向であり，速度の大きさは式(4.1)で，加速度の大きさは式(4.4)で求められる．値の正負は速度，加速度の向きを示す．

例題 4.1 ある直線運動をする点の変位 s［m］と時間 t［s］の間に $s = 1 - 2t + 3t^2$ の関係があるとき，この点の 5 s 後の変位，速度，加速度を求めよ．

解答▶ $s(t) = 1 - 2t + 3t^2$ とおくと，$\dot{s}(t) = -2 + 6t$，$\ddot{s}(t) = 6$ である．

5 s 後の変位は　$s(5) = 1 - 2 \times 5 + 3 \times 5^2 = 66$

5 s 後の速度は　$\dot{s}(5) = -2 + 6 \times 5 = 28$

5 s 後の加速度は　$\ddot{s}(5) = 6$

より，変位 66 m，速度 28 m/s，加速度 6 m/s^2 となる．

4.2.1 等速度運動，等加速度運動

速度が一定の運動を**等速度運動**（uniform motion）という．このとき，加速度は 0 である．いま，一定の速度を v_0，最初の位置を変位 s_0 とし，t［s］後に s になったとすると，つぎの関係が成り立つ．

$$\frac{\mathrm{d}s}{\mathrm{d}t} = v_0 \qquad \mathrm{d}s = v_0\,\mathrm{d}t \qquad \therefore\ s = s_0 + \int_0^t v_0\,\mathrm{d}t = s_0 + v_0 t \tag{4.9}$$

変位と時間との関係を図示すれば，**図 4.5** のように，ある傾きをもった直線となり，この傾きの大きさが，一定速度の大きさを表す．

等速度運動に対し，時間とともに速度の変わる運動を**不等速度運動**という．これは加速度がはたらいている運動で，この加速度が一定の運動を**等加速度運動**（uniform

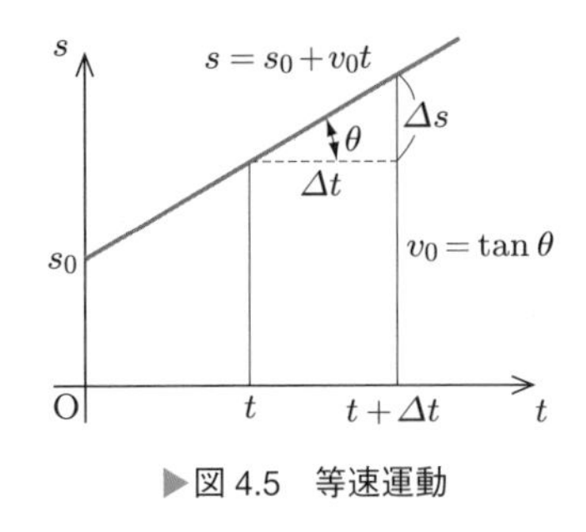

▶図 4.5　等速運動

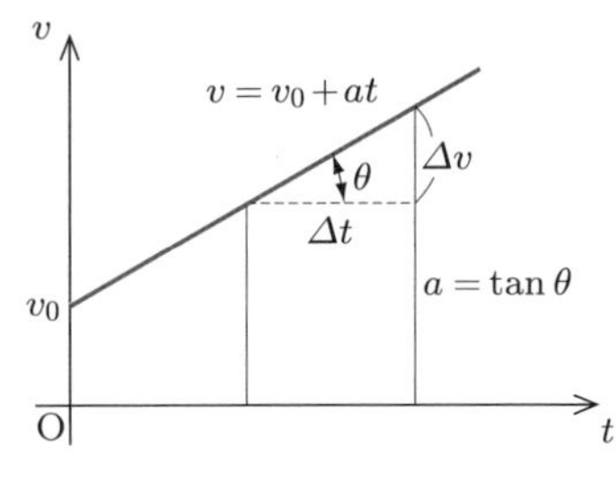

▶図 4.6　等加速度運動

acceleration motion）という．

いま，等加速度 a がはたらいて，初速度 v_0 であった点が t [s] 後に速度 v になったとすると，

$$\frac{\mathrm{d}v}{\mathrm{d}t}=a \qquad \mathrm{d}v=a\,\mathrm{d}t \qquad \therefore\ v=v_0+\int_0^t a\,\mathrm{d}t=v_0+at \tag{4.10}$$

となる．このように，速度と時間の関係は直線となり，この直線の傾きの大きさが，一定の加速度の大きさを表す（**図 4.6** 参照のこと）．

つぎに，最初の位置を $s_0=0$ とすると，t [s] 後の変位 s は，つぎのように表される．

$$\frac{\mathrm{d}s}{\mathrm{d}t}=v \qquad \mathrm{d}s=v\,\mathrm{d}t=(v_0+at)\,\mathrm{d}t$$

$$\therefore\ s=\int_0^t (v_0+at)\,\mathrm{d}t=v_0t+\frac{1}{2}at^2 \tag{4.11}$$

式(4.10)，(4.11)より t を消去すると，つぎの関係が得られる．

$$v^2-{v_0}^2=2as \tag{4.12}$$

例題 4.2 50 km/h の速さで走行中の自動車が，急ブレーキをかけて 22 m 走って停止した．このときの加速度と停止に要した時間を，等加速度運動として計算せよ．

解答▶ 式(4.12)に $v=0$，$v_0=\dfrac{50000}{60\times 60}=\dfrac{125}{9}$ m/s を代入すると，

$$a=\frac{v^2-{v_0}^2}{2s}=\frac{-125^2}{2\times 22\times 9^2}=-4.38$$

となり，自動車の進行方向とは反対の向きに 4.4 m/s^2 の加速度がはたらいたことになる．また，式(4.10)より $v=v_0+at$ であるので，

$$t=\frac{v-v_0}{a}=\frac{-125/9}{-4.38}=3.17$$

となる．したがって，停止に要した時間は 3.2 s である．

4.2.2 落体の運動

地球上の物体にはつねに重力加速度 g が作用しているから，落体は等加速度運動をする．g の値は地球上の位置により少し違いがあるが，9.8 m/s^2 として計算してよい．

初速度 v_0 で鉛直下方へ投げた物体の t [s] 後の速度を v，落下距離を h とすれば，式(4.10)～(4.12)より v，v_0，h，t の間につぎの関係が成り立つことがわかる．

$$v=v_0+gt \qquad h=v_0t+\frac{1}{2}gt^2 \qquad v^2-{v_0}^2=2gh \tag{4.13}$$

この式で $v_0 = 0$ とすると，式(4.13)はつぎのように簡単に表される．

$$v = gt \qquad h = \frac{1}{2}gt^2 \qquad v^2 = 2gh \tag{4.14}$$

これは自然落下のときの式である．

また，初速度 v_0 で鉛直上方に投げ上げた場合は，上向きの速度を正にとり，上昇距離を h とすると，加速度は $-g$ となるから，つぎの式が成り立つ．

$$v = v_0 - gt \qquad h = v_0t - \frac{1}{2}gt^2 \qquad {v_0}^2 - v^2 = 2gh \tag{4.15}$$

ただし，いずれの場合も空気の抵抗はないものとして求めている．

例題 4.3 高さ h の塔の上から，鉛直上方へ初速度 v_0 で投げ上げた物体について，つぎの問いに答えよ．

(ｉ) 最高点に達するまでの時間と，そのときの地上からの高さを求めよ．

(ⅱ) 地上に到達するまでの時間と，そのときの速度を求めよ．

解答▶ (ｉ) 最高点に達したときは速度 0 であるから，$v = v_0 - gt$ より，$v = 0$ とおいて $t = \frac{v_0}{g}$ となる．また，塔より上の高さを h' とすると $h' = v_0t - \frac{1}{2}gt^2$ となる．この式に $t = \frac{v_0}{g}$ を代入すると，つぎのように求められる．

$$h' = \frac{{v_0}^2}{g} - \frac{{v_0}^2}{2g} = \frac{{v_0}^2}{2g} \qquad \therefore \text{ 地上からの高さ } \ h + \frac{{v_0}^2}{2g}$$

(ⅱ) 地上に到達するまでの時間 t は，h' が $-h$ になるまでの時間であるから，

$$-h = v_0t - \frac{1}{2}gt^2 \qquad gt^2 - 2v_0t - 2h = 0$$

となる．よって，

$$t = \frac{v_0 + \sqrt{{v_0}^2 + 2gh}}{g}$$

と求められる．また，そのときの速度は，

$$v = v_0 - gt = v_0 - g\frac{v_0 + \sqrt{{v_0}^2 + 2gh}}{g} = -\sqrt{{v_0}^2 + 2gh}$$

となる．したがって，下向きに $\sqrt{{v_0}^2 + 2gh}$ の速度である．

4.2.3 加速度が一定でない運動

直線運動をしている点の加速度が時間とともに変わるとき，その値は時間の関数として $a = a(t)$ のように書くことができる．

$t = 0$ における速度を v_0 とするとき，t [s] 後の速度 v は，

$$\frac{\mathrm{d}v}{\mathrm{d}t} = a(t) \qquad \therefore \ \mathrm{d}v = a(t)\,\mathrm{d}t$$

$$\therefore \ v = v_0 + \int_0^t a(t)\,\mathrm{d}t = v_0 + f(t) \tag{4.16}$$

と表される．t [s] 後の変位 s は，最初の変位を s_0 とすると，つぎのように求められる．

$$\frac{\mathrm{d}s}{\mathrm{d}t} = v \qquad \mathrm{d}s = v\,\mathrm{d}t = \{v_0 + f(t)\}\,\mathrm{d}t$$

$$\therefore \ s = s_0 + v_0 t + \int_0^t f(t)\,\mathrm{d}t \tag{4.17}$$

4.3 平面運動

点が平面上で円，放物線などの曲線を描いて動くときの運動を**平面運動**という．

4.3.1 放物線運動

図 4.7 のように，点が水平に対して角 θ，大きさ v_0 の初速度で投げ上げられたとする．投げた点を原点，水平方向を x 軸，鉛直方向を y 軸とする直交座標を考える．この運動は，空気の抵抗を無視すれば，x 軸方向の初速度 $v_0 \cos\theta$ の等速運動と，y 軸方向の初速度 $v_0 \sin\theta$ の重力による等加速度運動を合成したものであるから，

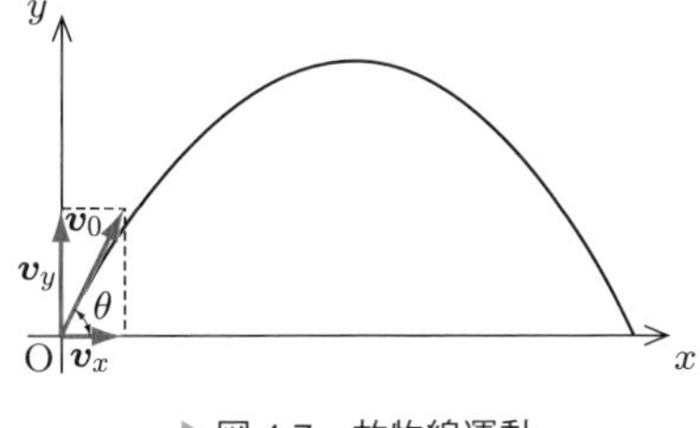

▶図 4.7　放物線運動

t [s] 後の x 軸方向の分速度　$v_x = v_0 \cos\theta$

t [s] 後の y 軸方向の分速度　$v_y = v_0 \sin\theta - gt$

より，

t [s] 後の x 軸方向への変位　$x = (v_0 \cos\theta)t$

t [s] 後の y 軸方向への変位　$y = (v_0 \sin\theta)t - \dfrac{1}{2}gt^2$

と表される．この式より t を消去すると，経路の式

$$y = x \tan\theta - \frac{g}{2{v_0}^2 \cos^2\theta}x^2 \tag{4.18}$$

が得られる．式(4.18)は二次式であり，放物線を表す．このように，経路が放物線になる運動を**放物線運動**（parabolic motion）という．

例題 4.4 地上 300 m の高さを水平に 80 km/h で飛ぶヘリコプターから物体を落とすとき，落下点は投下点の真下から何 m 離れたところになるかを求めよ．

解答▶ 落とした物体の水平方向の速度は，$v_x = \dfrac{80 \times 1000}{60 \times 60} = \dfrac{200}{9}$ m/s である．

鉛直方向は自然落下であるから，高さ 300 m から落ちる時間はつぎのように求められる．

$$300 = \frac{1}{2}gt^2 \quad \text{より} \quad t = \sqrt{\frac{300}{4.9}} = 7.8\,\mathrm{s}$$

一方，この間に物体は水平方向に動くから，投下点の真下からの水平距離はつぎのようになる．

$$\frac{200}{9} \times 7.8 = 174\,\mathrm{m}$$

したがって，投下点の真下からヘリコプターの進行方向に 174 m の地点に落下する．

4.3.2 円運動

図 4.8 のように，点が中心 O，半径 r の円周上を運動する**円運動**（circular motion）を考える．時刻 t から $t + \Delta t$ までの間に，点 P から点 P′ まで動いたとする．このとき，∠POP′ = $\Delta\theta$ を t から $t + \Delta t$ までの間の角変位という．この角変位 $\Delta\theta$ とこれに要した時間 Δt との比 $\dfrac{\Delta\theta}{\Delta t}$ を，時刻 t から $t + \Delta t$ までの間の**平均の角速度**という．ここで，速度の場合と同様に Δt を限りなく小さくすれば，

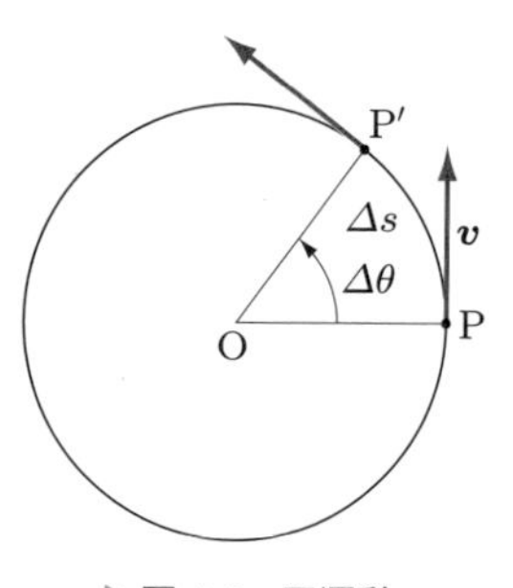

▶図 4.8　円運動

$$\omega = \lim_{\Delta t \to 0} \frac{\Delta\theta}{\Delta t} = \frac{\mathrm{d}\theta}{\mathrm{d}t} = \dot{\theta} \tag{4.19}$$

と表すことができ，この ω を時刻 t における**角速度**（angular velocity）という．

Δt の間に動いた円周上の距離 Δs は，

$$\Delta s = r\Delta\theta$$

で与えられるので，

$$v = \lim_{\Delta t \to 0} \frac{\Delta s}{\Delta t} = r \lim_{\Delta t \to 0} \frac{\Delta\theta}{\Delta t} = r\omega \tag{4.20}$$

により，角速度 ω と周速度 v との関係が求められる．

角速度の時間に対する変化の割合を，**角加速度**（angular acceleration）という．角加速度を $\dot{\omega}$ とすると，

$$\dot{\omega}=\frac{\mathrm{d}\omega}{\mathrm{d}t}=\frac{\mathrm{d}}{\mathrm{d}t}\left(\frac{\mathrm{d}\theta}{\mathrm{d}t}\right)=\frac{\mathrm{d}^2\theta}{\mathrm{d}t^2}=\ddot{\theta} \tag{4.21}$$

と表される．また，$v = r\omega$ の両辺を時間 t で微分すれば，

$$\frac{\mathrm{d}v}{\mathrm{d}t}=r\frac{\mathrm{d}\omega}{\mathrm{d}t} \qquad \therefore \quad a_t = r\dot{\omega} \tag{4.22}$$

となり，角加速度と接線加速度の関係が求められる．

角速度一定の円運動を，**等速円運動**という．このときの接線加速度，法線加速度は，式(4.7)より，

$$\frac{\mathrm{d}v}{\mathrm{d}t}=0 \qquad \therefore \quad a_t=0 \qquad a_n=\frac{v^2}{r}=r\omega^2$$

となり，円の中心に向かう法線加速度だけはたらいていることがわかる．これを**向心加速度**（centripetal acceleration）という．角加速度 $\dot{\omega}$ が一定であるとき，はじめの角速度を ω_0 とすると，t [s] 後の角速度 ω はつぎの式で与えられる．

$$\begin{aligned}&\frac{\mathrm{d}\omega}{\mathrm{d}t}=\dot{\omega} \quad \text{より} \quad \mathrm{d}\omega=\dot{\omega}\,\mathrm{d}t\\ &\therefore \quad \omega=\omega_0+\int_0^t\dot{\omega}\,\mathrm{d}t=\omega_0+\dot{\omega}t\end{aligned} \tag{4.23}$$

動きはじめてから t [s] 後の角変位量 θ は，つぎの式で求めることができる．

$$\begin{aligned}&\frac{\mathrm{d}\theta}{\mathrm{d}t}=\omega \quad \text{より} \quad \mathrm{d}\theta=\omega\,\mathrm{d}t=(\omega_0+\dot{\omega}t)\,\mathrm{d}t\\ &\therefore \quad \theta=\int_0^t(\omega_0+\dot{\omega}t)\,\mathrm{d}t=\omega_0 t+\frac{1}{2}\dot{\omega}t^2\end{aligned} \tag{4.24}$$

式(4.23)，(4.24)より t を消去すれば，

$$\omega^2-\omega_0^2=2\dot{\omega}\theta \tag{4.25}$$

という関係式が得られる．これらの式(4.23)～(4.25)は，直線運動の場合の式(4.10)～(4.12)と同じ形である．

例題 4.5 旋盤で直径 50 mm の鋼棒を切削するとき，切削速度を 120 m/min にする場合の主軸の回転速度を求めよ．

解答▶ 周速 120 m/min は $\dfrac{120}{60}=2$ m/s である．

角速度 $\omega=\dfrac{v}{r}$ より $\omega=\dfrac{2}{0.025}=80$ rad/s

1 分間の角変位は　$80\times 60=4800$ rad

主軸の回転速度は　$\dfrac{4800}{2\pi}=764$

したがって，764 rpm にすればよい．

例題 4.6 200 rpm のはずみ車が負の等角加速度を受けて，20 s 後に 140 rpm になった．同じ割合で減速すれば何 s 後に停止するか，また，停止するまでに何回転するかを求めよ．

解答▶ 角加速度 $\dot{\omega}$ は，つぎのように求めることができる．

$$\dot{\omega} = \frac{2\pi}{60} \times \frac{140 - 200}{20} = -\frac{\pi}{10}\,\mathrm{rad/s^2}$$

また，停止するまでにかかる時間 t は，$\omega = \omega_0 + \dot{\omega}t$ より，

$$0 = \frac{2\pi}{60} \times 200 - \frac{\pi}{10}t \qquad \therefore\ \ t = \frac{200}{3} = 66.7\,\mathrm{s}$$

となる．停止するまでの角変位量を θ とすると，$\theta = \omega_0 t + \dfrac{1}{2}\dot{\omega}t^2$ より，つぎのように計算できる．

$$\theta = \frac{2\pi}{60} \times 200 \times \frac{200}{3} - \frac{1}{2} \times \frac{\pi}{10} \times \left(\frac{200}{3}\right)^2 = 697.8\,\mathrm{rad}$$

$$\therefore\ \ 回転数は\ \ \frac{\theta}{2\pi} = \frac{697.8}{2\pi} = 111.1$$

4.4 相対運動

鉛直線に沿って降っている雨は，地上からは鉛直にみえ，走っている電車のなかからは斜めに降っているようにみえる．このように，どこを基準にして運動をみるかによって雨の運動は異なってみえる．静止している点を基準としてみた点の運動を，**絶対運動**（absolute motion）という．これに対して，運動している点を基準としてみた点の運動を，**相対運動**（relative motion）という．

二つの点 A，B がともに運動しているとき，A からみた B の速度を，A に対する B の**相対速度**という．**図 4.9** のように，二つの点 A，B が**絶対速度** $\boldsymbol{v}_\mathrm{A}$，$\boldsymbol{v}_\mathrm{B}$ で運動しているとき，A に対する B の相対速度は基準 A を固定したときの B の速度と考えればよい．このため，$\boldsymbol{v}_\mathrm{A}$ と大きさが等しく向きが反対の速度を両方に加えると，点 A の速度は 0 となり固定される．このとき，B の速度は $\boldsymbol{v}_r$ となる．この $\boldsymbol{v}_r$ が A に対する B の相対速度である．すなわち，A に対する B の相対速度は A を基準とするので，B の速度から A の速度をひけばよいことになる．

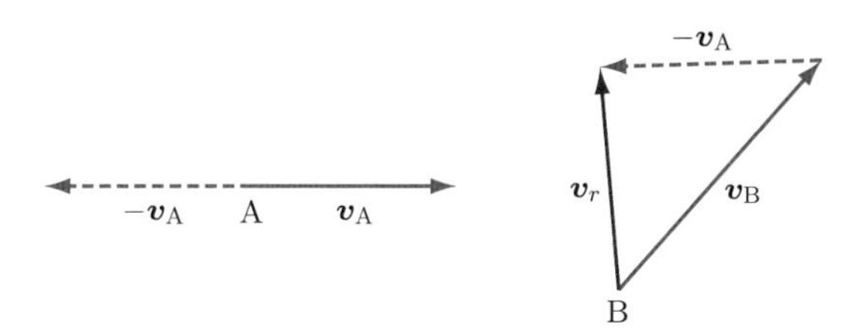

▶図 4.9　相対速度

例題 4.7　4 km/h の速さで東に歩く人が，真北から風が吹いているように感じたとする．この人が歩く速さを 2 倍にすると，風は北東から吹くように感じたという．風の真の速度を求めよ．

解答▶　風の真の速度を $\boldsymbol{v}$ とする．この人からみた風の相対速度は，この $\boldsymbol{v}$ と西向きの大きさ 4 のベクトルの和になる．これが真北から吹くように感じられたから，**図 4.10**(a)のようになる．速度を 2 倍にすると図(b)のようになる．図(a)，(b)をまとめて図(c)のようにすると，△AOC は直角二等辺三角形になるから，風の真の速度 $\boldsymbol{v}$ は，北西から，大きさ $4\sqrt{2} = 5.7$ km/h である．

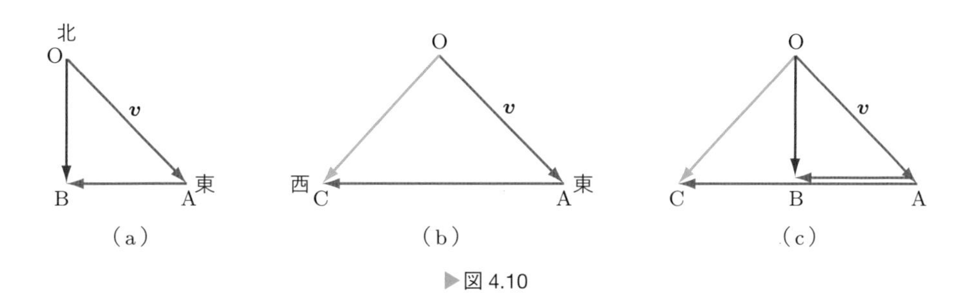

▶図 4.10

例題 4.8　10 m/s の速さで鉛直に降る雨を 60 km/h で水平に走る電車のなかからみるとき，雨の速度を求めよ．

解答▶　電車の速度を $\boldsymbol{v}_\mathrm{A}$，雨の速度を $\boldsymbol{v}_\mathrm{B}$ とする．電車のなかからみた雨の相対速度を $\boldsymbol{v}_r$ とすると，$\boldsymbol{v}_r = \boldsymbol{v}_\mathrm{B} + (-\boldsymbol{v}_\mathrm{A})$ と表される．

図 4.11 より，つぎの式が得られる．

$$v_r = \sqrt{{v_\mathrm{A}}^2 + {v_\mathrm{B}}^2} \qquad \tan\theta = \frac{v_\mathrm{A}}{v_\mathrm{B}}$$

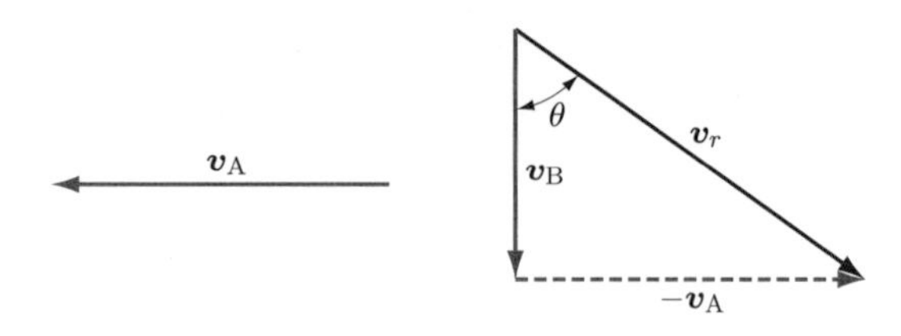

▶図 4.11

$$v_A = \frac{60 \times 1000}{60 \times 60} = \frac{50}{3}\ \text{m/s} \qquad v_B = 10\ \text{m/s}$$

$$\therefore \quad v_r = \sqrt{\left(\frac{50}{3}\right)^2 + 10^2} = \sqrt{\frac{3400}{9}} = 19.4\ \text{m/s}$$

$$\tan\theta = \frac{50}{3 \times 10} = \frac{5}{3} = 1.667 \qquad \theta = 59.0°$$

したがって，電車のなかからみた雨の相対速度の大きさは 19.4 m/s，図の角 θ は 59.0° である．

演習問題

4.1 つぎの数量の単位を換算せよ．
（a） 10 m/s を km/h　（b） 200 km/h を m/s
（c） 20 rpm を rad/s　（d） 5 m/s^2 を km/h^2

4.2 点が直線上を運動している．定点 O からの変位 s [m]，時間 t [s] の間の関係が $s = 5t^3 - 20t^2 + 8t - 3$ であるとき，3 s 後の点の変位，速度および加速度を求めよ．

4.3 点が $v = 5t + 10$ の関係で直線運動をしている．出発してから 5 s 後までに通過する距離を求めよ．ただし，速さ v の単位は m/s，時間 t の単位は s とする．

4.4 自動車が出発してから 10 s 間に速度が 50 km/h になった．等加速度であったとして，自動車の加速度と，この間に進んだ距離を求めよ．

4.5 等加速度運動をしている物体が，200 m 進む間に速度が 10 m/s から 40 m/s になった．このときの加速度を求めよ．

4.6 自動車が 2 m/s^2 の加速度で 15 s 進み，つぎに等速度で 10 min 進み，逆向きの加速度で 12 s 進んでとまった．この間に自動車の走った距離を求めよ．

4.7 物体を 10 m の高さから落とした．地面に達するまでの時間と，そのときの物体の速さを求めよ．

4.8 物体を初速度 9.8 m/s で鉛直下方に投げた．5 s 後の距離と，そのときの物体の速さを求めよ．

4.9 井戸の深さを測るために石を落とした．落としてから 1.5 s 後に石が水に当たる音を聞いた．音の速さを 340 m/s として井戸の深さを求めよ．

4.10 5 m/s の速さで上昇している気球から石を落としたところ，10 s 後に地面に達した．石を落としたときの気球の高さを求めよ．

4.11 初速度 50 m/s で水平面に対し 30° の方向に投げ上げた物体について，つぎを求めよ．

（a） 3 s 後の鉛直方向の速度　　（b） 最高点の高さ

（c） 飛行時間　　（d） 水平到達距離

4.12 物体を同じ初速度の大きさ v_0 で投げるとき，水平到達距離を最大にするには，水平面に対してどの方向に投げればよいかを求めよ．

4.13 水平距離 2000 m にある高さ 200 m の標的に，水平面に対して 45° の角で打ち上げた砲弾を命中させるには，どのくらいの初速度が必要かを求めよ．

4.14 円運動をする点の角変位 θ［rad］と時刻 t［s］の間に $\theta = 3t^3$ の関係がある．この点の静止の位置より 5 s 後の角速度，角加速度を求めよ．

4.15 直径 60 cm の車が 45 rpm で回転しているときの角速度と外周の周速度を求めよ．

4.16 直径 1 m のはずみ車が 1 min 間に 60 rpm から 300 rpm になった．等角加速度として，角加速度および 300 rpm における周速度，この間に回転した回転数を求めよ．

4.17 問題 4.16 で 150 rpm のときの接線加速度，法線加速度を求めよ．

4.18 長さ 100 m と 80 m の列車 A，B がすれ違うのに 5 s かかった．列車 A の速さが 50 km/h のとき，B の速さを求めよ．

4.19 A は点 P から点 Q に向かって 4 m/s の速さで，B は PQ に対して直角の方向に点 Q から 3 m/s の速さで進むとする．2 点 P，Q は 10 m 離れている．B の A に対する相対速度を求めよ．また A，B の距離が最短距離になったときの距離と，その時間を求めよ．

MOTION AND FORCE

第5章 運動と力

第1章のはじめに，力とは物体の運動の状態を変化させる原因であると述べた．ここでは，物体に力がはたらくと定量的にどのような運動の変化が起こるかという，力と運動の関係について学ぶ．これを**動力学**（dynamics）という．運動と力について経験的事実を観察し，力学の基礎法則にまとめたのはニュートン（Isaac Newton）であり，これを**運動の法則**という．

5.1 運動の法則

5.1.1 運動の第一法則

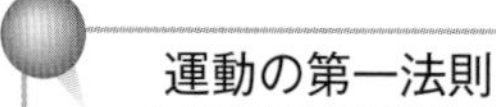

運動の第一法則

物体は外部から力が作用しなければ，静止しているものは静止の状態を続け，運動しているものは等速度運動を続ける．

物体は外力の作用がなければ，はじめの状態を維持しようとする性質をもっている．物体のこのような性質を**慣性**（inertia）という．

したがって，この法則は**慣性の法則**ともいわれる．この法則により，物体に力がはたらかなければ物体の運動の状態が変わらないということは，物体に加速度が生じないということであるから，力とは物体に加速度を生じさせる原因であるといえる．この力とそれによって起こる加速度との数量的関係について述べたのが，つぎの運動の第二法則である．

5.1.2 運動の第二法則

運動の第二法則

質量 m の物体に外部から力 $\boldsymbol{F}$ が作用すると，物体は力と同じ方向に，力の大きさに比例し，物体の質量に反比例する加速度 $\boldsymbol{a}$ を生じる．

このとき，比例定数を k とおくと，つぎのように表すことができる．

$$\boldsymbol{F} = km\boldsymbol{a} \tag{5.1}$$

この比例定数 k は $\boldsymbol{F}$, m, $\boldsymbol{a}$ の単位によって定まり，$m=1$, $a=1$ のとき $F=1$ になるように定めると，$k=1$ となる．国際単位系（SI）では，$m=1\,\mathrm{kg}$ の物体に $a=1\,\mathrm{m/s^2}$ の加速度を生じさせる力を1ニュートン（N）と定めている．このとき，式(5.1)は，

$$\boldsymbol{F}=m\boldsymbol{a} \tag{5.2}$$

となり，これを**運動方程式**（equation of motion）という．

質量 m の物体にはたらく重力は，その物体に加速度 g を生じさせる．その重力の大きさ W は，式(5.2)より，つぎのようになる*．

$$W=mg$$

式(5.2)より，力を一定にすると質量と加速度の大きさは反比例する．すなわち，質量が大きいほど生じる加速度は小さい．このことは質量が大きいほど，現状を維持しようとする性質である慣性が大きいことを表している．

5.1.3 運動の第三法則

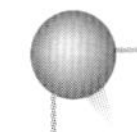

運動の第三法則

物体Aがほかの物体Bにある力を作用させると，AはBから大きさが等しく，向きが反対の力の作用を必ず受ける．

このとき，一方の力を**作用**（action），他方の力を**反作用**（reaction）という．また，この法則を**作用・反作用の法則**ともいい，力を作用しあう2物体間では，それらが静止している場合でも，運動している場合でも適用することができる．

作用，反作用の力について注意しなければならないことは，大きさが等しく，向きが反対の力がはたらくのであるが，はたらく物体が異なっているから，それぞれの力系がつりあっているわけではないことである．たとえば，**図5.1**において，2そうのボートにのったA，Bの間で，AがBを綱で引けば，Bが動いてAに近づくだけでなく，BもAに反作用としての力をはたらかせるから，Aも動いてBに近づく．したがって，両者が同時に動いて接近するのである．

＊重力単位で運動の第二法則を成立させるには，重力単位の質量を考えなければならない．それには1 kgf の力によって加速度 $1\,\mathrm{m/s^2}$ が生じるような質量を単位質量（$1\,\mathrm{kgf\cdot s^2/m}$）にとる．したがって，

$$\text{重さ}\ W\ [\mathrm{kgf}]\ \text{の物体の質量}=\frac{W}{g}\ [\mathrm{kgf\cdot s^2/m}]$$

であり，重力単位での運動方程式は，つぎのように書ける．

$$\boldsymbol{F}=\frac{W}{g}\boldsymbol{a}$$

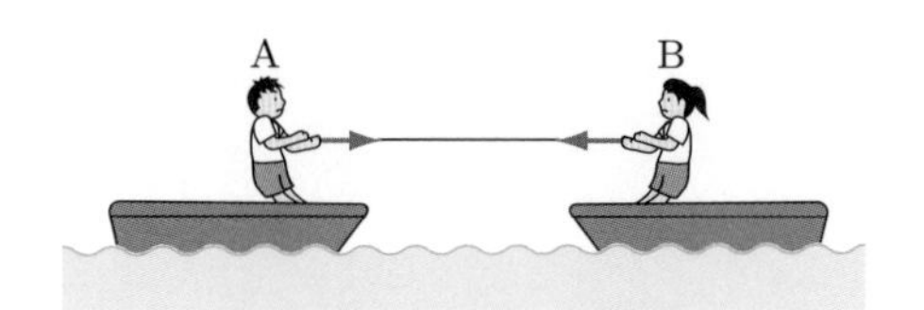

▶図 5.1　作用，反作用

例題 5.1　質量 1000 kg の自動車が，走り出してから 12 s 後に時速 60 km の速さに達した．等加速度運動をしたとして，加速のために必要な力の大きさを求めよ．

解答▶　この自動車の加速度がわかれば，運動の第二法則より力がわかる．

時速 60 km は $\dfrac{60 \times 1000}{60 \times 60} = \dfrac{50}{3}$ m/s より，加速度の大きさはつぎのように求められる．

$$a = \frac{50/3 - 0}{12} = \frac{25}{18}\ \mathrm{m/s^2}$$

運動の第二法則より，求める力の大きさはつぎのようになる．

$$F = 1000 \times \frac{25}{18} = 1.4 \times 10^3 \qquad \therefore \quad 1.4\ \mathrm{kN}$$

5.2 慣性力

運動の法則により，物体 A に加速度 $\boldsymbol{a}$ を生じさせるためには，ほかの物体 B から力 $\boldsymbol{F}$ を作用させなければならない．すると反作用として，物体 A は物体 B に力を加えることになる．いま，物体 A の質量を m とすると，B から A が受ける力 $\boldsymbol{F}$ は

$$\boldsymbol{F} = m\boldsymbol{a}$$

であり，反作用として A から B が受ける力 $\boldsymbol{F}'$ はつぎのようになる．

$$\boldsymbol{F}' = -\boldsymbol{F} = -m\boldsymbol{a} \tag{5.3}$$

この力 $\boldsymbol{F}'$ は物体 A の慣性による力と考えられるから，これを**慣性力**（inertia force）という．式(5.3)からわかるように，慣性力の向きは加速度の向きと反対である．

また，式(5.3)は，

$$\boldsymbol{F} = m\boldsymbol{a} \quad \text{より} \quad \boldsymbol{F} - m\boldsymbol{a} = 0$$

すなわち，

$$\boldsymbol{F} + (-m\boldsymbol{a}) = 0 \tag{5.4}$$

と考えると，物体 A に，力 $\boldsymbol{F}$ とそれによる慣性力 $-m\boldsymbol{a}$ がはたらいて，力がつりあっている式と考えることができる．このように，慣性力を外力と同様に取り扱うと，

加速度をもって運動している状態も，力のつりあいの状態とみることができる．これをダランベールの原理（d'Alembert's principle）という．このように，みかけの力としての慣性力を考え，動力学の問題を力のつりあい，すなわち静力学（statics）の問題として解くことができる．エレベータが上昇しはじめたとき身体が床に押し付けられるように感じたり，電車がブレーキをかけてとまるとき身体が前に倒れそうになるのは，すべて慣性力がはたらいていると考えて説明することができる．

図 5.2 のように，加速度 $\boldsymbol{a}$ で走っている電車のなかに質量 M の物体を糸でつるすと，糸は鉛直線に対して θ の角をなしてつりあう．これは，電車の加速度の向きと反対向きの慣性力が物体にはたらいていると考えれば，力のつりあいの問題として角 θ を求めることができる．電車の加速度がなくならない限り，このような状態で運動が継続する．

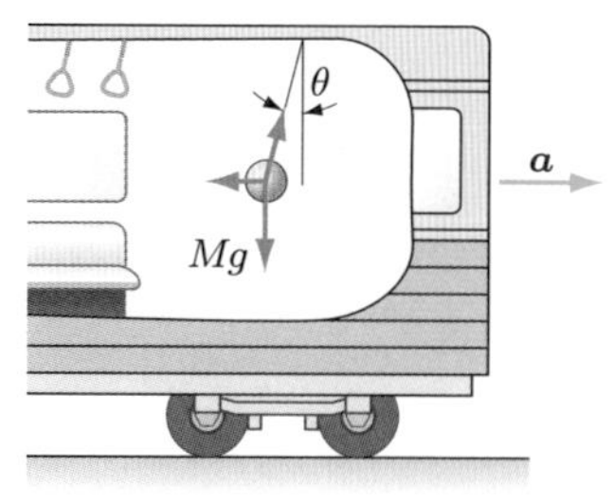

▶図 5.2　慣性の力

例題 5.2　エレベータが上方に 1.5 m/s^2 の加速度で上昇しているとき，体重 50 kg の人がエレベータの床に及ぼす力を求めよ．

解答▶　この人は上向きに等加速度運動をしているから，加速度の向きとは反対に，すなわち下方に向かって慣性力がはたらく，その大きさは，

$$F = ma = 50 \times 1.5 = 75\ \mathrm{N}$$

である．ゆえに，床に及ぼす力はつぎのように求められる．

$$9.8 \times 50 + 75 = 565\ \mathrm{N}$$

5.3　向心力と遠心力

図 5.3 のように，質量 m の物体が周速 $\boldsymbol{v}$ で，半径 r の円周上を等速円運動をするとき，4.3.2 項で述べたように，接線加速度は 0 であるが，その物体には円の中心に向かって法線加速度 $\boldsymbol{a}_n$ がはたらいている．その大きさは $a_n = \dfrac{v^2}{r}$ である．したがって，物体には運動の第二法則により，円の中心に向かって，

$$F = m\frac{v^2}{r} \tag{5.5}$$

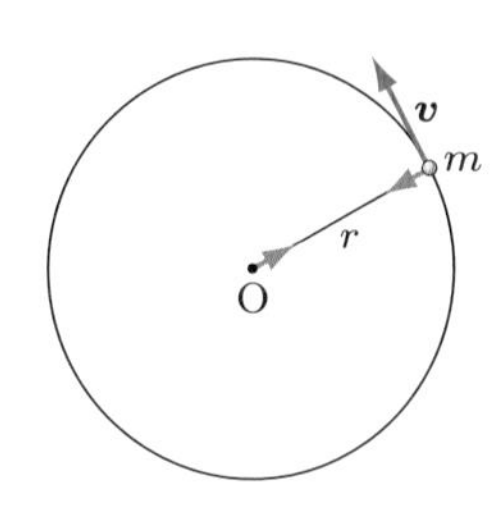

▶図 5.3　向心力と遠心力

の大きさの力が作用している．この力を**向心力**（centripetal force）という．すなわち，向心力により物体にその向きを変える法線加速度を与え，その物体が円運動をしているのである．糸の端におもりをつけ，他端を手に持って水平に等速円運動をさせるとき，糸を持った手は糸に引かれる．これは糸の張力で，この張力がおもりに作用して法線加速度を与えているのである．このときおもりは糸に向心力と大きさが等しく向きが反対の力を加える．この力を**遠心力**（centrifugal force）という．したがって，糸が切れると向心力はなくなり，それにつれて遠心力もなくなり，物体は接線方向へ飛んでいく．

自転車やオートバイでカーブを曲がるとき，車体を内側に傾けて曲がるのは，円運動のために生じる遠心力に抗して，外側へ倒れるのを防ぐためである．また，自動車は車体を傾けることができないので，高速道路のカーブでは，道路そのものに傾斜を与えて遠心力による転倒を防いでいる．

例題 5.3 重心が地上から 1.5 m のところにあるトラックが半径 100 m の平坦なカーブを曲がるとき，転覆しないための最大の速さを求めよ．ただし，トラックの質量は 5000 kg で，左右の車輪の間隔は 1.6 m とする．

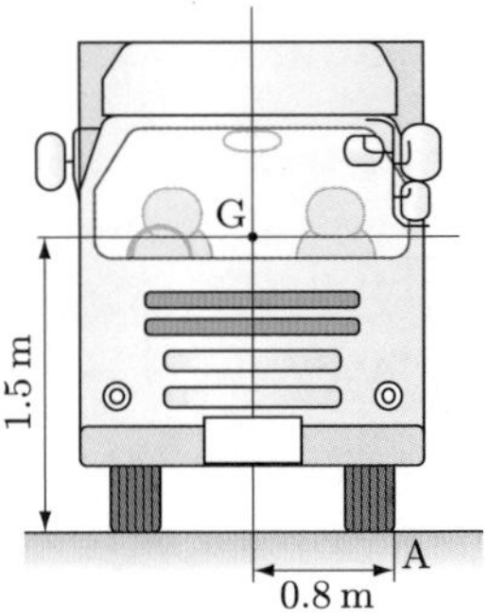

▶図 5.4

解答▶ 遠心力 F の大きさは，式(5.5)よりつぎのように求められる．

$$F = 5000 \times \frac{v^2}{100}$$

図 5.4 において，点 A のまわりのモーメントを考えると，つぎのように計算できる．

$$5000 \times \frac{v^2}{100} \times 1.5 \leqq 5000 \times 9.8 \times 0.8$$

$$\therefore \quad v^2 \leqq \frac{98 \times 8}{1.5} \qquad v \leqq 22.9\ \mathrm{m/s}$$

したがって，時速 82 km より小さい速度でなければならない．

演習問題

5.1 質量 60 kg の物体が 19.6 m/s^2 の加速度で一直線上を運動している．この物体にはたらいている力の大きさを求めよ．

5.2 質量 10 kg の物体を，鉛直上方に 300 N の力で引き上げるとき生じる加速度を求めよ．

5.3　30 m/s の速さで運動している質量 3 kg の物体が 0.01 s の間で停止した．この物体にはたらいた力の大きさを求めよ．ただし，はたらいた力は一定であるとする．

5.4　初速度 v で運動している質量 50 kg の物体に，その運動の方向に 150 N の力を加えたら，10 s 間に 200 m 移動した．この物体の初速度を求めよ．

5.5　質量 1×10^4 kg の電車を 5 kN の力でけん引するとき，発車 1 min 後の速度を求めよ．

5.6　滑車に綱をかけて，両端にそれぞれ 10 kg，8 kg の物体をつるしたとき，物体の加速度と綱の張力を求めよ．

5.7　1.5 m/s^2 の等加速度で上昇しているエレベータのなかで，ばねばかりを用いて物体の重さを量ったら 10 kg であった．この物体の質量を求めよ．

5.8　走行中の電車内で天井から綱で 3 kg の荷物をつり下げたとき，綱が鉛直線に対して 10° 傾いた．このときの電車の加速度を求めよ．

5.9　列車が半径 2000 m のカーブを時速 200 km で通過するとき，遠心力による側圧がレールにかからないようにするには，外側のレールを内側のレールよりどのくらい高くすればよいかを求めよ．ただし，レールの間隔は 1435 mm とする．

5.10　長さ 1 m の針金の先に 2 kg の物体をつけ，他端を中心にして，200 rpm で水平面内で回転させる．このとき針金にかかる力の大きさを求めよ．また，針金が 500 N までの張力に耐えることができるとして，最高回転速度を求めよ．

MOTION OF RIGID BODY

第6章 剛体の運動

物体は質点が連続的に分布している質点系であるが，その各質点間の距離が一定で変わらないものが，**剛体**（rigid body）である．すなわち，剛体は変形しない物体である．実際の物体は，力が作用すればそれに応じて多少の変形をする．しかし，一般に固体のような変形しにくい物体では，物体全体に対してこの変形の運動はきわめて小さいから，剛体とみなして簡単化して取り扱うことができる．前章までは物体という言葉を使ってきたが，つりあった状態を考えるときは，変形していてもさしつかえない．その状態できちんと計算すれば，内力の効果は消えて，外力の和，外力のモーメントの和は0になる．

6.1 剛体の回転運動と慣性モーメント

剛体が固定された軸のまわりに回転する場合を考えてみる．剛体を回転させるには力のモーメントが必要であり，回転体に作用する力のモーメントのうち，回転に有効な回転軸まわりの力のモーメントを**トルク**（torque）という．

剛体が固定軸のまわりに回転するとき，剛体の各点は固定軸に垂直な平面内での円運動をする．**図6.1**のように，固定軸Oから距離r_i離れた点にある質量m_iの微小部分が角速度ω，角加速度$\dot{\omega}$で運動している．このとき，微小部分は接線方向に$r_i\dot{\omega}$の加速度をもつから，これにはたらく接線方向の力をf_iとすると，運動の第二法則より，

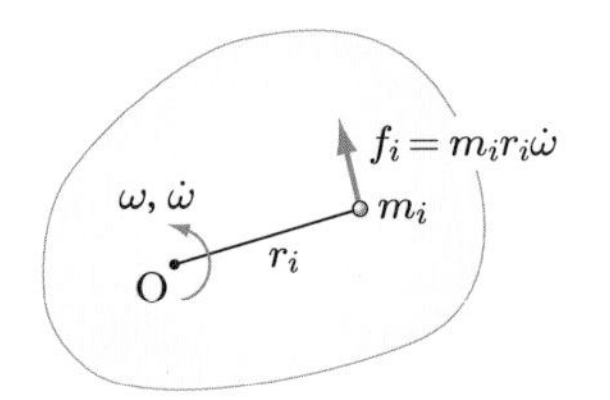

▶図6.1　回転運動

$$f_i = m_i r_i \dot{\omega} \tag{6.1}$$

が成り立つ．また，この力f_iの軸Oのまわりのモーメントは，

$$f_i r_i = m_i r_i^2 \dot{\omega} \tag{6.2}$$

であり，剛体全体については，

$$\sum_i f_i r_i = \sum_i m_i r_i^2 \dot{\omega} = \dot{\omega} \sum_i m_i r_i^2 \tag{6.3}$$

となる．ここで，$\sum_i f_i r_i$は微小部分にはたらく力による軸Oのまわりのモーメントの総和で，これは外からこの剛体に加えたトルクNに等しい．いま，右辺の総和$\sum_i m_i r_i^2$を積分の形に書き，これをIで表すと，

$$N = I\dot{\omega} \tag{6.4}$$

$$I = \int r^2\,\mathrm{d}m \tag{6.5}$$

となる．この式(6.4)を角運動方程式という．また，剛体の微小部分の質量 $\mathrm{d}m$ と，その部分の軸からの距離 r の2乗の積の剛体全体についての総和である I は，この軸のまわりの剛体の慣性モーメント（moment of inertia）という．

角運動方程式から，剛体を回転させるとき，同じトルクならば，慣性モーメントの大きい剛体ほど角加速度が生じにくいことがわかる．慣性モーメントは回転運動に対する剛体の慣性の大きさを表す量であり，角運動方程式は直線運動の場合の運動方程式 $F = ma$ に対応する．

慣性モーメント I は〔質量〕×〔長さ〕^{2} の単位をもつ量であり，剛体の形と密度分布によって決まる．とくに密度一定の場合には，剛体の形だけで決まる量に剛体の全質量 M を乗じた形となる．**図 6.2** のように，慣性モーメントの大きさを変えず，全質量 M が1点に集中したと考えたとき，この点の軸からの距離を k とすると，

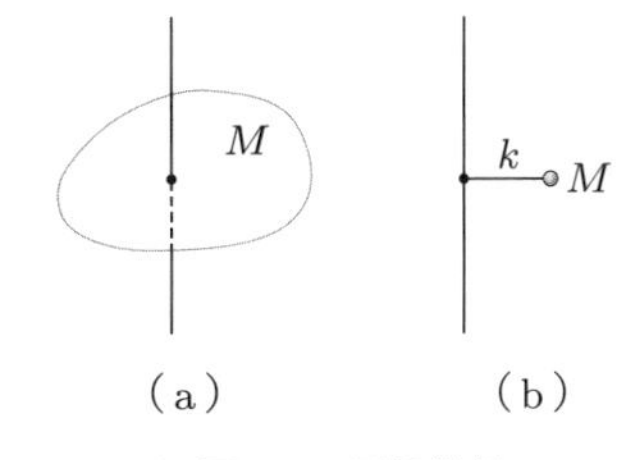

▶図 6.2　回転半径

$$I = Mk^2 \qquad k = \sqrt{\frac{I}{M}} \tag{6.6}$$

と表すことができる．この k を，その軸のまわりの回転半径（radius of gyration）という．

例題 6.1　中心のまわりに回転することのできる静止している円板に 10 N·m のトルクを加えたところ，30 s 後に角速度が 20 rad/s になった．この円板の慣性モーメントを求めよ．

解答▶　この円板の角加速度 $\dot{\omega}$ は，つぎのように求めることができる．

$$\dot{\omega} = \frac{20}{30} = \frac{2}{3}\,\mathrm{rad/s^2}$$

角運動方程式 $N = I\dot{\omega}$ に $N = 10\,\mathrm{N{\cdot}m}$，$\dot{\omega} = \dfrac{2}{3}\,\mathrm{rad/s^2}$ を代入すると，つぎのようになる．

$$10 = \frac{2}{3}I \qquad \therefore \quad I = 15\,\mathrm{kg{\cdot}m^2}$$

6.2 慣性モーメントに関する定理

慣性モーメントを求める場合によく用いられる，二つの定理について説明する．

平行軸の定理

剛体の任意の軸のまわりの慣性モーメントは，この軸に平行で剛体の重心を通る軸のまわりの慣性モーメントと，全質量が重心に集まったと考えたときの，この軸のまわりの慣性モーメントの和に等しい．

図 6.3 のように，剛体の重心 G を通る任意の平面を考え，その平面に垂直で，点 G および点 G と距離 d だけ離れた点 O を通る二つの平行軸を考える．点 G を原点，GO を x 軸とする直交座標系 G-xyz をとると，点 O の座標は（d, 0, 0）である．剛体内にとった微小部分の質量を dm，その座標を（x, y, z），軸 O のまわりの慣性モーメントを I，軸 G のまわりの慣性モーメントを I_G とすると，

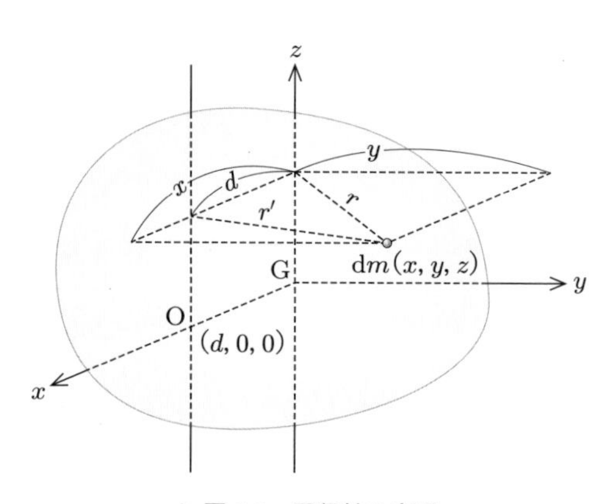

▶図 6.3　平行軸の定理

$$I=\int r'^2\,\mathrm{d}m=\int\{(x-d)^2+y^2\}\,\mathrm{d}m=\int(x^2+y^2)\,\mathrm{d}m+d^2\int\mathrm{d}m-2d\int x\,\mathrm{d}m$$

である．ここで，G は重心であり，これが原点であるから，

$$\int x\,\mathrm{d}m=0$$

であり，また，

$$\int(x^2+y^2)\,\mathrm{d}m=\int r^2\,\mathrm{d}m=I_G$$

となる．したがって，つぎの関係式が成り立つ．

$$I=I_G+d^2M \tag{6.7}$$

式(6.7)より I の最小値は $d=0$ のときであり，そのとき剛体の重心を通る軸のまわりの慣性モーメントが最小になることがわかる．また，I, I_G に対する回転半径をそれぞれ k, k_G とすれば，つぎの関係が成り立つ．

$$k^2={k_G}^2+d^2 \tag{6.8}$$

直交軸の定理

平面板上の任意の1点Oを通り，その平面に垂直な軸のまわりの平面板の慣性モーメントは，点Oを通るその平面内の直交する任意の2直線O_x，O_yのまわりの慣性モーメントの和に等しい．

図6.4のように，平面板上の微小部分の質量を$\mathrm{d}m$とし，その座標を(x, y)，点Oからの距離をrとすると，

$$r^2 = x^2 + y^2$$

$$\therefore \quad \int r^2\,\mathrm{d}m = \int x^2\,\mathrm{d}m + \int y^2\,\mathrm{d}m$$

が成り立ち，つぎのように書くことができる．

$$I_{\mathrm{PO}} = I_y + I_x \tag{6.9}$$

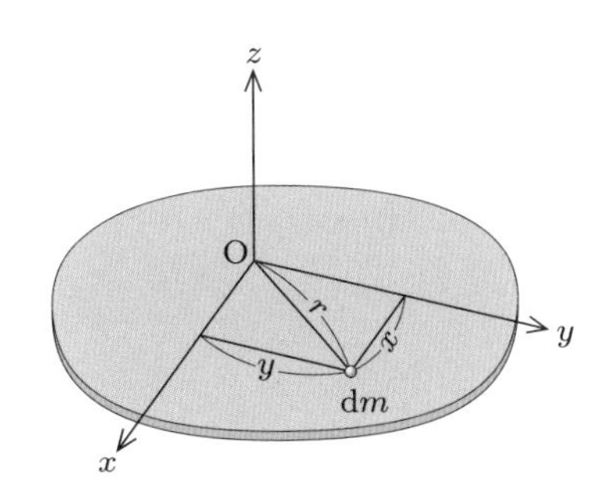

図6.4　直交軸の定理

また，各軸のまわりの回転半径をk_{PO}，k_y，k_xとすると，つぎの関係が成り立つ．

$$k_{\mathrm{PO}}{}^2 = k_y{}^2 + k_x{}^2 \tag{6.10}$$

このI_{PO}のように，点Oに対する慣性モーメントを極慣性モーメント（polar moment of inertia）という．平面板の場合，I_{PO}は点Oを通って平面に垂直な軸に関する慣性モーメントである．

6.3 断面二次モーメント

物体が厚さ一様で均質な平面形であると，各部分の質量はその面積に比例する．質量の代わりに面積を使って求めた慣性モーメントを，断面二次モーメント（second moment of area）または面積の慣性モーメント（moment of area）という．平面内の微小面積を$\mathrm{d}A$，軸からの距離をrとすると，この軸に関する断面二次モーメントは，

$$I' = \int r^2\,\mathrm{d}A \tag{6.11}$$

によって求められる．また全面積をAとするとき，

$$I' = Ak^2 \qquad k = \sqrt{\frac{I'}{A}} \tag{6.12}$$

で定義されるkを，断面二次半径（radius of gyration of area）という．断面二次モーメントについても，6.2節で述べた二つの定理が成り立つ．

6.4 簡単な物体の慣性モーメント

ここで，簡単な物体の慣性モーメントを求めよう．

6.4.1 細いまっすぐな棒

図6.5のような，質量 M，長さ l の棒に垂直な，y 軸のまわりの慣性モーメントを求める．この棒を微小な長さ $\mathrm{d}x$ の部分に分け，そのうちの一つの軸からの距離を x とする．微小部分の質量 $\mathrm{d}M$ は，$\mathrm{d}M=\dfrac{M}{l}\mathrm{d}x$ と書ける．よって，この部分の y 軸のまわりの慣性モーメントを $\mathrm{d}I_y$ とすると，つぎのように求められる．

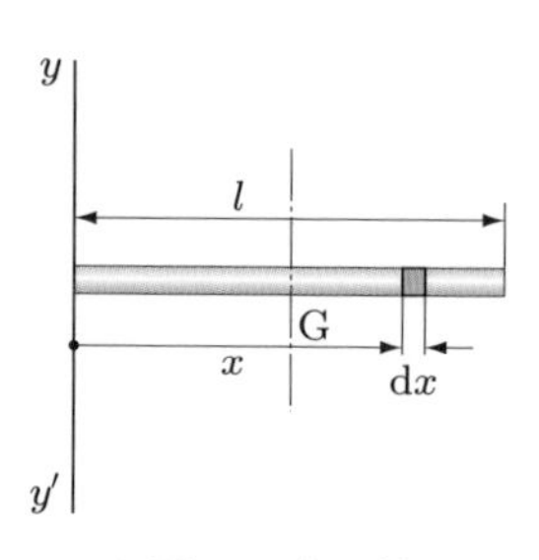

▶図 6.5　細い棒

$$\mathrm{d}I_y=\frac{M}{l}x^2\,\mathrm{d}x$$

この棒全体については，積分することにより，つぎのようになる．

$$I_y=\int_0^l\frac{M}{l}x^2\,\mathrm{d}x=\frac{M}{l}\left[\frac{x^3}{3}\right]_0^l=\frac{Ml^2}{3} \tag{6.13}$$

また，回転半径 k_y は，つぎのように求められる．

$$k_y=\sqrt{\frac{I_y}{M}}=\sqrt{\frac{l^2}{3}}=\frac{l}{\sqrt{3}} \tag{6.14}$$

この棒の重心 G を通り，y 軸に平行な軸のまわりの慣性モーメント I_{G} は，平行軸の定理より，

$$I_{\mathrm{G}}=I_y-M\left(\frac{l}{2}\right)^2=\frac{Ml^2}{3}-\frac{Ml^2}{4}=\frac{Ml^2}{12} \tag{6.15}$$

となる．また，回転半径 k_{G} はつぎのようになる．

$$k_{\mathrm{G}}=\sqrt{\frac{I_{\mathrm{G}}}{M}}=\sqrt{\frac{l^2}{12}}=\frac{l}{2\sqrt{3}} \tag{6.16}$$

6.4.2 薄い長方形板

図6.6のような，全質量 M，幅 b，高さ h の薄い長方形板の重心 G を通る，x 軸のまわりの慣性モーメントを求める．この長方形板を x 軸に平行な微小幅 $\mathrm{d}y$ をもつ帯状の部分に分け，その一つの軸からの距離を y とする．この微小部分の質量 $\mathrm{d}M$ は $\mathrm{d}M=\dfrac{M}{bh}b\,\mathrm{d}y$ と書け

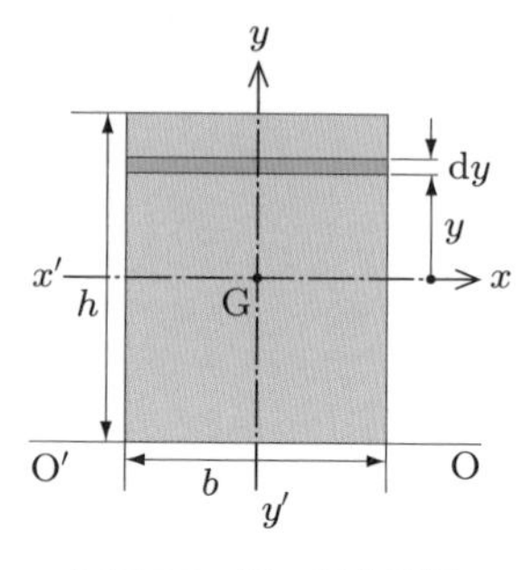

▶図 6.6　薄い長方形板

る．よって，x 軸のまわりの慣性モーメント I_x は，つぎのように求められる．

$$I_x = \int_{-h/2}^{h/2} y^2 \frac{M}{bh} b\,\mathrm{d}y = \frac{2M}{h}\int_0^{h/2} y^2\,\mathrm{d}y = \frac{2M}{h}\left[\frac{y^3}{3}\right]_0^{h/2} = \frac{Mh^2}{12} \tag{6.17}$$

また，回転半径 k_x はつぎのようになる．

$$k_x = \sqrt{\frac{I_x}{M}} = \sqrt{\frac{h^2}{12}} = \frac{h}{2\sqrt{3}} \tag{6.18}$$

同様にして，y 軸のまわりの慣性モーメントを I_y，回転半径を k_y とすると，それぞれつぎのように求められる．

$$I_y = \frac{Mb^2}{12} \qquad k_y = \frac{b}{2\sqrt{3}}$$

したがって，重心 G を通り，この板に垂直な軸のまわりの慣性モーメント I_{PG} は，直交軸の定理より，

$$I_{\mathrm{PG}} = I_x + I_y = \frac{Mh^2}{12} + \frac{Mb^2}{12} = \frac{M}{12}(h^2 + b^2) \tag{6.19}$$

となる．また，回転半径 k_{PG} は，つぎのようになる．

$$k_{\mathrm{PG}} = \sqrt{\frac{I_{\mathrm{PG}}}{M}} = \sqrt{\frac{h^2 + b^2}{12}} = \frac{\sqrt{h^2 + b^2}}{2\sqrt{3}} \tag{6.20}$$

長方形板の端 OO′ 軸のまわりの慣性モーメント I_0 は，平行軸の定理より，つぎのように求められる．

$$I_0 = I_x + M\left(\frac{h}{2}\right)^2 = \frac{Mh^2}{12} + \frac{Mh^2}{4} = \frac{Mh^2}{3} \tag{6.21}$$

また，回転半径 k_0 は，つぎのようになる．

$$k_0 = \sqrt{\frac{I_0}{M}} = \sqrt{\frac{h^2}{3}} = \frac{h}{\sqrt{3}} \tag{6.22}$$

このように，平行軸，直交軸の定理をうまく利用すると，どこか一つの軸のまわりの慣性モーメントを求めることによって，ほかの軸のまわりの慣性モーメントを簡単に求めることができる．

6.4.3 円　板

図 6.7 のような，全質量 M，半径 R の薄い円板の中心 O を通り，円板に垂直な軸のまわりの慣性モーメントを求める．この円板を，図のように同心円の微小な幅 $\mathrm{d}r$ の帯状の部分に分け，その一つの軸からの距離を r とする．この部分の質量 $\mathrm{d}M$ は，$\mathrm{d}M = \dfrac{M}{\pi R^2} 2\pi r\,\mathrm{d}r$ となり，この極慣性モーメントを I_{PO}，回転半径を k_{PO} とすると，

それぞれつぎのようになる．

$$I_{\mathrm{PO}} = \int_0^R r^2 \frac{M}{\pi R^2} 2\pi r \, \mathrm{d}r = \frac{2M}{R^2} \int_0^R r^3 \, \mathrm{d}r$$

$$= \frac{2M}{R^2} \left[\frac{r^4}{4} \right]_0^R = \frac{MR^2}{2} \tag{6.23}$$

$$k_{\mathrm{PO}} = \sqrt{\frac{I_{\mathrm{PO}}}{M}} = \sqrt{\frac{R^2}{2}} = \frac{R}{\sqrt{2}} \tag{6.24}$$

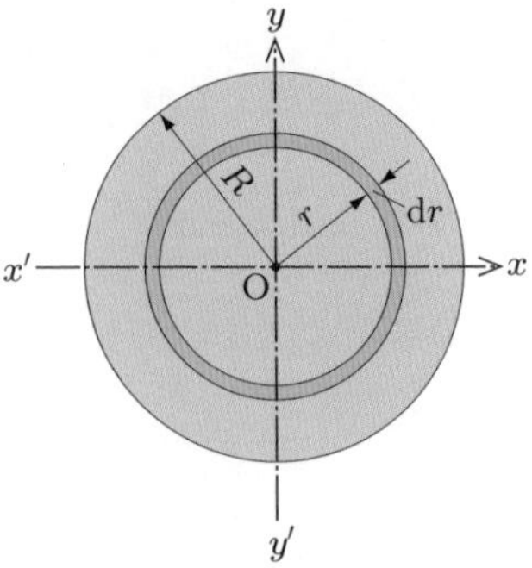

▶図 6.7　円板

直交する x 軸，y 軸のまわりの慣性モーメントを I_x，I_y とすると，

$$I_x = I_y$$

であり，また直交軸の定理より，

$$I_x + I_y = I_{\mathrm{PO}} \qquad \therefore \quad I_x = I_y = \frac{I_{\mathrm{PO}}}{2} = \frac{MR^2}{4} \tag{6.25}$$

となる．また，回転半径を k_x，k_y とすると，つぎのように求められる．

$$k_x = k_y = \frac{R}{2} \tag{6.26}$$

式(6.25)，(6.26)は円板の直径のまわりの慣性モーメントと回転半径である．

6.4.4 直円柱

図 6.8 のような，全質量を M，半径 R，高さ h の直円柱の x 軸のまわりの慣性モーメントを求める．この円柱を底面に平行な微小な厚み $\mathrm{d}y$ の薄い円板に分け，その一つの底面からの距離を y とする．円板の中心を通り，x 軸に平行な軸のまわりの慣性モーメントを $\mathrm{d}I$ とすると，この円板の質量は，

$$\mathrm{d}M = \frac{M}{\pi R^2 h} \pi R^2 \, \mathrm{d}y = \frac{M}{h} \mathrm{d}y$$

であるから，式(6.25)より，つぎの式が成り立つ．

$$\mathrm{d}I = \mathrm{d}M \frac{R^2}{4} = \frac{M \, \mathrm{d}y}{h} \frac{R^2}{4} = \frac{MR^2}{4h} \mathrm{d}y$$

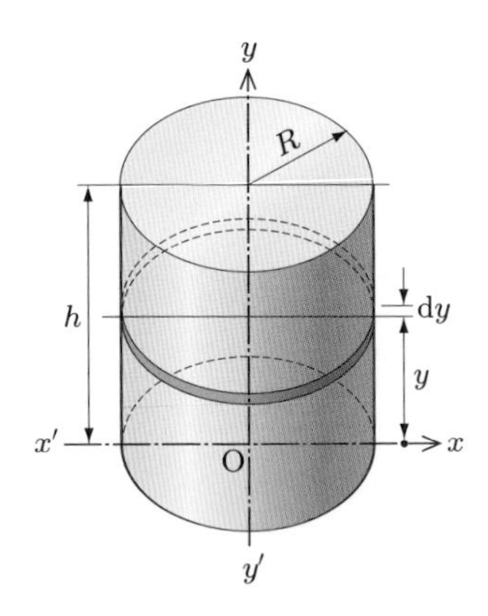

▶図 6.8　直円柱

平行軸の定理より，この円板の x 軸のまわりの慣性モーメント $\mathrm{d}I_x$ は，

$$\mathrm{d}I_x = \mathrm{d}I + \mathrm{d}M \, y^2 = \left(\frac{MR^2}{4h} + \frac{M}{h} y^2 \right) \mathrm{d}y$$

$$I_x = \int_0^h \left(\frac{MR^2}{4h} + \frac{M}{h}y^2\right)\mathrm{d}y = \frac{MR^2}{4h}[y]_0^h + \frac{M}{h}\left[\frac{y^3}{3}\right]_0^h = \frac{MR^2}{4} + \frac{Mh^2}{3}$$

$$\therefore \quad I_x = M\left(\frac{R^2}{4} + \frac{h^2}{3}\right) \tag{6.27}$$

となる．これより，回転半径 k_x はつぎのように求められる．

$$k_x = \sqrt{\frac{R^2}{4} + \frac{h^2}{3}} \tag{6.28}$$

同じ直円柱の y 軸のまわりの慣性モーメントは，前述したような厚み $\mathrm{d}y$ の薄い円板の中心を通り，その円板に垂直な軸のまわりの慣性モーメントを $\mathrm{d}I_y$ とすると，式(6.23)より，つぎのようになる．

$$\mathrm{d}I_y = \frac{\mathrm{d}M\,R^2}{2} = \frac{M}{h}\mathrm{d}y\frac{R^2}{2} = \frac{MR^2}{2h}\mathrm{d}y$$

よって，この円柱全体についての慣性モーメント I_y，回転半径 k_y は，それぞれつぎのように求められる．

$$I_y = \int_0^h \frac{MR^2}{2h}\mathrm{d}y = \frac{MR^2}{2h}[y]_0^h = \frac{MR^2}{2} \tag{6.29}$$

$$k_y = \sqrt{\frac{I_y}{M}} = \sqrt{\frac{R^2}{2}} = \frac{R}{\sqrt{2}} \tag{6.30}$$

6.4.5 球

図 6.9 のような，質量 M，半径 R の球の直径のまわりの慣性モーメントを求める．微小な厚み $\mathrm{d}y$ の円板に分け，そのうちの一つの球の中心からの距離を y とし，この円板の y 軸のまわりの慣性モーメントを $\mathrm{d}I_y$ とすると，この微小円板の質量 $\mathrm{d}M$ は，

$$\mathrm{d}M = \frac{3M}{4\pi R^3}\pi(R^2 - y^2)\,\mathrm{d}y$$

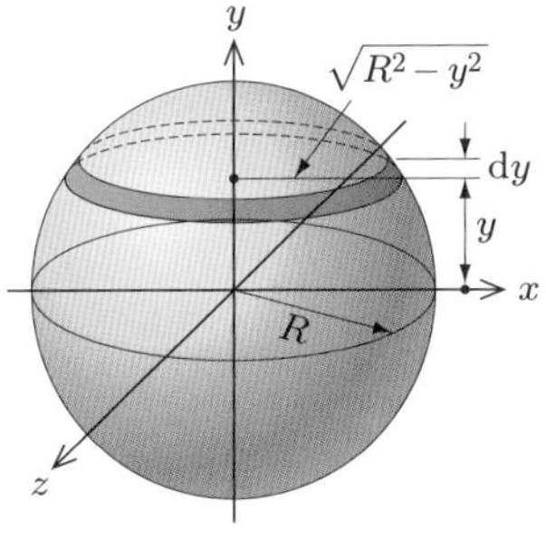

より，

$$\mathrm{d}I_y = \frac{1}{2}\mathrm{d}M(R^2 - y^2) = \frac{1}{2}\frac{3M(R^2-y^2)\,\mathrm{d}y}{4R^3}(R^2-y^2)$$

$$= \frac{3M}{8R^3}(R^2-y^2)^2\,\mathrm{d}y$$

図 6.9　球

となる．これより，球の直径 y 軸のまわりの慣性モーメント I_y は，

$$I_y = \frac{3M}{8R^3}\int_{-R}^{R}(R^2 - y^2)^2\,\mathrm{d}y = \frac{3M}{4R^3}\int_{0}^{R}(R^2 - y^2)^2\,\mathrm{d}y$$

$$= \frac{3M}{4R^3}\left[R^4 y - \frac{2R^2 y^3}{3} + \frac{y^5}{5}\right]_0^R = \frac{2}{5}MR^2 \tag{6.31}$$

となる．また，回転半径 k_y はつぎのように求められる．

$$k_x = \sqrt{\frac{I_y}{M}} = \sqrt{\frac{2R^2}{5}} = \sqrt{\frac{2}{5}}\,R \tag{6.32}$$

例題 6.2 300 rpm で回転している直径 50 cm，厚み 8 cm のはずみ車を 1 分間で停止させるのに必要なトルクを求めよ．ただし，はずみ車の密度は 7800 kg/m^3 とする．

解答▶ このはずみ車の慣性モーメントを I とすると，

$$I = \frac{1}{2}MR^2 = \frac{1}{2} \times \pi \times (0.25)^2 \times 0.08 \times 7800 \times (0.25)^2 = 3.83\,\mathrm{kg \cdot m^2}$$

と求められる．300 rpm で回転していたのが 1 分間で停止するのであるから，等角加速度がはたらいたとすると，角加速度 $\dot{\omega}$ はつぎのようになる．

$$\dot{\omega} = \frac{0 - 2\pi \times (300/60)}{60} = -0.52\,\mathrm{rad/s^2}$$

よって，このはずみ車をとめるために必要なトルク N は，

$$N = I\dot{\omega} = 3.83 \times (-0.52) = -2.0\,\mathrm{N \cdot m}$$

となる．負の値であるから，はずみ車の回転方向と反対の向きのトルクを加える．

表 6.1 に，さまざまな図形の慣性モーメントと回転半径をまとめる．

▶表 6.1　慣性モーメントと回転半径

形	I	k
細い棒（a, b, a′, b′, $\frac{l}{2}$, $\frac{l}{2}$）	$I_\mathrm{a} = \frac{Ml^2}{3}$ $I_\mathrm{b} = \frac{Ml^2}{12}$	$k_\mathrm{a} = \frac{l}{\sqrt{3}}$ $k_\mathrm{b} = \frac{l}{2\sqrt{3}}$
細い円輪（y, y', x, x', O, R）	$I_x = I_y = \frac{MR^2}{2}$ $I_\mathrm{PO} = MR^2$	$k_x = k_y = \frac{R}{\sqrt{2}}$ $k_\mathrm{PO} = R$

▶表 6.1　慣性モーメントと回転半径（つづき）

形	I	k
長方形板 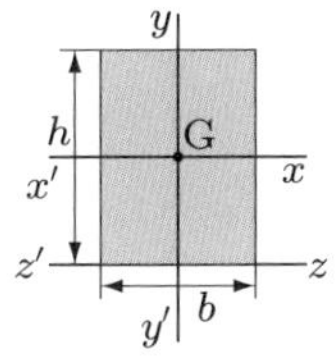	$I_x = \dfrac{Mh^2}{12}$ $I_y = \dfrac{Mb^2}{12}$ $I_z = \dfrac{Mh^2}{3}$ $I_{\mathrm{PG}} = \dfrac{M}{12}(b^2 + h^2)$	$k_x = \dfrac{h}{2\sqrt{3}}$ $k_y = \dfrac{b}{2\sqrt{3}}$ $k_z = \dfrac{h}{\sqrt{3}}$ $k_{\mathrm{PG}} = \dfrac{1}{2}\sqrt{\dfrac{b^2 + h^2}{3}}$
三角形板 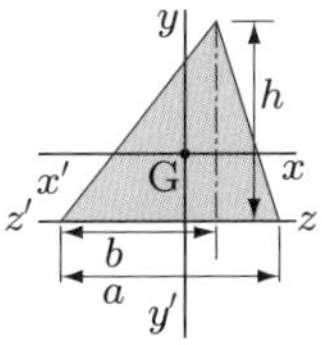	$I_x = \dfrac{Mh^2}{18}$ $I_y = \dfrac{M}{18}(a^2 - ab + b^2)$ $I_z = \dfrac{Mh^2}{6}$ $I_{\mathrm{PG}} = \dfrac{M}{18}(a^2 - ab + b^2 + h^2)$	$k_x = \dfrac{h}{3\sqrt{2}}$ $k_y = \dfrac{1}{3}\sqrt{\dfrac{a^2 - ab + b^2}{2}}$ $k_z = \dfrac{h}{\sqrt{6}}$ $k_{\mathrm{PG}} = \dfrac{1}{3}\sqrt{\dfrac{a^2 - ab + b^2 + h^2}{2}}$
直方体 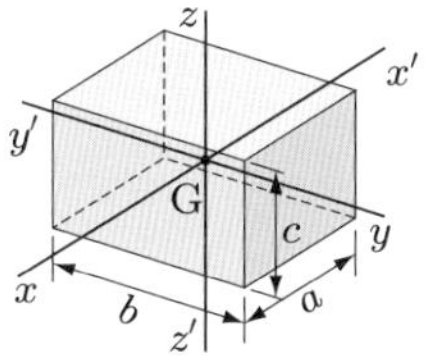	$I_x = \dfrac{M}{12}(b^2 + c^2)$	$k_x = \dfrac{1}{2}\sqrt{\dfrac{b^2 + c^2}{3}}$
円柱 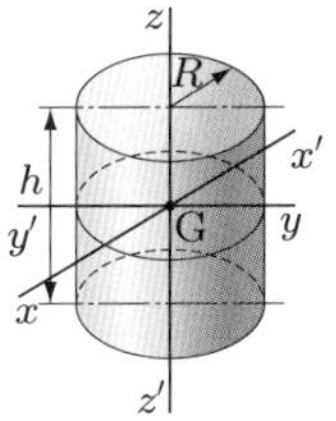	$I_x = I_y = \dfrac{M}{4}\left(R^2 + \dfrac{h^2}{3}\right)$ $I_z = \dfrac{MR^2}{2}$	$k_x = k_y = \dfrac{1}{2}\sqrt{R^2 + \dfrac{h^2}{3}}$ $k_z = \dfrac{R}{\sqrt{2}}$
中空円柱 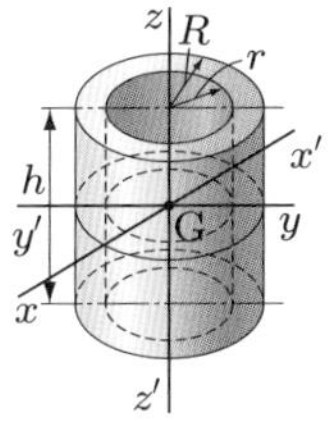	$I_x = I_y = \dfrac{M}{4}\left(R^2 + r^2 + \dfrac{h^2}{3}\right)$ $I_z = \dfrac{M}{2}(R^2 + r^2)$	$k_x = k_y = \dfrac{1}{2}\sqrt{R^2 + r^2 + \dfrac{h^2}{3}}$ $k_z = \sqrt{\dfrac{R^2 + r^2}{2}}$

▶表 6.1　慣性モーメントと回転半径（つづき）

形	I	k
円すい	$I_x = I_y = \dfrac{3M}{80}(4R^2 + h^2)$ $I_z = \dfrac{3MR^2}{10}$	$k_x = k_y = \dfrac{1}{4}\sqrt{\dfrac{3(4R^2 + h^2)}{5}}$ $k_z = \sqrt{\dfrac{3}{10}}R$
球	$I_x = I_y = I_z = \dfrac{2MR^2}{5}$	$k_x = k_y = k_z = \sqrt{\dfrac{2}{5}}R$

例題 6.3　**図 6.10** のように，直径 100 cm の円板に直径 20 cm の円形の穴が 3 個あいている．その穴の中心は，直径 60 cm の同心円の周上にある．この物体の密度 ρ を 7200 kg/m^3 とするとき，この円板の中心を通り，円板に垂直な軸のまわりの慣性モーメントを求めよ．

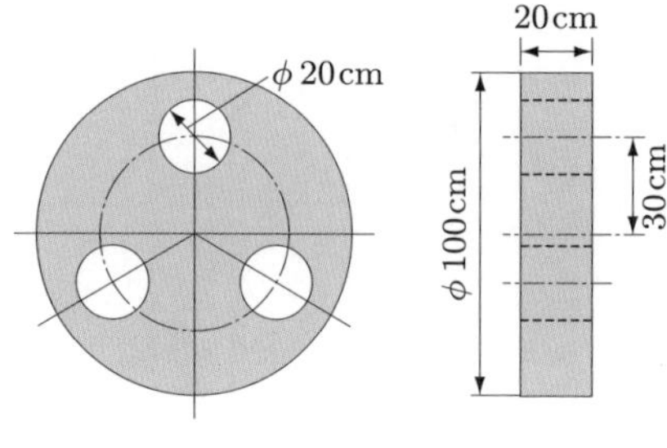

▶図 6.10

解答▶　穴があいていないと考えたときの円板の慣性モーメントから，穴の部分の慣性モーメントをひけばよい．

穴があいていないと考えたときの円板の慣性モーメントを I とすると，つぎのように求められる．

$$I = \frac{MR^2}{2} = \frac{\pi \times (0.50)^2 \times 0.20 \times 7200 \times (0.50)^2}{2} = 141.3\,\mathrm{kg\cdot m^2}$$

穴の部分の円板の中心を通り，円板に垂直な軸のまわりの慣性モーメント I_a は，平行軸の定理を用いてつぎのように計算できる．

$$I_\mathrm{a} = \frac{\pi \times (0.10)^2 \times 0.20 \times 7200 \times (0.10)^2}{2} + \pi \times (0.10)^2 \times 0.20 \times 7200 \times (0.30)^2 = 4.296\,\mathrm{kg\cdot m^2}$$

よって，このような穴のある円板の慣性モーメントは，穴3個分の慣性モーメントをひいて，つぎのように求められる．

$$I - 3I_{\mathrm{a}} = 141.3 - 3 \times 4.296 = 128\,\mathrm{kg \cdot m^2}$$

6.5 剛体の平面運動

6.5.1 剛体の平面運動

剛体のすべての部分がある平面に平行に運動しているとき，この剛体は平面運動（plane motion）をしているという．剛体にはたらく外力がすべて重心Gを含むある一つの平面内にあるとき，この剛体は平面運動をする．機械の運動は，そのほとんどをある平面に対しての平面運動としてとらえることができる．

剛体の平面運動は大きく三つに分けられる．すなわち，並進運動，回転運動，両者を合成した運動である．

剛体のなかに2点A，Bをとり，**図6.11**のように，線分ABがつねに平行な位置を保ちながら移動するとき，これを並進運動（translation）という．このとき，剛体の各点は同じ速度と加速度をもっている．また，**図6.12**のように，剛体がある点を中心に回転するとき，これを回転運動（rotation）という．

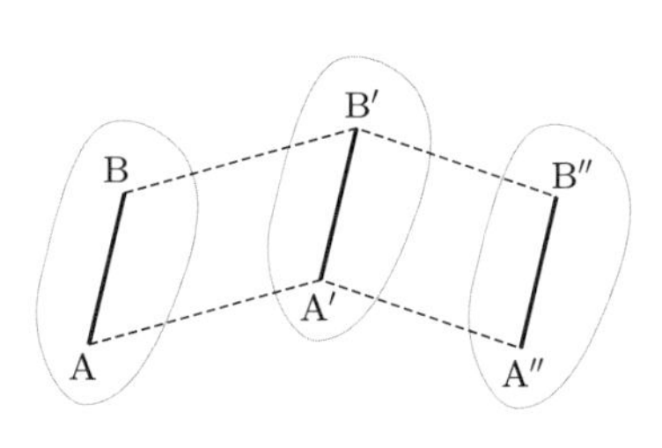

▶図6.11　並進運動

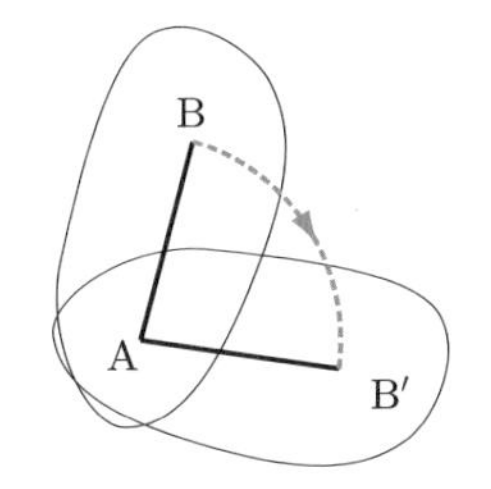

▶図6.12　回転運動

剛体がある時間Δtの間に，**図6.13**(a)の位置から同図(b)の位置に移動をしたとする．このとき，途中の状況がわからなければ，いろいろな場合が考えられる．たとえば，**図6.14**のように，並進運動をして，AがA′の位置に移動し，つぎに回転運動によってA′B′の位置になるとも考えられる．また，**図6.15**のように，AA′，BB′の垂直二等分線の交点Oを中心にして，回転運動だけによってABがA′B′の位置にきたとも考えられる．しかし，一般に剛体の任意の平面運動は後者のようなある点を中心にしての瞬間的な回転運動の連続と考えることができる．この中心は，瞬間的な回転運動の中心であるから瞬間中心（instantaneous center）とよばれる．とくに円運動は，この瞬間中心が定点になっている運動であるといえる．純粋な並進の場合，

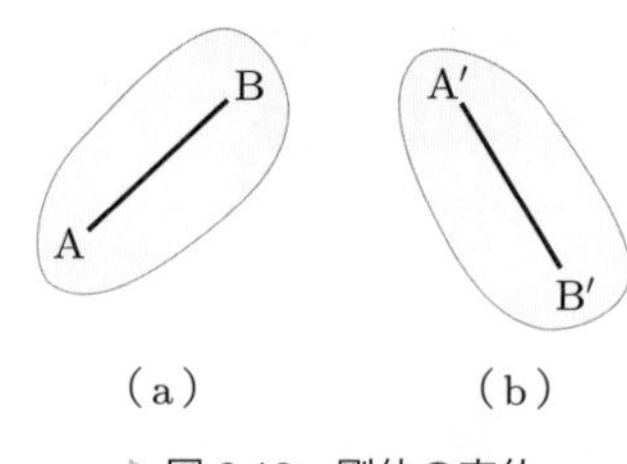

▶図 6.13　剛体の変位

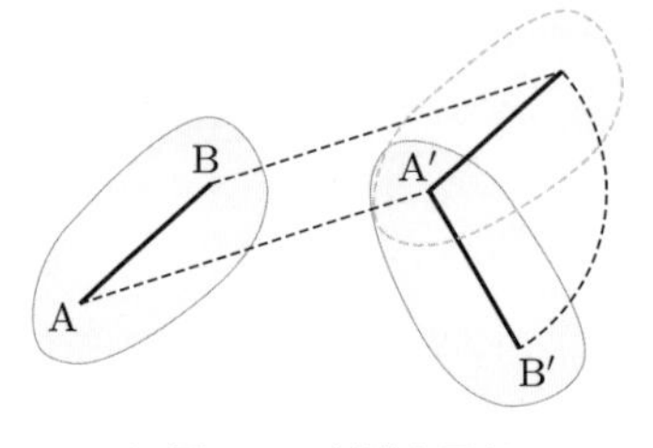

▶図 6.14　並進と回転

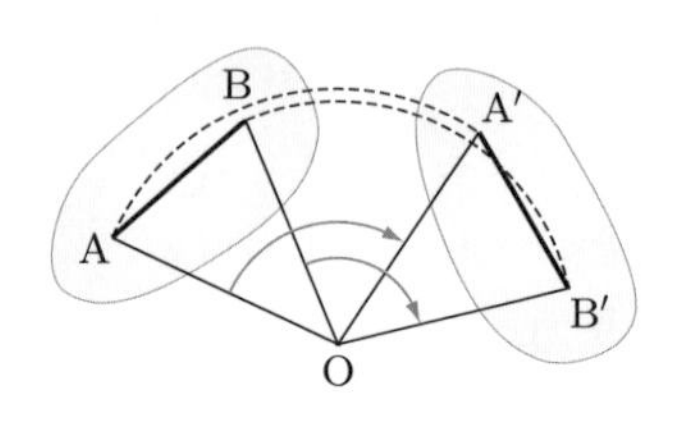

▶図 6.15　瞬間中心

垂直二等分線の交点が求まらないが，このときは回転中心が無限遠方にあると考えればよい．また，垂直二等分線が一致する場合は，AB，A′B′ の交点が回転中心となる．

ある瞬間を考えると，剛体の任意の点の瞬間速度の方向は，瞬間中心を中心とする円運動の円の接線方向であるから，任意の点と瞬間中心を結ぶ線分に直角になっている．したがって，剛体の任意の 2 点の瞬間速度がわかれば，この 2 点より速度ベクトルにひいた垂線の交点を求めて，瞬間中心を決定することができる．

6.5.2　速度，加速度

ある瞬間において，剛体の点 A の絶対速度が $\boldsymbol{v}_{\mathrm{A}}$ であり，点 B は点 A のまわりに角速度 ω で回転しているとする．このとき，**図 6.16** のように，点 B の点 A に対する相対速度は，大きさが $r\omega$ で向きは AB と垂直な方向であるから，これと $\boldsymbol{v}_{\mathrm{A}}$ との和 $\boldsymbol{v}_{\mathrm{B}}$

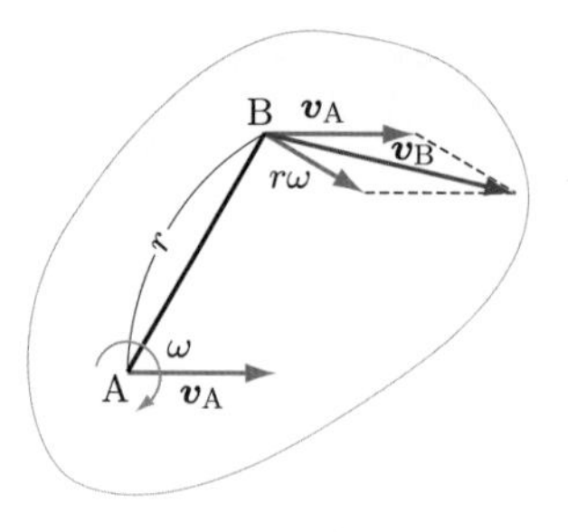

▶図 6.16　剛体の速度

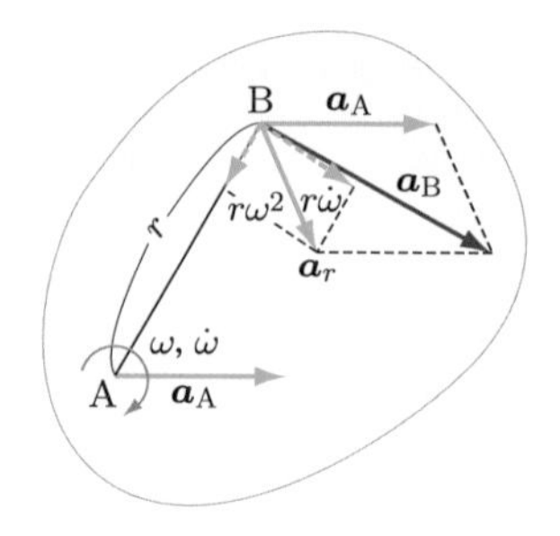

▶図 6.17　剛体の加速度

がその絶対速度である．

図 6.17 のように，点 A の絶対加速度が $\boldsymbol{a}_\mathrm{A}$ で点 B は点 A のまわりに角速度 ω，角加速度 $\dot{\omega}$ で回転しているとする．点 B の点 A に対する相対接線加速度は $r\dot{\omega}$，相対法線加速度は $r\omega^2$ であり，この二つの加速度の和が点 B の点 A に対する相対加速度 $\boldsymbol{a}_r$ である．したがって，点 B の絶対加速度は $\boldsymbol{a}_r$ と $\boldsymbol{a}_\mathrm{A}$ の和 $\boldsymbol{a}_\mathrm{B}$ となる．

例題 6.4 水平面をすべることなくころがる円筒の瞬間中心を求めよ．

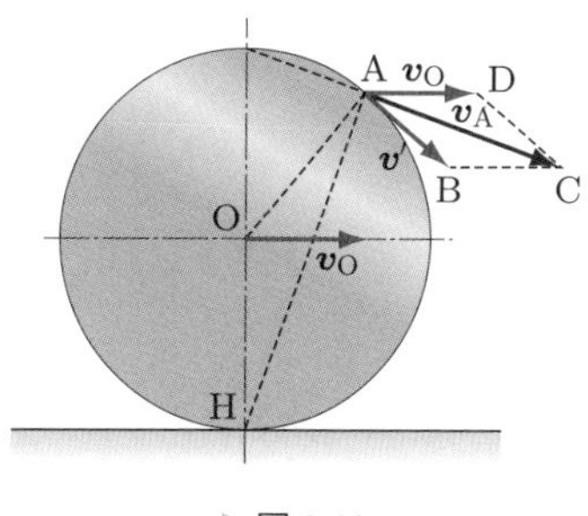

▶図 6.18

解答▶ **図 6.18** のように，円筒の中心 O の速度を $\boldsymbol{v}_\mathrm{O}$，円周上の任意の点 A の周速を $\boldsymbol{v}'$ とすると，$\boldsymbol{v}_\mathrm{O}$ と $\boldsymbol{v}'$ の大きさは等しい．点 A の点 O に対する相対速度が $\boldsymbol{v}'$ であるから，点 A の絶対速度は $\boldsymbol{v}_\mathrm{O}$ と $\boldsymbol{v}'$ を合成した速度 $\boldsymbol{v}_\mathrm{A}$ となる．このとき，点 A においてベクトル $\boldsymbol{v}_\mathrm{A}$ にたてた垂線と，点 O においてベクトル $\boldsymbol{v}_\mathrm{O}$ にたてた垂線の交点が瞬間中心になる．いま，円筒と水平面との接触点を H とすると，$\mathrm{AO} \perp \mathrm{AB}$，$\mathrm{OH} \perp \mathrm{BC}$，$\mathrm{AO} = \mathrm{OH}$，$\mathrm{AB} = \mathrm{BC}$ となり，したがって，$\triangle\mathrm{AOH} \backsim \triangle\mathrm{ABC}$ となる．これより $\mathrm{AH} \perp \mathrm{AC}$，すなわち点 A におけるベクトル $\boldsymbol{v}_\mathrm{A}$ への垂線は AH となることがわかる．点 O におけるベクトル $\boldsymbol{v}_\mathrm{O}$ への垂線は OH であるから，点 H がこの円筒のころがり運動の瞬間中心である（点 H の速度が 0 であることから，ただちに点 H が瞬間中心となることがわかる）．

例題 6.5 **図 6.19** は時速 36 km で走行中の自動車の車輪である．図の点 A の地面に対する速度を求めよ．

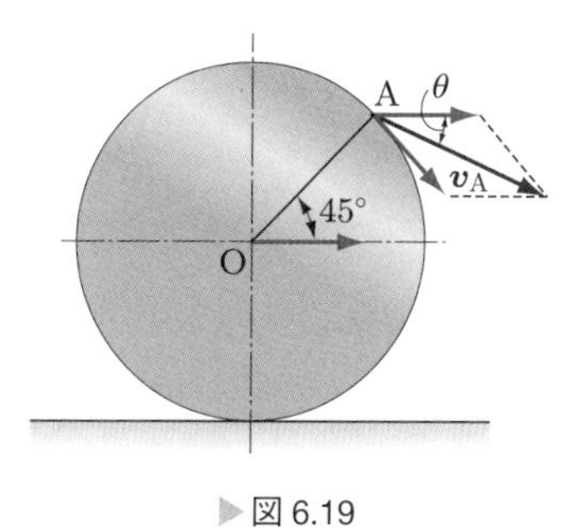

▶図 6.19

解答▶ 自動車の車輪が道路上をすべらずにころがっているとすると，点 A の点 O に対する相対速度は，自動車の走行速度と大きさが等しく，方向は点 A における車輪への接線方向である．

時速 36 km は，$\dfrac{36 \times 1000}{60 \times 60} = 10\,\mathrm{m/s}$ より，点 A の地面に対する速度を $\boldsymbol{v}_\mathrm{A}$ とすると，つぎのように求めることができる．

$$v_{\mathrm{A}x} = 10 + 10\cos(-45^\circ) = 17.07 \qquad v_{\mathrm{A}y} = 10\sin(-45^\circ) = -7.07$$

$$v_\mathrm{A} = \sqrt{{v_{\mathrm{A}x}}^2 + {v_{\mathrm{A}y}}^2} = \sqrt{(17.07)^2 + (-7.07)^2} = 18.5$$

$$\tan\theta = \frac{v_{Ay}}{v_{Ax}} = \frac{-7.07}{17.07} = -0.414 \qquad \therefore \quad \theta = -22.5°$$

したがって，大きさは 18.5 m/s，方向は点 A における水平線となす角 $-22.5°$ の速度である．

6.6 剛体の平面運動の方程式

重心 G を含む平面内で，剛体がいくつかの外力を受けているとき，6.5.1 項で述べたようにこの剛体は平面運動をする．このとき，各外力を重心の位置に移して，重心にはたらく力と重心まわりのモーメントに置き換え，そこで合成すれば，重心にはたらく一つの力と重心まわりの一つのモーメントになる．この合力と合成したモーメントによって，この剛体の重心の運動と重心まわりの回転運動が決まる．

剛体の質量を M，合力を $\boldsymbol{F}$，重心の加速度を $\boldsymbol{a}$ とすると，重心の運動方程式はつぎのように表される．

$$\boldsymbol{F} = M\boldsymbol{a} \tag{6.33}$$

重心 G を通り，この平面に垂直な軸のまわりの慣性モーメントを I_G，重心のまわりの合成モーメントを N，角加速度を $\dot{\omega}$ とすると，回転運動の方程式はつぎのようになる．

$$N = I_G\dot{\omega} \tag{6.34}$$

式(6.33)と式(6.34)がこの剛体の運動方程式なので，これらを連立して解けばよい．例として，**図 6.20** のように，質量 M，半径 r の円板に糸を巻き付け，その一端を固定して円板をはなすときの運動を調べてみよう．

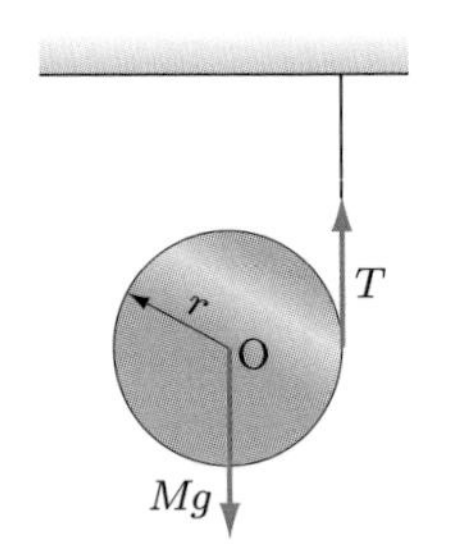

▶図 6.20　円板にはたらく力

この円板にはたらく力は，重力 Mg と糸の張力 T である．張力 T は，重心にはたらく大きさ T の力と，重心のまわりのモーメントの大きさ Tr の偶力に置き換えられる．このため，円板の重心には鉛直下方に $Mg - T$ の力がはたらき，これが重心の並進運動を定め，Tr の大きさの力のモーメントが重心のまわりの回転運動を決定する．

したがって，この円板は鉛直方向に回転しながら運動をすることになる．すなわち，重心の運動方程式は，

$$Mg - T = Ma \tag{6.35}$$

と書ける．また，重心のまわりの回転運動の方程式は，

$$Tr = I_G\dot{\omega}$$

となる．ここで，慣性モーメント I_G は，つぎのように表される．

$$I_G = \frac{Mr^2}{2} \qquad \therefore \quad Tr = \frac{Mr^2\dot{\omega}}{2} \tag{6.36}$$

角加速度 $\dot{\omega}$ と加速度 a の間に

$$a = r\dot{\omega} \tag{6.37}$$

の関係があるから，式(6.35)〜(6.37)を連立して解けば，糸の張力 $T = \frac{Mg}{3}$，円板の落下の加速度 $a = \frac{2}{3}g$，回転の角加速度 $\dot{\omega} = \frac{2}{3r}g$ が求まり，この物体の運動のようすがわかる．

例題 6.6 **図 6.21** のように，水平面と 30° の角をなす斜面上を質量 70 kg，半径 10 cm の球がすべることなくころがるとき，重心の加速度と角加速度，ころがりはじめてから 3 s 後の速度および角速度を求めよ．

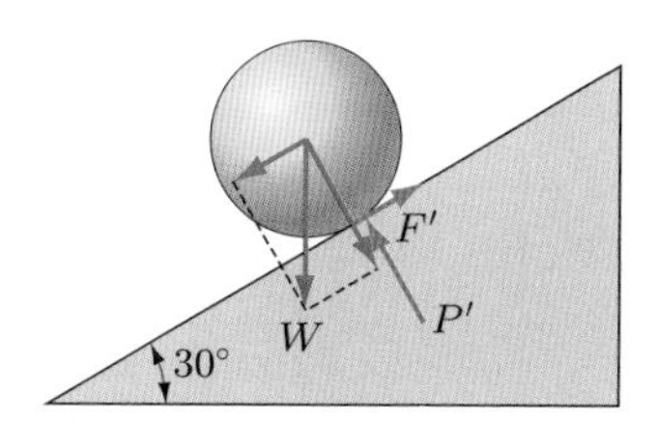

▶図 6.21

解答▶ この球にはたらく力は，重力 $W = Mg$ と斜面からの垂直反力 P'，摩擦力 F'（第 9 章を参照のこと）である．重心の加速度を a とすると，球の斜面方向の運動の方程式はつぎのように書ける．

$$Mg\sin 30^\circ - F' = Ma \qquad ①$$

球の中心が重心であり，この重心のまわりの回転運動の方程式は，角加速度を $\dot{\omega}$ とすると，球（半径 r）の慣性モーメントは表 6.1 より $I_G = \frac{2Mr^2}{5}$ であるから，

$$rF' = \frac{2Mr^2}{5}\dot{\omega} \qquad ②$$

となる．また，球は斜面をすべることなくころがるから，つぎの関係が成り立つ．

$$a = r\dot{\omega} \qquad ③$$

②より　$F' = \frac{2Mr}{5}\dot{\omega}$

①に代入　$\frac{Mg}{2} - \frac{2Mr}{5}\dot{\omega} = Ma = Mr\dot{\omega}$

∴　角加速度　$\dot{\omega} = \frac{5}{14}\cdot\frac{g}{r} = \frac{5 \times 9.8}{14 \times 0.10} = 35\,\mathrm{rad/s^2}$

重心の加速度　$a = 0.10 \times 35 = 3.5\,\mathrm{m/s^2}$

3 s 後の速度は　$v = at$ より　$3.5 \times 3 = 10.5\,\mathrm{m/s}$

3 s 後の角速度は　$\omega = \dot{\omega}t$ より　$35 \times 3 = 105\,\mathrm{rad/s}$

6.7 回転体のつりあい

物体が固定軸のまわりに回転するとき，物体の各部分には軸に垂直で外向きの遠心力がはたらく．機械には回転運動する部分が非常に多く，この遠心力がつりあわないと，振動，騒音，摩耗の原因となり，破損などをまねくことにもなる．ここで，回転体のつりあいについて調べよう．

6.7.1 軸に垂直な同一平面上にある回転質量のつりあい

図 6.22 のように，平板がその平面に垂直な軸 O のまわりに回転している場合を考える．角速度は ω で，平板上の微小部分の質量を m_i，軸からこの微小部分までの距離を r_i とすれば，この微小部分には，大きさ $m_i r_i \omega^2$，軸に垂直で，軸から放射状の遠心力がはたらく．

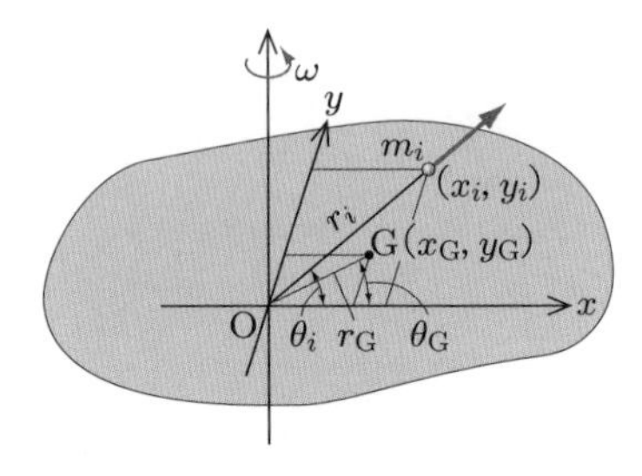

▶図 6.22　回転質量のつりあい

この平板上に，O を原点とする任意の直交座標軸 x，y をとり，この微小部分の座標を (x_i, y_i)，遠心力と x 軸とのなす角を θ_i とし，遠心力の合力を F，その x，y 成分を F_x，F_y とすれば，各微小部分の遠心力の作用線は原点 O で交わるから，つぎの関係が成り立つ．

$$F_x = \sum_i m_i r_i \omega^2 \cos\theta_i = \omega^2 \sum_i m_i x_i$$

$$F_y = \sum_i m_i r_i \omega^2 \sin\theta_i = \omega^2 \sum_i m_i y_i$$

つぎに，平板の重心 G の座標を (x_G, y_G)，原点から重心までの距離を r_G とすれば，

$$\sum_i m_i x_i = M x_G \qquad \sum_i m_i y_i = M y_G$$

が成り立つ．よって，力 F の x，y 成分はつぎのように書くことができる．

$$F_x = \omega^2 M x_G \qquad F_y = \omega^2 M y_G$$

したがって，遠心力の合力の大きさは，

$$F = \sqrt{F_x{}^2 + F_y{}^2} = M\omega^2 \sqrt{x_G{}^2 + y_G{}^2} = M\omega^2 r_G \tag{6.38}$$

となる．また，合力と x 軸とのなす角を θ，OG と x 軸とのなす角を θ_G とすると，その間にはつぎの関係が成り立つ．

$$\tan\theta = \frac{F_y}{F_x} = \frac{\omega^2 M y_G}{\omega^2 M x_G} = \frac{y_G}{x_G} = \tan\theta_G \tag{6.39}$$

式(6.38)，(6.39)から，遠心力の合力は全質量が重心に集まったと考えたときにはたらく遠心力と一致する．この力が 0 になるには，式(6.38)より，$r_G = 0$，すなわち

重心が原点にあればよい．このことは，軸がこの物体の重心を通るようにすれば，遠心力はつりあって軸にはどのような力もはたらかないことを示している．この例のように，軸が重心を通っているときは静的つりあい（static balance）にあるという．

6.7.2 軸に垂直な異なる平面上にある回転質量のつりあい

図 6.23 のように，軸を含む平面上に，軸から同じ距離の位置に大きさが等しい二つの回転質量があるとする．軸の中点 G に関して点対称になっているから，軸は重心 G を通ることになり，静的にはつりあっている．

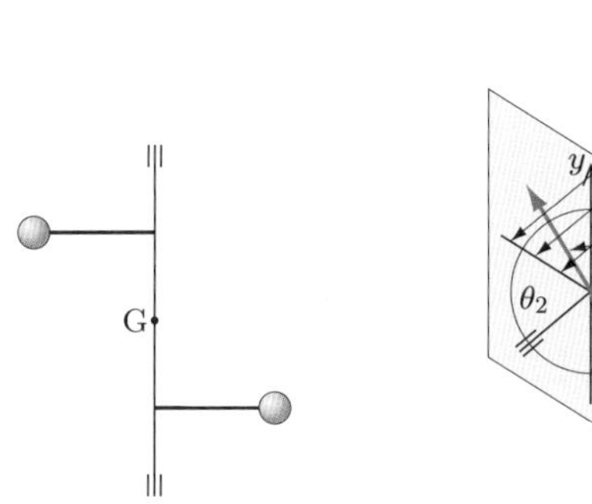

▶図 6.23　動的不つりあい

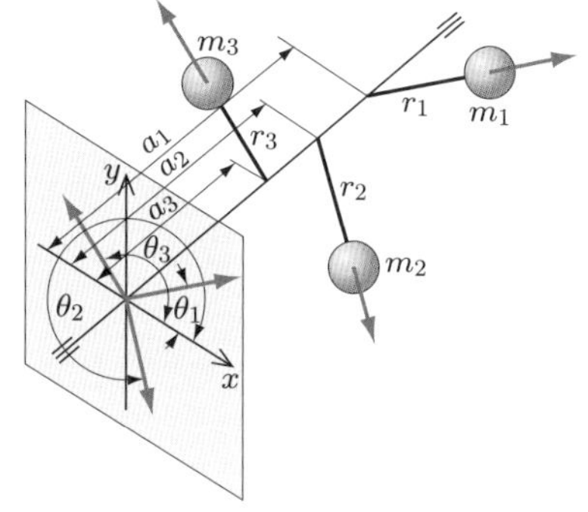

▶図 6.24　同一平面上にないときのつりあい

しかし，この場合，二つの回転質量にはたらく遠心力の合力は 0 であるが，偶力が残り，偶力のモーメントにより軸受に反力が生じ，反力の方向は回転につれて変わる．このような状態を動的不つりあいという．

したがって，動的つりあい（dynamic balance）をとるには，遠心力の合力が 0 であると同時に，偶力が残らないようにしなければならない．回転体は静的につりあうと同時に，動的につりあっている必要がある．

図 6.24 のように，回転質量 m_1，m_2，m_3 が同一平面上にないとき，軸までの距離をそれぞれ r_1，r_2，r_3 とする．このとき，回転軸に垂直な任意の平面を考え，この平面と回転軸との交点を原点とする直交座標軸をとり，この平面から各質量によって生じる遠心力の作用線までの距離をそれぞれ a_1，a_2，a_3 とする．

この原点に各遠心力の着力点を移動すれば，各遠心力は一つの力と一つの偶力に置き換えられる．このとき各遠心力と x 軸とのなす角をそれぞれ θ_1，θ_2，θ_3 とすると，遠心力の合力 F の x 成分 F_x，y 成分 F_y はつぎのように表される．

$$F_x = m_1 r_1 \omega^2 \cos\theta_1 + m_2 r_2 \omega^2 \cos\theta_2 + m_3 r_3 \omega^2 \cos\theta_3$$

$$F_y = m_1 r_1 \omega^2 \sin\theta_1 + m_2 r_2 \omega^2 \sin\theta_2 + m_3 r_3 \omega^2 \sin\theta_3$$

静的つりあいにあるためには，この F_x，F_y がともに 0 でなければならない．

つぎに，回転軸と x 軸を含む平面上での合成モーメントを N_y，回転軸と y 軸を含む平面上での合成モーメントを N_x とすると，それぞれつぎのように表される．

$$N_y = a_1 m_1 r_1 \omega^2 \cos\theta_1 + a_2 m_2 r_2 \omega^2 \cos\theta_2 + a_3 m_3 r_3 \omega^2 \cos\theta_3$$

$$N_x = a_1 m_1 r_1 \omega^2 \sin\theta_1 + a_2 m_2 r_2 \omega^2 \sin\theta_2 + a_3 m_3 r_3 \omega^2 \sin\theta_3$$

動的につりあうためには，この N_x，N_y がともに 0 でなければならない．

これらをまとめると，静的つりあいにあるための条件は，

$$F_x = \sum_i m_i r_i \omega^2 \cos\theta_i = 0 \qquad F_y = \sum_i m_i r_i \omega^2 \sin\theta_i = 0$$

であり，すなわち，

$$\sum_i m_i r_i \cos\theta_i = 0 \qquad \sum_i m_i r_i \sin\theta_i = 0 \tag{6.40}$$

である．また，動的つりあいにあるための条件は，つぎのとおりである．

$$N_y = \sum_i a_i m_i r_i \omega^2 \cos\theta_i = 0 \qquad N_x = \sum_i a_i m_i r_i \omega^2 \sin\theta_i = 0$$

$$\sum_i a_i m_i r_i \cos\theta_i = 0 \qquad \sum_i a_i m_i r_i \sin\theta_i = 0 \tag{6.41}$$

式(6.40)と式(6.41)が同時に成り立てば，完全つりあいの状態となり，軸にはどのような力もはたらかないことになる．

例題 6.7 軸に垂直な同一平面上に，**図 6.25** のような物体があり，軸のまわりを回転しているとき，つりあいの状態にするために質量 6 kg の物体をつけるとすると，どのような位置につければよいかを求めよ．

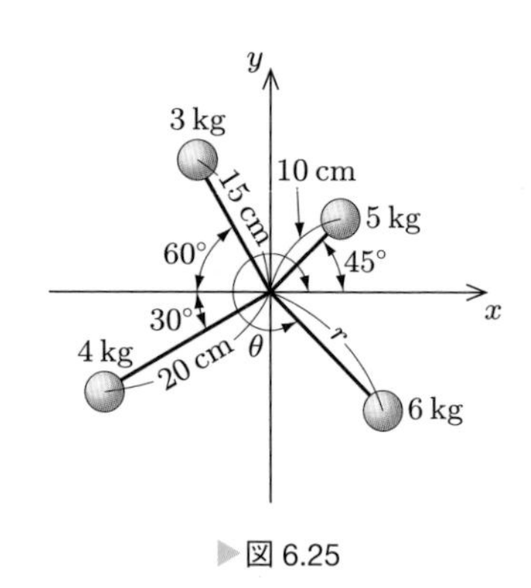

▶図 6.25

解答▶ 同一平面上にあるから，静的つりあいにあれば動的にもつりあう．したがって，式(6.40)が成り立てばよい．x 軸とのなす角を θ，軸からの距離を r とすると，つぎのように求められる．

$$\sum_i m_i r_i \cos\theta_i = 5 \times 10\cos 45^\circ + 3 \times 15\cos 120^\circ + 4 \times 20\cos 210^\circ + 6 \times r\cos\theta = 0$$

$$\sum_i m_i r_i \sin\theta_i = 5 \times 10\sin 45^\circ + 3 \times 15\sin 120^\circ + 4 \times 20\sin 210^\circ + 6 \times r\sin\theta = 0$$

$$25\sqrt{2} - 22.5 - 40\sqrt{3} + 6r\cos\theta = 0 \qquad \therefore\ r\cos\theta = 9.40$$

$$25\sqrt{2} + 22.5\sqrt{3} - 40 + 6r\sin\theta = 0 \qquad \therefore \quad r\sin\theta = -5.72$$

$$\therefore \quad r^2 = 121.1 \qquad r = 11.0$$

$$\tan\theta = \frac{r\sin\theta}{r\cos\theta} = -0.61 \qquad \therefore \quad \theta = -31.4^\circ$$

したがって，x 軸とのなす角 -31.4° の方向，軸より 11.0 cm の距離につければよい．

例題 6.8 **図 6.26** のように，軸に垂直な平面 α，β，γ，δ 上を軸からの距離が等しいところでつりあって回転する 4 個の回転質量がある．α 上の回転質量は 5 kg，β 上の回転質量は 3 kg で，その方向は 120° とするとき，γ，δ 上の回転質量 M_1，M_2 とその方向 θ_1，θ_2 を求めよ．

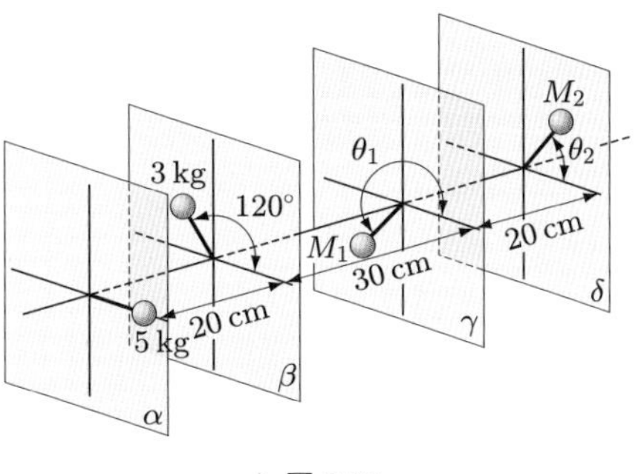

▶図 6.26

解答▶ 異なる平面にある回転質量のつりあいであるから，静的と同時に動的にもつりあっていなければならない．各質量の軸からの距離は等しいから，式(6.40)，(6.41)より $\sum_i M_i\cos\theta_i = 0$, $\sum_i M_i\sin\theta_i = 0$,　$\sum_i a_i M_i\cos\theta_i = 0$,　$\sum_i a_i M_i\sin\theta_i = 0$ が成り立たなければならない．よって，

$$5\cos 0^\circ + 3\cos 120^\circ + M_1\cos\theta_1 + M_2\cos\theta_2 = 0 \qquad ①$$

$$5\sin 0^\circ + 3\sin 120^\circ + M_1\sin\theta_1 + M_2\sin\theta_2 = 0 \qquad ②$$

$$20 \times 3\cos 120^\circ + 50M_1\cos\theta_1 + 70M_2\cos\theta_2 = 0 \qquad ③$$

$$20 \times 3\sin 120^\circ + 50M_1\sin\theta_1 + 70M_2\sin\theta_2 = 0 \qquad ④$$

となる．①と③より，

$$M_1\cos\theta_1 = -13.8 \qquad M_2\cos\theta_2 = 10.3 \qquad ⑤$$

②と④より，

$$M_1\sin\theta_1 = -6.5 \qquad M_2\sin\theta_2 = 3.9 \qquad ⑥$$

⑤と⑥より，

$$M_1 = \sqrt{(M_1\cos\theta_1)^2 + (M_1\sin\theta_1)^2} = \sqrt{(-13.8)^2 + (-6.5)^2} = 15.3$$

$$M_2 = \sqrt{(M_2\cos\theta_2)^2 + (M_2\sin\theta_2)^2} = \sqrt{(10.3)^2 + (3.9)^2} = 11.0$$

$$\tan\theta_1 = \frac{M_1\sin\theta_1}{M_1\cos\theta_1} = \frac{-6.5}{-13.8} = 0.47 \qquad \therefore \quad \theta_1 = 205.2^\circ$$

$$\tan\theta_2 = \frac{M_2\sin\theta_2}{M_2\cos\theta_2} = \frac{3.9}{10.3} = 0.38 \qquad \therefore \quad \theta_2 = 20.8^\circ$$

となる．したがって，$M_1 = 15.3\,\mathrm{kg}$，$M_2 = 11.0\,\mathrm{kg}$，$\theta_1 = 205.2°$，$\theta_2 = 20.8°$ となる．

演習問題

6.1 回転半径 50 cm，質量 800 kg のはずみ車の慣性モーメントを求めよ．

6.2 直径 20 cm，質量 10 kg の球の直径を軸とする慣性モーメントを求めよ．

6.3 外径 20 cm，内径 15 cm，質量 4 kg の中空の球の直径を軸とする慣性モーメントと回転半径を求めよ．

6.4 **図 6.27** のようなクランク軸の XX′ のまわりの慣性モーメントを求めよ．ただし，密度は 7800 kg/m^3 とする．

6.5 **図 6.28** のような，薄い板の x 軸，y 軸のまわりの断面二次モーメントを求めよ．ただし，G はこの板の重心とする．

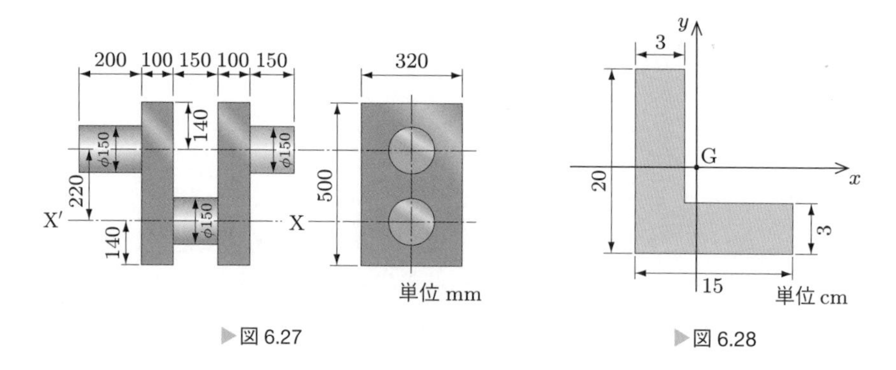

▶図 6.27　▶図 6.28

6.6 **図 6.29** のような物体が軸 XX′ に垂直な軸のまわりに回転する．慣性モーメントが最小となる軸の位置と，そのときの慣性モーメントの値を求めよ．また，この軸の位置は重心と一致することを示せ．ただし，この物体の密度は 7800 kg/m^3 とする．

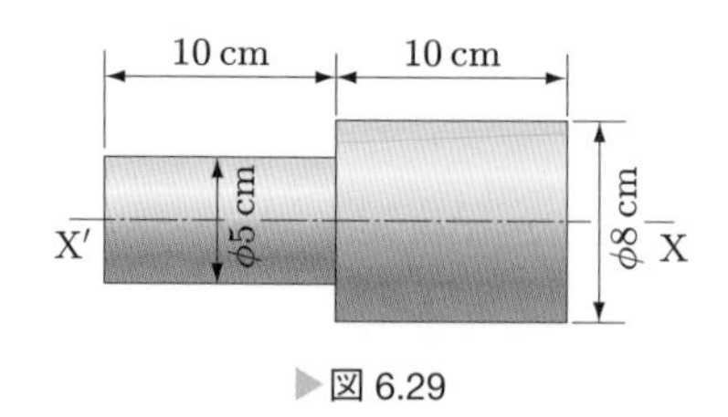

▶図 6.29

6.7 300 N·m のトルクを発生する発動機が始動後 15 s 間に 200 rpm になった．このとき発動機の回転部分の慣性モーメントを求めよ．

6.8 質量 300 kg，回転半径 50 cm の回転体が，10 s 間に回転速度が 100 rpm から 300 rpm になった．このとき加えられたトルクを求めよ．

6.9　60 kg·m² の大きさの慣性モーメントをもつはずみ車に 100 N·m のトルクを加えたとき，10 s 後の回転速度を求めよ．

6.10　**図 6.30** に示す 2 個のベルト車 A，B の半径を R_A，R_B，慣性モーメントを I_A，I_B とする．この A，B にベルトをかけて，A に T の大きさのトルクを加えたとき，B の角加速度を求めよ．また，ベルトの張力の差 $T_2 - T_1$ を求めよ．

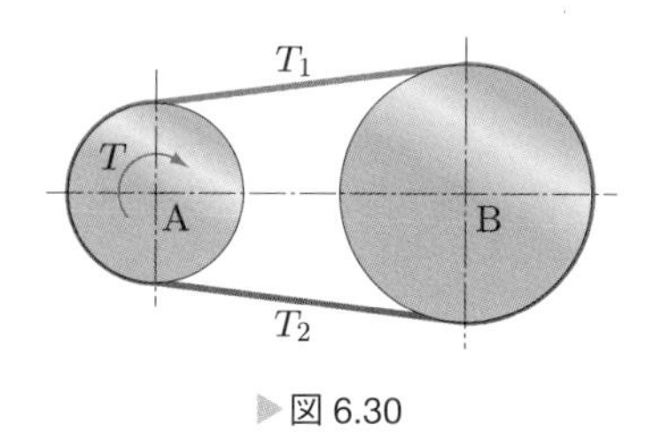

▶図 6.30

6.11　傾斜角 20° の斜面を直径 50 cm，質量 300 kg の円柱が静止の状態からすべることなくころがり落ちるとき，10 s 間にころがる距離を求めよ．

6.12　**図 6.31** のように，質量 M，半径 r の円柱に巻かれた糸の端に水平力 $\boldsymbol{F}$ を加えて糸を引っ張るとき，この円柱がすべることなくころがるとする．このときの中心 O の加速度を求めよ（ヒント：摩擦力 $\boldsymbol{F}'$ が円柱と床の間にはたらくとして考えよ）．

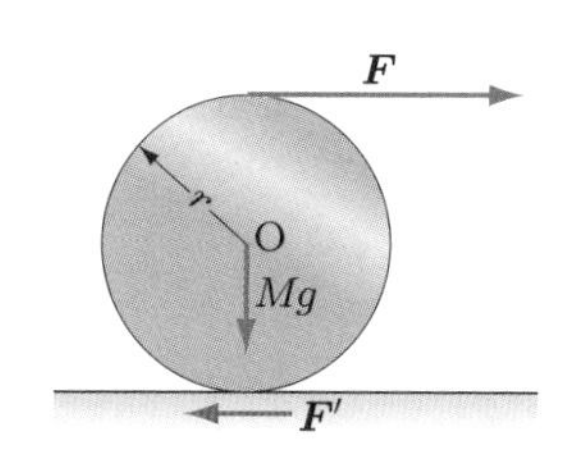

▶図 6.31

6.13　3 個の回転質量 M_1，M_2，M_3 はそれぞれ 8 kg，6 kg，12 kg で，軸に垂直な同一平面上に軸からの距離を 10 cm，8 cm，6 cm のところで回転している．M_1 からの M_2，M_3 への角を 90°，210° とするとき，これとつりあわせるために M_4 の回転質量を軸から 12 cm のところにつけるとすると，その大きさと M_1 からの角を求めよ．

COLLISION

衝　突　第7章

7.1 運動量と力積

7.1.1 運動量

図7.1(a)のように，質量 m の物体が速度 v_0 で運動している．この物体に一定の力 F を時間 t だけはたらかせてとめる場合を考えよう．一定の力 F がはたらくから等加速度運動であり，その加速度はつぎのようになる．

$$a = \frac{0 - v_0}{t} = -\frac{v_0}{t}$$

また，運動の第二法則により，運動方程式はつぎのように書ける．

$$F = ma = m\left(-\frac{v_0}{t}\right) = -\frac{1}{t}(mv_0) \tag{7.1}$$

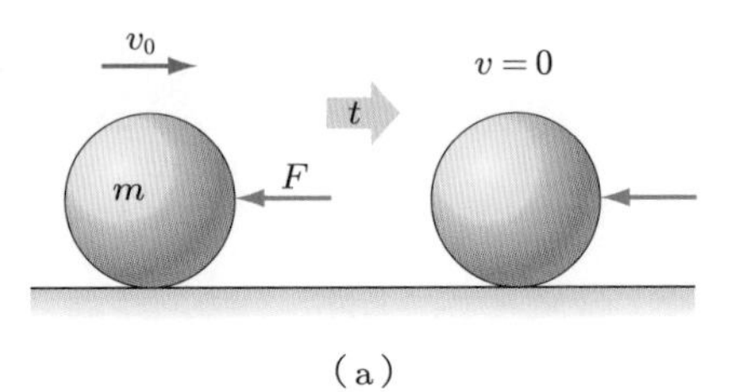

(a)

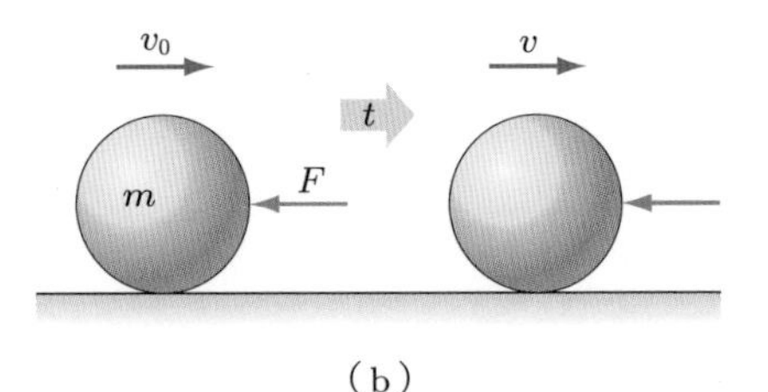

(b)

▶図7.1　運動量

すなわち，運動している方向と反対の方向に $\dfrac{mv_0}{t}$ の力をはたらかせると，この物体は時間 t でとまる．ここで，はたらかせる時間 t を一定とすると，この力の大きさは mv_0 に比例する．すなわち，物体の質量が大きいほど，また速度が大きいほどとめにくいことを表している．この質量と速度との積 mv を，運動のはげしさを表す量として運動量（momentum）という．つぎに，速度 v_0 で運動している質量 m の物体に，一定の力 F が時間 t だけはたらいて，速度が v になったとする（図(b)）．このときの加速度は，

$$a = \frac{v - v_0}{t}$$

で与えられ，また，運動の第二法則より，

$$F = ma = m\left(\frac{v - v_0}{t}\right) = \frac{1}{t}(mv - mv_0) \tag{7.2}$$

が得られる．したがって，運動の第二法則は，**運動量の時間的変化の割合は作用した力に等しい**ということができる．

7.1.2 力　積

一定の力 F が，速度 v_0 で動いている質量 m の物体に時間 t だけ作用したとき，速度が v になったとする．このとき，式(7.2)が成り立つが，この式を変形することで，

$$Ft = mv - mv_0 \tag{7.3}$$

が得られる．ここで，この式の Ft を**力積**（impulse）という．時間的に変化する力 F が時刻 t_1 から t_2 まではたらいたときの力積は，つぎのように表される．

$$\int_{t_1}^{t_2} F\,\mathrm{d}t \tag{7.4}$$

ここで，時刻 t_1，t_2 のときの速度を v_1，v_2 とすると，運動方程式

$$F = ma = m\frac{\mathrm{d}v}{\mathrm{d}t}$$

を積分して，つぎの式が得られる．

$$\int_{t_1}^{t_2} F\,\mathrm{d}t = \int_{t_1}^{t_2} m\frac{\mathrm{d}v}{\mathrm{d}t}\,\mathrm{d}t = m(v_2 - v_1) \tag{7.5}$$

いずれにしても，運動量の変化はその間に作用した力積に等しいということができる．ここで，運動量の変化を一定にすると力の大きさ F と t とは反比例し，時間が短いほど大きな力が必要となる．瞬間的に作用するきわめて大きな力を**衝撃力**（impulsive force）という．

たとえば，物体が衝突する場合，運動している物体が突然とまるから，短時間に運動量の変化を生じ，そのため物体に非常に大きな力がはたらく．これを防ぐには，なるべく長い時間をかけて運動量の変化をさせるようにすればよい．これを**緩衝**（buffer）という．自動車のタイヤ，荷造りの箱のなかに入れるクッションなどは緩衝のはたらきをする．逆にハンマなどは，この衝撃力を利用し，大きな力を瞬間的に得て，物体の加工などを行っている．

例題 7.1　質量 500 kg のおもりを落としてくいを打ち込むとき，おもりがくいに当たるときの速さが 10 m/s で，当たってから静止するまでに 0.4 s かかった．くいの受けた力を求めよ．

解答▶　$Ft = m(v - v_0)$ に，$v_0 = 10\,\mathrm{m/s}$，$v = 0\,\mathrm{m/s}$，$m = 500\,\mathrm{kg}$，$t = 0.4\,\mathrm{s}$ を代入する．

$$0.4F = 500 \times (-10) \qquad \therefore \quad F = -12500\,\mathrm{N}$$

したがって，くいは反作用として，その進行方向に 12.5 kN の大きさの力を受ける．

7.2 角運動量

角速度 ω_0 で回転している慣性モーメント I の物体に，大きさ一定のトルク N を時間 t だけはたらかせて，回転をとめる場合を調べよう．一定のトルクがはたらいているから，角加速度は一定であり，その大きさはつぎのようになる．

$$\dot{\omega} = -\frac{\omega_0}{t}$$

よって，角運動方程式はつぎのように表される．

$$N = I\left(-\frac{\omega_0}{t}\right) = -\frac{1}{t}(I\omega_0) \tag{7.6}$$

ここで，時間を一定にとると，とめるために必要なトルクは，この物体の慣性モーメント I と角速度 ω_0 の積に比例している．したがって，ある物体が回転運動をしているとき，その物体の回転軸まわりの慣性モーメント I と角速度 ω との積は回転運動のはげしさを表す量である．これを**角運動量**（angular momentum）といい，L で表すとつぎのようになる．

$$L = I\omega \tag{7.7}$$

質量 m の物体が軸からの距離 r で軸のまわりに角速度 ω で回転運動をしているときは，この物体のこの軸のまわりの慣性モーメントは mr^2 であるから，角運動量は $mr^2\omega$ となる．

ところが，この物体の周速は $v = r\omega$ であるから，角運動量は mvr となる．ここで，mv はこの物体の運動量であるから，角運動量は運動量のモーメントとも考えられる．

角速度 ω_0 で回転運動をしている物体に，一定のトルク N が時間 t だけはたらいて，角速度が ω になったとする．このときの角加速度 $\dot{\omega}$ は，

$$\dot{\omega} = \frac{\omega - \omega_0}{t}$$

であるから，角運動方程式よりつぎの式が成り立つ．

$$N = I\dot{\omega} = I\frac{\omega - \omega_0}{t} = \frac{1}{t}(I\omega - I\omega_0) \tag{7.8}$$

すなわち，**角運動量の時間的変化の割合は作用したトルクに等しい**．

ここで，式(7.8)を変形すると，

$$Nt = I\omega - I\omega_0 \tag{7.9}$$

が得られる．これは力積の式(7.3)に対応する式で，Nt のことを**角衝撃量（力積モーメント）**という．また，トルク N が時間によって変化する場合，トルクが時刻 t_1 から t_2 まではたらいたときの角衝撃量 Nt は，つぎのように表される．

$$Nt = \int_{t_1}^{t_2} N\,\mathrm{d}t \tag{7.10}$$

ここで，時刻 t_1，t_2 のときの角速度をそれぞれ ω_1，ω_2 とすると，式(7.10)はつぎのようになる．

$$\int_{t_1}^{t_2} N\,\mathrm{d}t = \int_{t_1}^{t_2} I\dot{\omega}\,\mathrm{d}t = \int_{t_1}^{t_2} I\frac{\mathrm{d}\omega}{\mathrm{d}t}\,\mathrm{d}t = I\omega_2 - I\omega_1 \tag{7.11}$$

例題 7.2 300 rpm で回転しているはずみ車に一定のトルクを与えて，30 s で停止させるのに必要なトルクを求めよ．ただし，はずみ車の慣性モーメントは 150 kg·m^2 とする．

解答▶ 式(7.9)より，$Nt = I\omega - I\omega_0$ が成り立つ．

ここで，$\omega = 0$，$\omega_0 = \dfrac{300 \times 2\pi}{60} = 10\pi$ rad/s，$I = 150$ kg·m^2，$t = 30$ s を代入すると，

$$30N = -150 \times 10\pi \qquad \therefore \quad N = -157 \text{ N·m}$$

となる．したがって，回転方向と反対の方向に 157 N·m のトルクを加えればよい．

7.3 運動量保存の法則

図 7.2 のように，質量 m_1，m_2 の物体 A，B がそれぞれ v_1，v_2 の速度で同一方向に運動しており，時間 t の間 A が B に力 F を加え，A，B の速度が v_1'，v_2' に変化したとする．このとき，B は反作用として A に $-F$ の力を時間 t の間加えたことになる．したがって，式(7.3)よりつぎのように書くことができる．

物体 A：　$-Ft = m_1v_1' - m_1v_1$

物体 B：　$Ft = m_2v_2' - m_2v_2$

この両式を加えると，つぎの式が得られる．

$$0 = m_1v_1' - m_1v_1 + m_2v_2' - m_2v_2$$

$$\therefore \quad m_1v_1 + m_2v_2 = m_1v_1' + m_2v_2' \tag{7.12}$$

これを**運動量保存の法則**という．

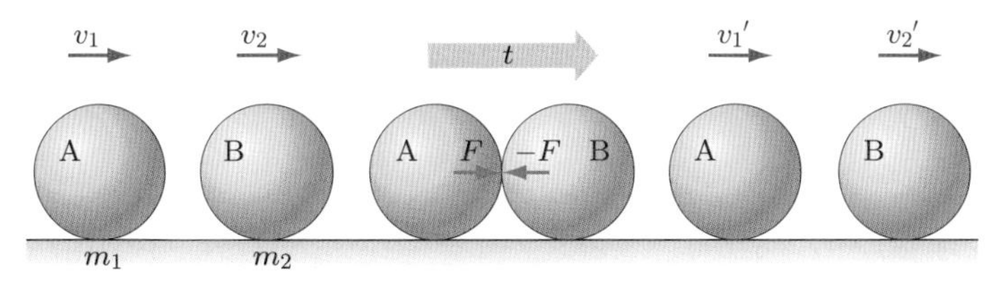

▶図 7.2　運動量保存の法則

運動量保存の法則

二つの物体が互いに力を作用しあって速度が変わっても，二つの物体の運動量の和はその作用の前後において変わらない．

これは物体に外力の作用がなく，互いに作用しあう力だけで運動するときにつねに成り立つ．また，この法則は，2 物体が同一方向に運動していない場合にも成り立つ．このときは，

$$\boldsymbol{m_1 v_1} + \boldsymbol{m_2 v_2} = \boldsymbol{m_1 v_1}' + \boldsymbol{m_2 v_2}' \tag{7.13}$$

と，ベクトルで表せばよい．また，二つ以上の物体についても成り立つ．すなわち，つぎのように表すことができる．

$$\boldsymbol{m_1 v_1} + \boldsymbol{m_2 v_2} + \boldsymbol{m_3 v_3} + \cdots = \boldsymbol{m_1 v_1}' + \boldsymbol{m_2 v_2}' + \boldsymbol{m_3 v_3}' + \cdots \tag{7.14}$$

つぎに，固定軸のまわりに回転する物体に作用する力のモーメントが 0 であれば，回転体の運動方程式より，

$$I\dot{\omega} = 0$$

が成り立ち，この式を時間 t で積分すると，

$$I\omega = 一定 \tag{7.15}$$

となる．$I\omega$ はこの物体の角運動量であり，これは**角運動量保存の法則**を表す．

角運動量保存の法則

物体に外から力がはたらいていないか，はたらいていても外力のモーメントの和が 0 であれば，その角運動量は一定に保たれる．

例題 7.3　質量 400 kg のハンマを高さ 5 m の位置から落下させて，質量 150 kg のくいを 20 cm 打ち込んだ．このときの地面の抵抗力を求めよ．

解答▶　ハンマが 5 m 落下してくいに当たるときの速度 v_1 は，つぎのように計算できる．

$$v_1 = \sqrt{2g \times 5} = \sqrt{98}\ \mathrm{m/s}$$

ハンマはくいに当たったのち，くいと一体となって進む．このときの速度を v_1' とすれば，運動量の変化はないから，つぎのように求めることができる．

$$400\sqrt{98} = (400 + 150)\, v_1' \qquad \therefore\ v_1' = \frac{400}{550}\sqrt{98} = \frac{8}{11}\sqrt{98} = 7.2\ \mathrm{m/s}$$

この速度が 20 cm 進んで 0 になったのであるから，このときの加速度を a とすると，

$$0-(v_1')^2=2as \qquad s=0.2\,\mathrm{m}$$

$$\therefore\ -\left(\frac{8}{11}\sqrt{98}\right)^2=2a\times 0.2 \qquad a=-\frac{1}{0.4}\left(\frac{8}{11}\sqrt{98}\right)^2\,\mathrm{m/s^2}$$

となる．したがって，この加速度を生じさせる力を F とすると，つぎのようになる．

$$F=550\,a=550\left\{-\frac{1}{0.4}\left(\frac{8}{11}\sqrt{98}\right)^2\right\}=-71.3\times 10^3\,\mathrm{N}$$

これにはハンマとくいにはたらいている重力 $(400+150)\times 9.8=5.39\times 10^3\,\mathrm{N}$ が含まれているから，地面の抵抗力は $71.3\times 10^3+5.39\times 10^3=77\times 10^3\,\mathrm{N}$ となり，くいには 77 kN の抵抗力がはたらく．

例題 7.4 **図 7.3** のように，静止状態にある円板 A に，角速度 ω_B で回転している円板 B がクラッチで連結された．連結後の両円板の角速度を求めよ．ただし，A, B の慣性モーメントをそれぞれ I_A, I_B とする．

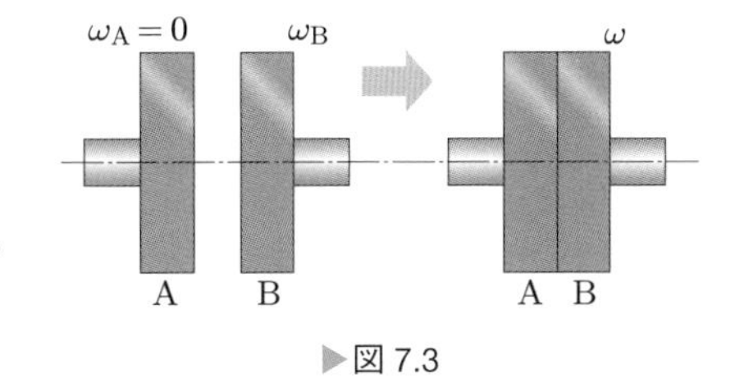

▶図 7.3

角運動量保存の法則により，連結後の角速度 ω はつぎのようになる．

$$I_B\omega_B=(I_A+I_B)\omega \qquad \therefore\ \omega=\frac{I_B\omega_B}{I_A+I_B}$$

7.4 衝　突

7.4.1 向心衝突

2 物体が衝突（collision）するとき，作用する力の作用線が 2 物体の重心を通る場合，これを向心衝突という．一直線上を運動している 2 球の衝突はこれにあたる．

図 7.4 のように，質量 m_1, m_2 の 2 球がそれぞれ速度 v_1, v_2 で運動していて，これが衝突後に速度が v_1', v_2' になったとする．このとき，運動量保存の法則より，つぎの式が成り立つ．

$$m_1v_1+m_2v_2=m_1v_1'+m_2v_2' \tag{7.16}$$

v_1-v_2 はこの 2 球が衝突前に接近していた速度で，これを接近速度といい，$v_2'-v_1'$ は衝突後この 2 球が分離していく速度で，これを分離速度という．この分離速度と接近速度との比を

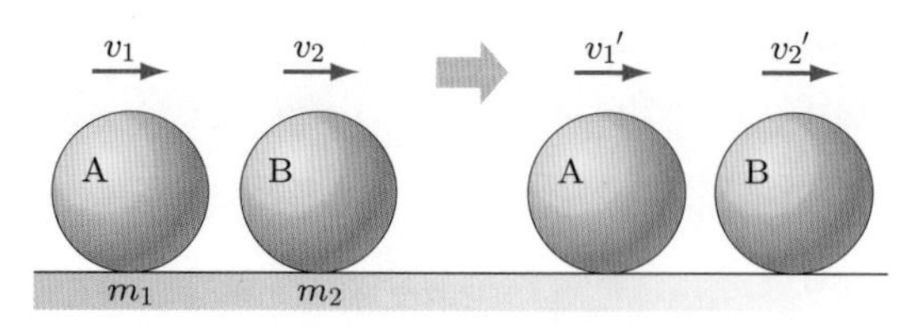

▶図 7.4　向心衝突

$$\frac{v_2' - v_1'}{v_1 - v_2} = e \tag{7.17}$$

とすれば，この e の値は 2 球の材質によって定まる定数である．この e の値を**はねかえりの係数**または**反発係数**（coefficient of restitution）という．$e=1$ の衝突を**完全弾性衝突**，$e=0$ の衝突を**完全塑性衝突**という．普通の物体では**表 7.1** に示すように $0<e<1$ の値をとる．そして，このような場合を**非弾性衝突**という．

▶表 7.1　はねかえりの係数

材質	e	材質	e
ガラスとガラス	0.95	木と木	0.50
鋳鉄と鋳鉄	0.65	黄銅と黄銅	0.35
鋼と鋼	0.55	鉛と鉛	0.20
コルクとコルク	0.55		

式(7.16)，(7.17)より，衝突後の速度 v_1'，v_2' はつぎのように表される．

$$\left.\begin{aligned} v_1' &= v_1 - \frac{m_2}{m_1+m_2}(1+e)(v_1-v_2) \\ v_2' &= v_2 + \frac{m_1}{m_1+m_2}(1+e)(v_1-v_2) \end{aligned}\right\} \tag{7.18}$$

m_2 が m_1 に比べて非常に大きく，$v_2=0$ のとき，すなわち静止している質量の大きな物体に衝突するとき（たとえば，球を床に落とした場合），$m_2=\infty$ と考えると，

$$\left.\begin{aligned} v_1' &= v_1 - \frac{1}{(m_1/m_2)+1}(1+e)(v_1-0) = -ev_1 \\ v_2' &= 0 + \frac{m_1/m_2}{(m_1/m_2)+1}(1+e)(v_1-0) = 0 \end{aligned}\right\} \tag{7.19}$$

となり，球は e 倍の速さではね返る．また，質量の等しい 2 球が完全弾性衝突をするとき，$m_1=m_2$，$e=1$ として式(7.18)に代入すると，

$$v_1' = v_2 \qquad v_2' = v_1$$

となり，速度を交換することがわかる．

例題 7.5 **図 7.5** のように，質量 3 kg の鋼球が速度 6 m/s で運動し，同じ方向に速度 3 m/s で運動している質量 5 kg の鋼球に衝突した．この 2 球の衝突後の速度を求めよ．ただし，はねかえりの係数を $e = 0.55$ とする．

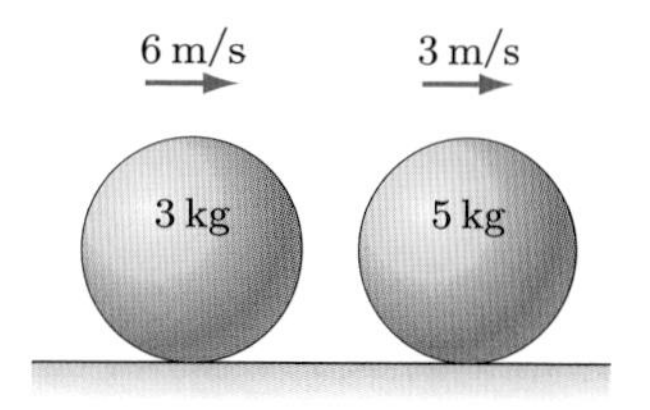

▶図 7.5

解答▶ $m_1 = 3$ kg，$v_1 = 6$ m/s，$m_2 = 5$ kg，$v_2 = 3$ m/s，$e = 0.55$ であるから，衝突後の m_1，m_2 の速度をそれぞれ v_1'，v_2' とすると，式(7.18)よりつぎのように計算される．

$$v_1' = 6 - \frac{5}{3+5}(1 + 0.55)(6 - 3) = 3.1 \text{ m/s}$$

$$v_2' = 3 + \frac{3}{3+5}(1 + 0.55)(6 - 3) = 4.7 \text{ m/s}$$

したがって，衝突後 3 kg の球は 3.1 m/s，5 kg の球は 4.7 m/s の速さで，衝突前と同じ方向に運動する．

例題 7.6 ゴム球を高さ 3 m のところから水平な床の上に落としたら，2 m はね上がった．ゴム球と床との間のはねかえりの係数を求めよ．

解答▶ ゴム球の衝突前の速度は 3 m の自然落下をしたときの速度であるから，その速度 v_1 はつぎのようになる．

$$v_1 = \sqrt{2g \times 3} \text{ m/s}$$

また，衝突後の速度を v_1' とすると，鉛直上方に 2 m の高さまで上がる速度なのでつぎのようになる．

$$v_1' = -\sqrt{2g \times 2} \text{ m/s}$$

これらを用いて，式(7.19)よりつぎのように求められる．

$$v_1' = -ev_1 \qquad \therefore \quad e = -\frac{v_1'}{v_1} = \frac{\sqrt{2g \times 2}}{\sqrt{2g \times 3}} = \sqrt{\frac{2}{3}} = 0.82$$

したがって，ゴム球と床との間のはねかえりの係数は 0.82 である．

7.4.2 斜めの衝突

衝突前の 2 球の速度の方向が 2 球の中心線上にない衝突を**斜めの衝突**という．このとき，2 球の接触面に摩擦がはたらかないとすると，接触面の接線方向の力は作用しないから，衝突するとき作用する力の作用線は 2 球の中心，すなわち重心を通る．したがって，接線方向の速度成分は衝突の前後において変化しない．一方，2球の中心線方向の速度成分は変化し，その値は向心衝突として求めればよい．

図7.6のように，質量 m_1，m_2 の2球が斜めの衝突をし，速度 v_1，v_2 がそれぞれ v_1'，v_2' になったとする．中心線を x 軸にとり，速度が x 軸となす角度をそれぞれ α_1，α_2，α_1'，α_2' とする．このとき，x 軸に垂直な方向の速度成分は変化しないから，つぎの関係が成り立つ．

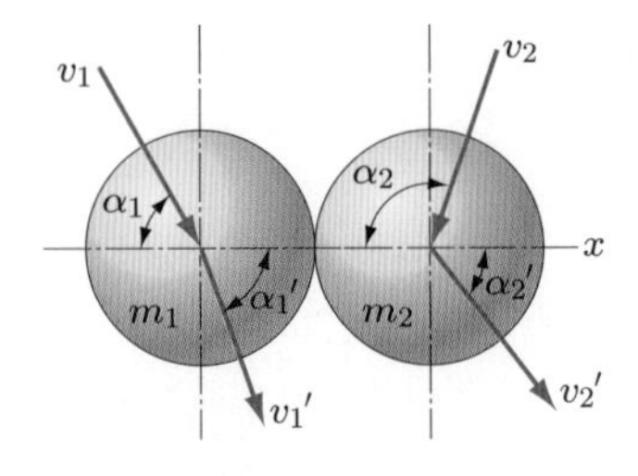

▶図7.6　斜めの衝突

$$\left.\begin{aligned} v_1'\sin\alpha_1' &= v_1\sin\alpha_1 \\ v_2'\sin\alpha_2' &= v_2\sin\alpha_2 \end{aligned}\right\} \tag{7.20}$$

一方，x 方向の速度成分については，この2球のはねかえりの係数を e とすると，向心衝突のときの式(7.18)より，つぎのようになる．

$$\left.\begin{aligned} v_1'\cos\alpha_1' &= v_1\cos\alpha_1 - \frac{m_2}{m_1+m_2}(1+e)(v_1\cos\alpha_1 - v_2\cos\alpha_2) \\ v_2'\cos\alpha_2' &= v_2\cos\alpha_2 + \frac{m_1}{m_1+m_2}(1+e)(v_1\cos\alpha_1 - v_2\cos\alpha_2) \end{aligned}\right\} \tag{7.21}$$

式(7.20)，(7.21)より求めた $v_1'\sin\alpha_1'$，$v_1'\cos\alpha_1'$，$v_2'\sin\alpha_2'$，$v_2'\cos\alpha_2'$ を用いて，衝突後の速度 v_1'，v_2' の大きさはつぎのように表される．

$$\left.\begin{aligned} v_1' &= \sqrt{(v_1'\sin\alpha_1')^2 + (v_1'\cos\alpha_1')^2} \\ v_2' &= \sqrt{(v_2'\sin\alpha_2')^2 + (v_2'\cos\alpha_2')^2} \end{aligned}\right\} \tag{7.22}$$

また，その方向 α_1'，α_2' はつぎの式から求めることができる．

$$\tan\alpha_1' = \frac{v_1'\sin\alpha_1'}{v_1'\cos\alpha_1'} \qquad \tan\alpha_2' = \frac{v_2'\sin\alpha_2'}{v_2'\cos\alpha_2'} \tag{7.23}$$

式(7.22)，(7.23)より衝突後のそれぞれの速度がわかる．

図7.7のように，床に質量 m_1 の球が速度 v_1 で斜めに衝突し，速度が v_1' になったとする．式(7.20)と(7.21)において，$v_2=0$，$m_2=\infty$ とおくと，

$$v_1'\cos\alpha_1' = -ev_1\cos\alpha_1$$

となり，衝突後の速度の大きさと方向は，つぎのように求められる．

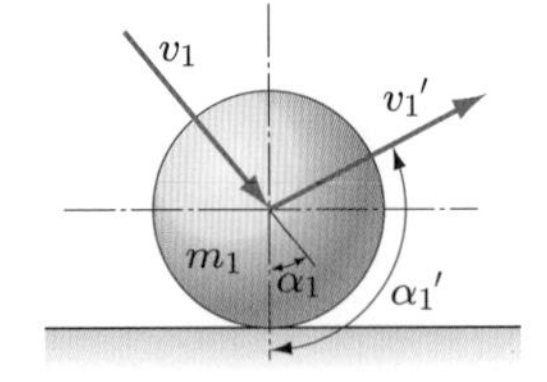

▶図7.7　球のはねかえり

$$v_1' = \sqrt{(v_1\sin\alpha_1)^2 + (ev_1\cos\alpha_1)^2} = v_1\sqrt{\sin^2\alpha_1 + e^2\cos^2\alpha_1} \tag{7.24}$$

$$\tan\alpha_1' = -\frac{v_1\sin\alpha_1}{ev_1\cos\alpha_1} = -\frac{1}{e}\tan\alpha_1 \tag{7.25}$$

例題 7.7 **図 7.8** のように 2 球 A, B が斜めに衝突した．両球の間のはねかえりの係数を $e = 0.80$ とするとき，衝突後の両球の速度を求めよ．

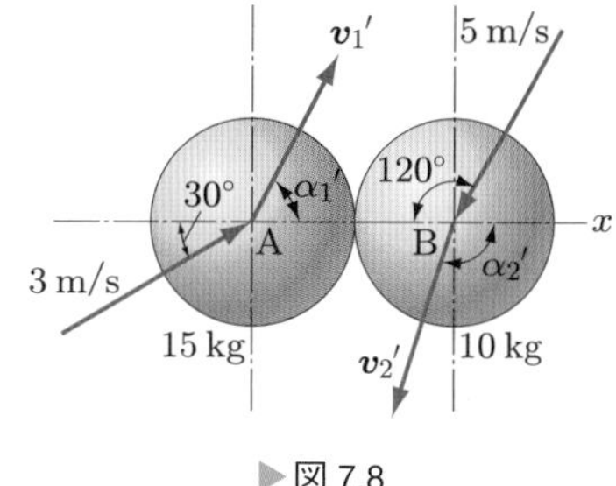

▶図 7.8

解答▶ 衝突後の 2 球の速さを v_1'，v_2'，速度が中心線（x 軸）となす角度をそれぞれ α_1'，α_2' とする．衝突前後において，x 軸に垂直な方向の速度成分は変化しないから，

$$v_1' \sin \alpha_1' = 3 \sin 30° = 1.50 \text{ m/s}$$
$$v_2' \sin \alpha_2' = 5 \sin 120° = 4.33 \text{ m/s}$$

となる．また，x 方向の速度成分については式(7.18)よりつぎのようになる．

$$v_1' \cos \alpha_1' = 3 \cos 30° - \frac{10}{15 + 10}(1 + 0.80)(3 \cos 30° - 5 \cos 120°)$$
$$= -1.07 \text{ m/s}$$

$$v_2' \cos \alpha_2' = 5 \cos 120° + \frac{15}{15 + 10}(1 + 0.80)(3 \cos 30° - 5 \cos 120°)$$
$$= 3.01 \text{ m/s}$$

$$v_1' = \sqrt{(v_1' \sin \alpha_1')^2 + (v_1' \cos \alpha_1')^2} = \sqrt{(1.50)^2 + (-1.07)^2} = 1.8 \text{ m/s}$$
$$v_2' = \sqrt{(v_2' \sin \alpha_2')^2 + (v_2' \cos \alpha_2')^2} = \sqrt{(4.33)^2 + (3.01)^2} = 5.3 \text{ m/s}$$

$$\tan \alpha_1' = \frac{v_1' \sin \alpha_1'}{v_1' \cos \alpha_1'} = \frac{1.50}{-1.07} = -1.40 \qquad \therefore \quad \alpha_1' = 125.5°$$

$$\tan \alpha_2' = \frac{v_2' \sin \alpha_2'}{v_2' \cos \alpha_2'} = \frac{4.33}{3.01} = 1.44 \qquad \therefore \quad \alpha_2' = 55.3°$$

球 A は速さ 1.8 m/s，方向は $\alpha_1' = 125.5°$，球 B は速さ 5.3 m/s，方向は $\alpha_2' = 55.3°$ である．

例題 7.8 **図 7.9** のように，質量 10 kg の球が床に斜めに衝突した．はねかえりの係数を $e = 0.75$ として，衝突後の速度を求めよ．

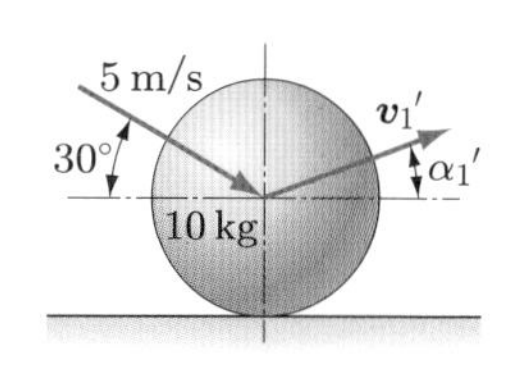

▶図 7.9

解答▶ 衝突後の速さを v_1'，その水平方向となす角度を α_1' とする．水平方向の速度成分は変化しないから，つぎのように求められる．

$$v_1' \cos \alpha_1' = 5 \cos 30° = 4.33\ \mathrm{m/s}$$

また，鉛直方向の速度成分はつぎのようになる．

$$v_1' \sin \alpha_1' = 0.75 \times 5 \sin 30° = 1.88\ \mathrm{m/s}$$

よって，

$$v_1' = \sqrt{(v_1' \cos \alpha_1')^2 + (v_1' \sin \alpha_1')^2} = \sqrt{(4.33)^2 + (1.88)^2} = 4.7\ \mathrm{m/s}$$

$$\tan \alpha_1' = \frac{1.88}{4.33} = 0.43 \qquad \therefore \quad \alpha_1' = 23.3°$$

となる．したがって衝突後の速さは 4.7 m/s，方向は $\alpha_1' = 23.3°$ である．

7.4.3 偏心衝突

2 物体の衝突において作用する力の作用線が 2 物体の重心を通らないとき，このような衝突を**偏心衝突**という．この場合，力の作用線が重心を通らないから，物体はこれまでに述べた衝突とは異なり，回転運動をともなう．

図 7.10 のように，速度 v_1 で運動している質量 m_1 の球が，静止している質量 m_2，重心のまわりの慣性モーメント $I_G = m_2 k_G{}^2$ の棒に，重心 G から距離 a の点 P で垂直に衝突したとする．

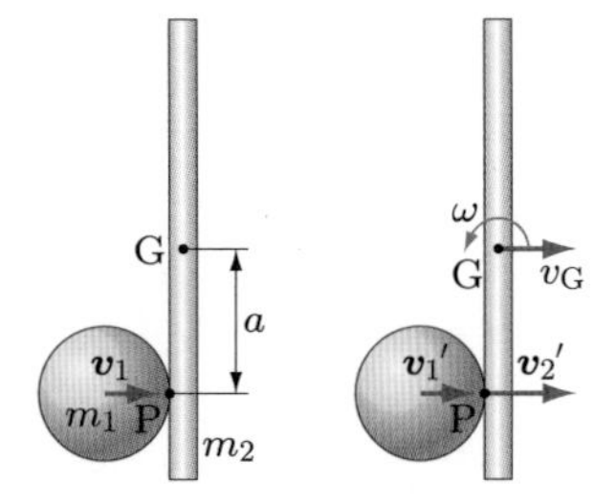

▶図 7.10　棒と球の偏心衝突

衝突したときに棒にはたらいた力積を S，衝突後の球の速度を v_1'，棒の重心 G の速度を v_G，重心のまわりの角速度を ω とする．球に対する運動量の変化より，つぎの式が成り立つ．

$$-S = m_1 v_1' - m_1 v_1 \tag{7.26}$$

棒に対しては，重心の並進運動の運動量と重心まわりの角運動量の変化より，つぎの 2 式が成り立つ．

$$S = m_2 v_G \tag{7.27}$$

$$Sa = I_G \omega \tag{7.28}$$

棒の点 P の速度 v_2' は，つぎのように求められる．

$$v_2' = v_G + a\omega = \frac{S}{m_2} + \frac{Sa^2}{I_G} = \frac{S}{m_2}\left(1 + \frac{a^2}{k_G{}^2}\right) \tag{7.29}$$

ここで，

$$\frac{m_2}{1 + \dfrac{a^2}{k_G{}^2}} = m_{\mathrm{red}} \tag{7.30}$$

とおけば，式(7.29)より，力積 S はつぎのように表される．

$$S = m_{\mathrm{red}} v_2' \tag{7.31}$$

また，式(7.26)と式(7.31)より，つぎの式が成り立つ．

$$m_{\mathrm{red}} v_2' = m_1 v_1 - m_1 v_1' \qquad \therefore \quad m_1 v_1 = m_1 v_1' + m_{\mathrm{red}} v_2' \tag{7.32}$$

この式は，棒の代わりに質量 m_{red} の球に衝突したときの運動量保存の式と同じである．この m_{red} を**換算質量**（reduced mass），または**離心軽減質量**という．ここで，はねかえりの係数を e とすれば，

$$v_2' - v_1' = e v_1$$

であり，これと式(7.32)より，v_1'，v_2' はつぎのように表される．

$$v_1' = \frac{m_1 - e m_{\mathrm{red}}}{m_1 + m_{\mathrm{red}}} v_1 \qquad v_2' = \frac{m_1(1+e)}{m_1 + m_{\mathrm{red}}} v_1 \tag{7.33}$$

つぎに，**図 7.11** のように，棒の一端が点 A で支えられているとき，点 A から距離 l にある点 P に球が衝突したとする．このとき，棒の点 A のまわりの慣性モーメントを $I_{\mathrm{A}} = m_2 k_{\mathrm{A}}^2$ とすると，点 A のまわりの角運動量保存の法則より，

$$m_1 v_1 l = m_1 v_1' l + I_{\mathrm{A}} \omega \tag{7.34}$$

が成り立つ．また，$v_2' = l\omega$ なので，式(7.34)はつぎのように表される．

$$m_1 v_1 = m_1 v_1' + \frac{I_{\mathrm{A}}}{l^2} v_2' \tag{7.35}$$

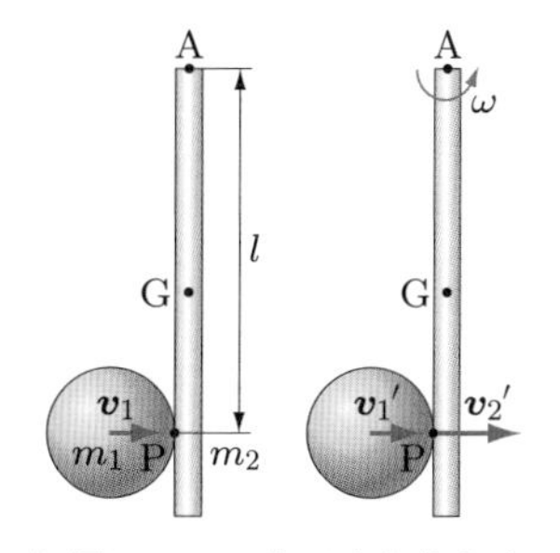

▶図 7.11　1 点で支えられた棒と球の偏心衝突

ここで，式(7.32)と同様に，

$$\frac{I_{\mathrm{A}}}{l^2} v_2' = m_{\mathrm{red}} v_2'$$

となるように m_{red} を定義すれば，換算質量 m_{red} はつぎのようになる．

$$m_{\mathrm{red}} = \frac{I_{\mathrm{A}}}{l^2} = \frac{m_2 k_{\mathrm{A}}^2}{l^2}$$

これを用いると，式(7.35)は，

$$m_1 v_1 = m_1 v_1' + m_{\mathrm{red}} v_2' \tag{7.36}$$

の形にすることができる．衝突後の速さは式(7.33)で求められる．

例題 7.9　一様な太さ，長さ 1 m，質量 8 kg の棒の一端より 10 cm のところに，質量 10 kg の球が 5 m/s の速度で垂直に衝突した．衝突後の球の速度と，棒の衝突点における速度を求めよ．ただし，はねかえりの係数を $e = 0.50$ とする．

解答▶　棒の重心に対する回転半径 k_{G} は，表 6.1 より，

$$k_G{}^2 = \frac{l^2}{12} = \frac{1}{12} = 0.083\,\mathrm{m}^2$$

となる．このときの換算質量は，式(7.30)より，

$$m_{\mathrm{red}} = \frac{m_2}{1 + \dfrac{a^2}{k_G{}^2}} = \frac{8}{1 + \dfrac{(0.40)^2}{0.083}} = 2.7\,\mathrm{kg}$$

となる．衝突後の球の速度は，式(7.33)よりつぎのように求められる．

$$v_1{}' = \frac{m_1 - e m_{\mathrm{red}}}{m_1 + m_{\mathrm{red}}} v_1 = \frac{10 - 0.50 \times 2.7}{10 + 2.7} \times 5 = 3.4\,\mathrm{m/s}$$

また，棒の衝突点の速度はつぎのようになる．

$$v_2{}' = \frac{m_1(1 + e)}{m_1 + m_{\mathrm{red}}} v_1 = \frac{10\,(1 + 0.50)}{10 + 2.7} \times 5 = 5.9\,\mathrm{m/s}$$

7.4.4 打撃の中心

図 7.12 のように，棒の重心 G より a の距離にある点 P に球が偏心衝突をしたとき，この棒は回転をともなう運動をする．PG の延長上，GO $= b$ となる点 O をとり，点 P に力積 S を加えたときの点 O の速度 v_0 を求めよう．このとき，重心の速度を v_G，重心のまわりの回転運動の角速度を ω とすると，つぎの関係式が成り立つ．

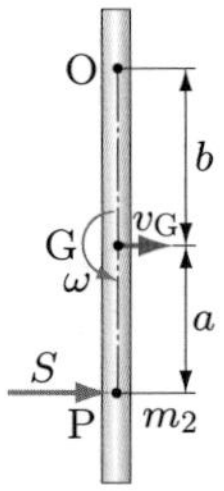

$$v_0 = v_G - b\omega$$

▶図 7.12　打撃の中心

ここで，$v_0 = 0$ のときを考えると，

$$v_G - b\omega = 0 \qquad \therefore \quad b = \frac{v_G}{\omega}$$

となるが，棒の質量を m_2，重心まわりの慣性モーメントを $I_G\ (= m_2 k_G{}^2)$ とすると，式(7.27)，(7.28)より，$v_G = \dfrac{S}{m_2}$，$\omega = \dfrac{Sa}{I_G}$ となり，

$$b = \frac{S/m_2}{Sa/I_G} = \frac{I_G}{m_2 a} = \frac{k_G{}^2}{a}$$

となる．これより，つぎの関係式が得られる．

$$ab = k_G{}^2 \qquad (7.37)$$

式(7.37)が成り立つように a，b を定めれば，点 O の速度は 0 になる．すなわち，点 O はこのとき瞬間的に速度をもたない回転の中心になっている．点 O を支えると，反力を受けないから，この関係にある点 P は点 O に対する**打撃の中心**（center of percussion）という．また，点 P と点 O の関係は可逆的であり，点 O は点 P に対す

る打撃の中心となる．バットで野球のボールを打つとき，点Oをにぎり，打撃の中心Pでボールを打てば，手に衝撃力を感じない．

例題 7.10 なめらかな水平面にのっている球に水平力を加えて，この球がすべらずにころがるようにしたい．水平面からどのくらいの高さのところに力を加えればよいかを求めよ．ただし，球の半径は r とする．

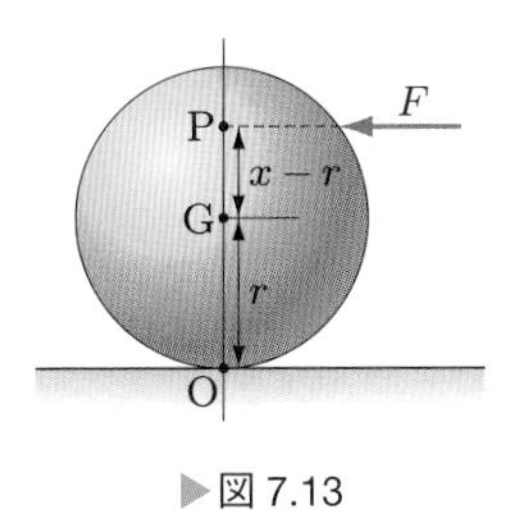

▶図 7.13

解答▶ 図 7.13 のように，水平面から x の高さのところに力を加えるとすると，球と水平面との接点Oの速度が0，すなわち点Pが点Oに対する打撃の中心になるようにすればよい．

この球の重心に関する回転半径は $\sqrt{\dfrac{2}{5}}r$ なので，式(7.37)よりつぎのように求められる．

$$r(x-r)=\left(\sqrt{\frac{2}{5}}r\right)^2 \qquad x-r=\frac{2}{5}r \qquad \therefore\ x=\frac{7}{5}r$$

したがって，水平面より $\dfrac{7}{5}r$ の高さのところに水平力を加えればよい．

演習問題

7.1 質量 800 kg の自動車が時速 60 km で走っているときの，運動量の大きさを求めよ．

7.2 質量 2000 kg の車が静止している．1 kN の力でこれを引いたとき，10 s 後の速さを求めよ．

7.3 静止している質量 100 kg の物体がある力を受けて，20 s 間に 10 m/s の速さになった．このときはたらいた力の大きさを求めよ．

7.4 質量 5 kg の静止している物体に，$F=4t^3$ [N] で表される力が $t=0$ より $t=3$ s まではたらいたとき，$t=3$ s のときの速さを求めよ．

7.5 質量 200 g のボールが 20 m/s の速さで飛んでいる．これを進行方向と反対の方向に 30 m/s の速さでバットで打ち返した．このとき，ボールに加えた力積を求めよ．また，ボールとバットの接触時間が 0.02 s であるとすると，作用した平均の力を求めよ．

7.6 質量 80 kg のボートから体重 50 kg の人が水平に 2 m/s の速さで海にとび込んだとき，ボートはどのような運動をするかを求めよ．

7.7 質量 500 kg のおもりを 10 m の高さから落とし，質量 300 kg のくいを地中に 20 cm 打ち込んだ．このときの地面の抵抗力を求めよ．ただし，おもりとくいの衝突は完全塑性衝突とする，

7.8 球Aが$10\,\mathrm{m/s}$の速度で静止している球Bに衝突したところ，A，Bの速度がそれぞれ$3\,\mathrm{m/s}$，$8\,\mathrm{m/s}$になった．A，B間のはねかえりの係数eの値を求めよ．

7.9 静止している球Aに，質量$2\,\mathrm{kg}$の球Bが$1.5\,\mathrm{m/s}$の速度で衝突したとき，球Bはとまって，球Aが動き出した．球Aの速度と質量を求めよ．ただし，A，B間のはねかえりの係数を$e = 0.75$とする．

7.10 ゴム球を$3\,\mathrm{m}$の高さから水平な床の上に落としたとき，球のはね上がる高さを求めよ．ただし，はねかえりの係数を$e = 0.80$とする．また，このゴム球が静止するまでに動く距離を求めよ．

7.11 **図7.14**のような2球の斜めの衝突において，衝突後の両球の速度の大きさと方向を求めよ．ただし，はねかえりの係数を$e = 0.80$とする．

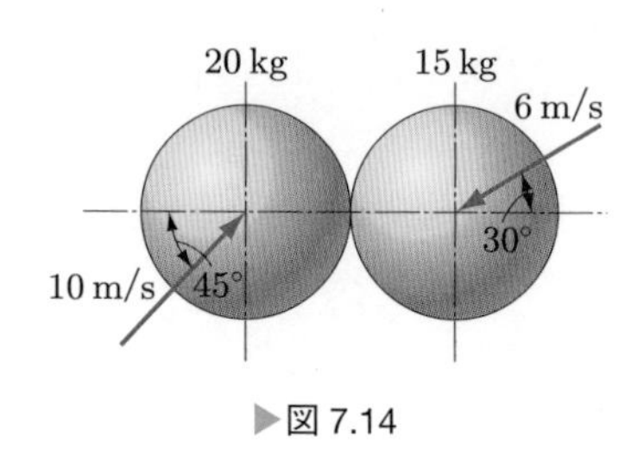

▶図7.14

7.12 初速度$20\,\mathrm{m/s}$の球が水平な床に45°の角度で衝突し，水平と30°の方向にはねかえった．はねかえりの係数eとはねかえった後の速さを求めよ．

7.13 初速度$20\,\mathrm{m/s}$で水平と60°の方向に投げ上げたボールが地上に落ちてはねかえり，ちょうど3度目に地上に達したとき，はじめに投げた地点からの距離を求めよ．ただし，ボールと地面とのはねかえりの係数は0.70であり，空気の抵抗は無視する．

7.14 質量$1.0\,\mathrm{kg}$，長さ$80\,\mathrm{cm}$の丸棒の重心から$35\,\mathrm{cm}$の点を質量$1.2\,\mathrm{kg}$のハンマで$5.0\,\mathrm{m/s}$の速さで打った．はねかえりの係数を$e = 0.55$として，打撃後のハンマの速さと棒の打撃点の速さを求めよ．

7.15 一端が支えられた長さ$1\,\mathrm{m}$，質量$3\,\mathrm{kg}$の棒の他端に質量$2\,\mathrm{kg}$の球が棒に垂直に速さ$3\,\mathrm{m/s}$で衝突した．はねかえりの係数を$e = 0.50$として，衝突後の球の速さと棒の角速度を求めよ．

7.16 一端Aがピンで支えられた長さ$1\,\mathrm{m}$の丸棒をハンマで打つとき，ピンが衝撃力を受けないようにするには，どこを打てばよいかを求めよ．

WORK, ENERGY, POWER

第8章 仕事, エネルギー, 動力

8.1 仕　事

8.1.1 仕事とその単位

物体に力 $\boldsymbol{F}$ がある時間作用すると，その物体は力の方向に加速度を生じて運動する．前章では，力と時間との積である力積を考え，その物体にはたらく力の効果について調べた．

ここでは，物体にはたらく力と物体の変位から，物体に及ぼされたもう一つの力の効果である仕事について調べよう．

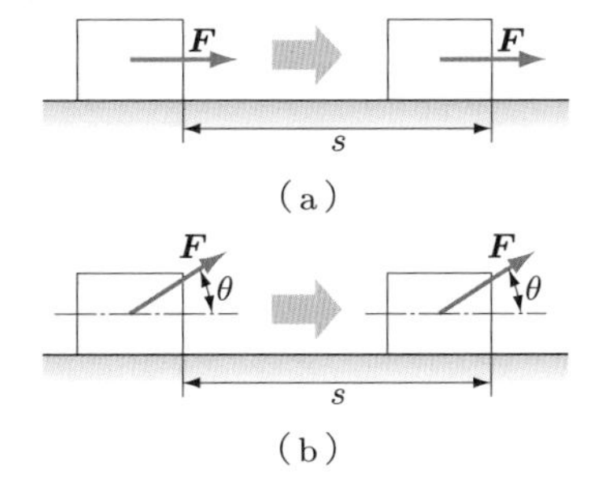

▶図 8.1　仕事

図 8.1(a)のように，物体に力 $\boldsymbol{F}$ がはたらいて，その力の方向に s だけ変位をしたとき，この力 F と変位 s の積 Fs を，力 $\boldsymbol{F}$ が物体になした**仕事**（work）という．図(b)のように，力の方向と変位の方向が異なるときは，仕事の量を W とすると，

$$W = F\cos\theta \cdot s \qquad (8.1)$$

のように表される．

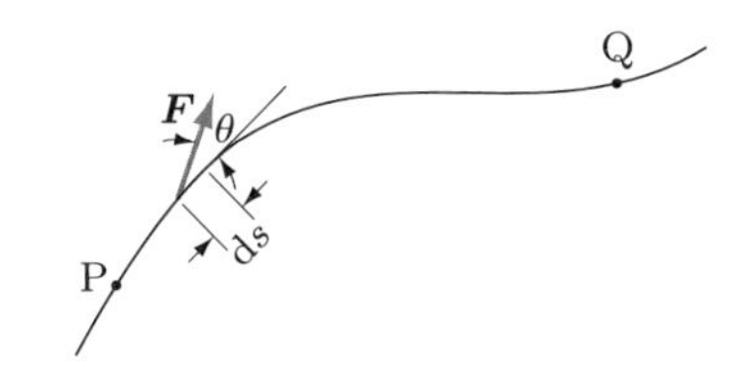

▶図 8.2　力の方向が変化するときの仕事

図 8.2 のように，力 $\boldsymbol{F}$ の大きさと方向，変位の方向が連続的に変化しているときは，微小変位 $\mathrm{d}s$ に対して力のなす仕事を $\mathrm{d}W$ とすると，

$$\mathrm{d}W = F\cos\theta\,\mathrm{d}s$$

と表され，よって，力 $\boldsymbol{F}$ が PQ 間にした仕事 W は，

$$W = \int_{\mathrm{P}}^{\mathrm{Q}} F\cos\theta\,\mathrm{d}s \qquad (8.2)$$

となる．物体に 1 N の力を作用させ，その力の方向に 1 m の変位を生じたときの仕事を 1 N·m で表す．これを仕事の単位にとり，ジュール（J）とよぶ．

$$1\,\mathrm{J} = 1\,\mathrm{N \cdot m}\ (= 0.102\,\mathrm{kgf \cdot m})$$

例題 8.1　**図 8.3** のように，船の進行方向と 30° 傾く 2 本のロープを 200 N の力で引くと，船は 200 m 動いた．このとき力のした仕事を求めよ．

解答▶ 船の進行方向への力の分力は，いずれも

$$200\cos 30° = 100\sqrt{3}\ \mathrm{N}$$

である．よって，進行方向へはたらいた力は，

$$2 \times 100\sqrt{3} = 200\sqrt{3}\ \mathrm{N}$$

であり，また，変位は 200 m であるから，仕事はつぎのように求められる．

$$200\sqrt{3} \times 200 = 40000\sqrt{3} = 69.3 \times 10^3\ \mathrm{N{\cdot}m}$$

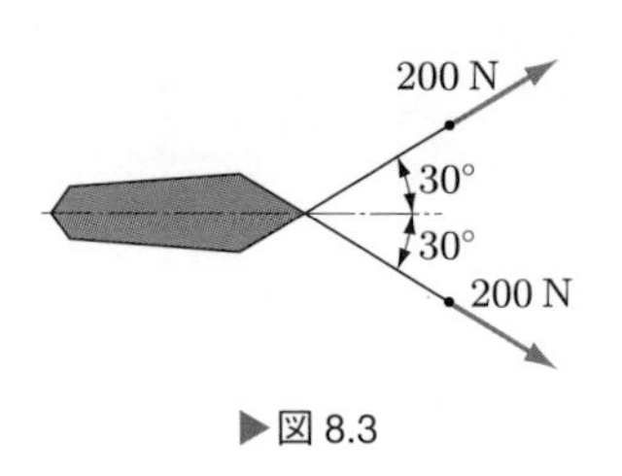

▶図 8.3

8.1.2 ばね力のなす仕事

力の大きさが連続的に変化する場合の代表的な例として，ばねがある．**図 8.4** において，ばねを自然の状態から x だけ変位させるのに必要な力 F は，弾性限度内においては，

$$F = kx \tag{8.3}$$

で与えられる．ここで，k はばね定数で，ばねを単位長さだけ変位させるのに必要な力である．このときの仕事 W は，つぎのように求められる．

$$W = \int_0^x F\,\mathrm{d}x = \int_0^x kx\,\mathrm{d}x = k\left[\frac{x^2}{2}\right]_0^x = \frac{k}{2}x^2$$

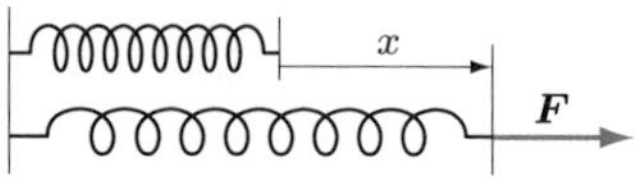

▶図 8.4　ばね

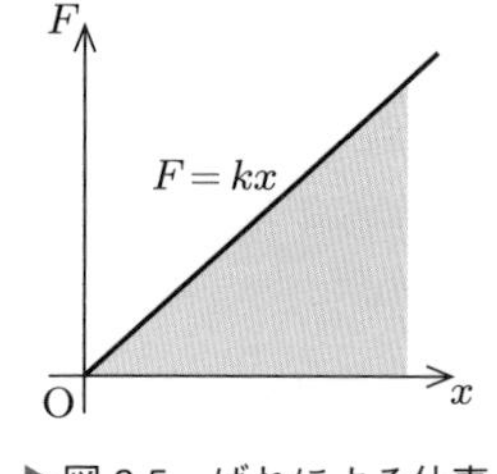

▶図 8.5　ばねによる仕事

この積分は，**図 8.5** の色をつけた部分の面積を求めることである．このように，力が変位の関数としてわかっていれば，面積を計算することによって仕事の量を求めることができる．

例題 8.2 0.1 m のばすのに 0.5 N の力を必要とするつるまきばねを，自然の状態から 0.02 m のばすのに必要な仕事を求めよ．また，0.02 m のばしたところから，さらに 0.04 m のばすのに必要な仕事を求めよ．

解答▶ $F = kx$ より，$F = 0.5\ \mathrm{N}$ のとき $x = 0.1$ であるから，力 F はつぎのように表される．

$$0.5 = 0.1k \qquad k = 5\ \mathrm{N/m} \qquad \therefore \quad F = 5x$$

したがって，自然の状態より 0.02 m のばすのに必要な仕事はつぎのようになる．

$$W = \int_0^{0.02} 5x\,\mathrm{d}x = 5\left[\frac{x^2}{2}\right]_0^{0.02} = 0.001\ \mathrm{N{\cdot}m}$$

また，0.02 m の位置よりさらに 0.04 m のばすのに必要な仕事はつぎのように求めら

れる．

$$W=\int_{0.02}^{0.06}5x\,\mathrm{d}x=5\left[\frac{x^2}{2}\right]_{0.02}^{0.06}=0.008\,\mathrm{N\cdot m}$$

8.1.3 重力のなす仕事

地球上の物体には重力がはたらく．磁石の近くでは磁力がはたらいている．このように，ある種の力のはたらく空間を**力の場**（field of force）といい，重力場，磁場などという．ここで，重力場における仕事について考える．

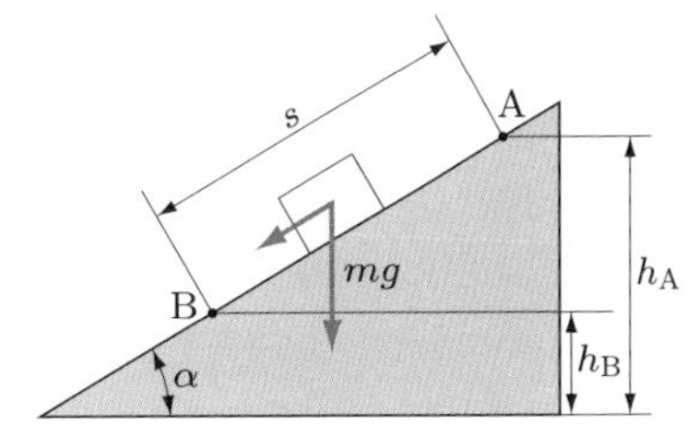

▶図 8.6　重力の仕事

図 8.6 のように，なめらかな傾角 α の斜面を，質量 m の物体が A から B まで距離 s だけ移動したとする．このとき，重力のした仕事は，

$$W=mg\sin\alpha\cdot s \tag{8.4}$$

で与えられる．ここで，式(8.4)において $\sin\alpha\cdot s$ は斜面上の AB 間の鉛直方向の距離（h_A-h_B）である．これを式(8.4)に代入すると，つぎのようになる．

$$W=mg(h_A-h_B) \tag{8.5}$$

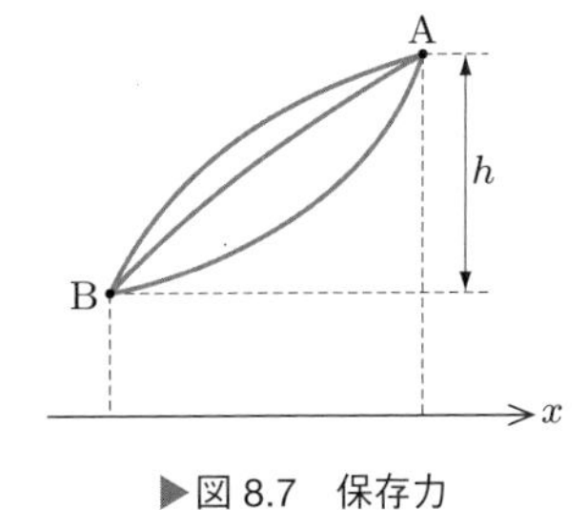

▶図 8.7　保存力

この式より，仕事の量は斜面の傾角 α には無関係で，鉛直方向の距離にのみ関係していることがわかる．すなわち，重力による仕事はその道筋に無関係で，始めと終わりの位置により定まる．

図 8.7 のように，A から B までどの道筋を通っても重力のする仕事は等しい．また，逆に B から A にいくときの仕事を考えると，変位の方向が反対になるから重力は負の仕事をすることになる．このときの仕事と A から B にいくときの仕事の絶対値は等しい．このことより，A からある道筋を通って B にいき，B からある道筋を通って A に帰るとすると，重力のする仕事は 0 になる．

このように，力のする仕事が途中の道筋に無関係で，始めと終わりの位置によってのみ定まる力を**保存力**（conservative force）という．万有引力，電気力，磁力なども保存力である．

例題 8.3 底面積 $2\,\mathrm{m}^2$ の直円柱形のタンクに，深さ $1\,\mathrm{m}$ まで水が入っている．ポンプでこの水の半分を底面から $5\,\mathrm{m}$ の高さまでくみあげるのに必要な仕事を求めよ．

解答▶ くみあげる水の重心の位置は，底面から 0.75 m のところにある．この水を底面から 5 m の高さまでくみあげるから，その変位は，

$$5 - 0.75 = 4.25\ \mathrm{m}$$

である．またくみあげた水の量は，

$$2 \times 0.5 = 1\ \mathrm{m}^3 \qquad \therefore\ \ 1000\ \mathrm{kg}$$

であるので，くみあげるのに必要な仕事はつぎのように求められる．

$$W = Fs = 1000 \times 9.8 \times 4.25 = 4.2 \times 10^4\ \mathrm{N\cdot m}$$

8.1.4 回転の仕事

図 8.8 のように，物体が力 F を受けて軸 O のまわりに回転運動をしているとき，回転角を θ とすれば，力の方向と変位の方向はつねに一致しているから，この間に力 F のした仕事はつぎのように表される．

$$W = Fr\theta \tag{8.6}$$

ここで，Fr は力 F による軸 O のまわりのモーメント，すなわち物体にはたらくトルクであるから，$Fr = N$ とおくと，つぎのように書くことができる．

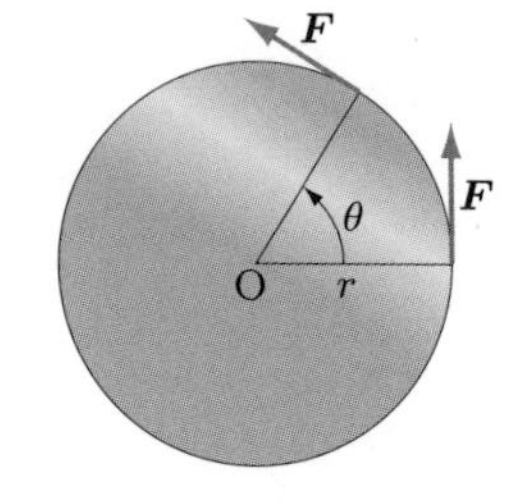

▶図 8.8　回転の仕事

$$W = Fr\theta = N\theta \tag{8.7}$$

この式から，回転運動の場合の仕事は，トルクと角変位の積で表されることがわかる．

8.2 エネルギー

8.2.1 エネルギー

高いところにある水，回転している原動機，圧縮された空気，これらは仕事をすることができる．一般に，物体が仕事をする能力をもっているとき，その物体は**エネルギー**（energy）をもっているという．エネルギーの大きさは，その物体のすることのできる仕事の量で表される．したがって，その単位は仕事の単位と同じである．力学で取り扱うエネルギーは位置エネルギーと運動エネルギーであり，これを**力学的エネルギー**（mechanical energy）という．

エネルギーにはこのほかに，熱エネルギー，化学エネルギー，電気エネルギー，原子核エネルギーなどがある．これらのエネルギーは相互に変換が可能である．たとえば火力発電では，化学エネルギーが，順次，熱エネルギー，力学的エネルギー，電気エネルギーに変わる．その後，電気で電動機を回し，機械を動かして仕事をする．このとき，つぎの**エネルギー保存の法則**（law of conservation of energy）が成り立つ．

エネルギー保存の法則

エネルギーはその形を変えるが，全体としてのエネルギーの量は変わらない．

8.2.2 位置エネルギー

水の落下による仕事やばねののび（縮み）による仕事の場合のように，物体が位置を変え，また，形状の変化によって，その物体に蓄えられるエネルギーのことを**位置エネルギー**（potential energy）といい，その大きさは物体が基準の位置に移るときにする仕事で表す．**図 8.9** のように，質量 m の物体を高さ z まで持ち上げると，この物体は重力にさからって mgz の仕事をされたことになる．この結果，mgz の仕事をする能力をもったことになる．このとき，この物体は mgz の大きさの位置エネルギーをもつという．

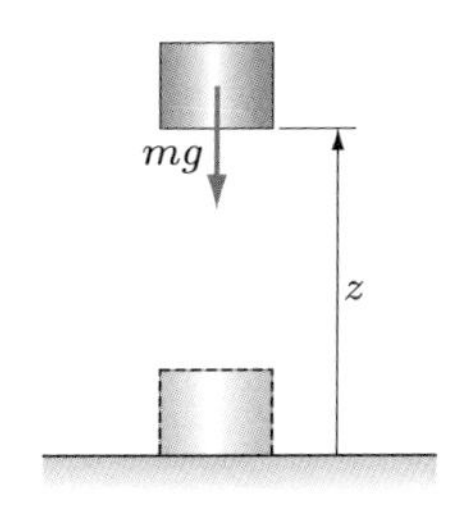

▶図 8.9　位置エネルギー

ばねを自然の状態から x だけ変位させたときの仕事は，8.1.2 項に述べたように $\frac{1}{2}kx^2$ である．これが，x だけのびた（縮んだ）ばねのもつ位置エネルギーである．

8.2.3 運動エネルギー

図 8.10 のように，質量 m の物体が速度 v で運動している．この物体に運動方向とは反対の方向に一定の力 F を加えると，距離 s だけ運動して停止した．このとき，物体は力 F にさからって Fs の仕事をしたことになる．いいかえると，この物体は Fs の仕事をする能力をもっていたことになる．このように，物体が速度をもって運動しているとき，その物体は仕事をする能力をもっているといい，これを**運動エネルギー**（kinetic energy）という．この物体の加速度を a とすると，運動方程式と式(4.12)より，

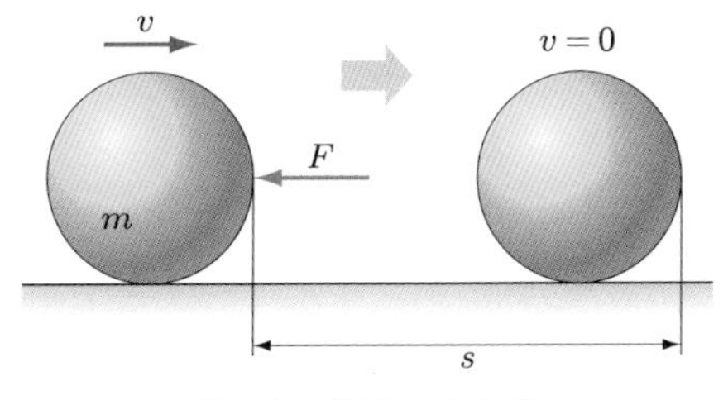

▶図 8.10　運動エネルギー

$$-F = ma \qquad -v^2 = 2as$$

となる．これより，

$$Fs = -mas = ma\frac{v^2}{2a} = \frac{1}{2}mv^2 \tag{8.8}$$

となるので，速度 v で運動をしている質量 m の物体のもつ運動エネルギーは，$\frac{1}{2}mv^2$ であることがわかる．また，エネルギーの大きさは速度の 2 乗に比例する．すなわち，速度が大きくなると，小さいときに比べて物体は非常に大きなエネルギーをもつ．

例題 8.4 質量 1000 kg の自動車が時速 60 km で走っているとき，この自動車のもつ運動エネルギーを求めよ．

解答▶ 時速 60 km は，$v = \frac{60 \times 1000}{60 \times 60} = \frac{50}{3}$ m/s である．したがって，運動エネルギーを T とすると，つぎのように求められる．

$$T = \frac{1}{2}mv^2 = \frac{1000}{2} \times \left(\frac{50}{3}\right)^2 = 13.9 \times 10^4\ \mathrm{N \cdot m}$$

8.2.4 回転体のもつエネルギー

直線運動する物体の運動エネルギーについては前項で述べた．ここでは，固定軸のまわりに角速度 ω で回転している物体のもつ運動エネルギーについて考える．**図 8.11** において，この物体の回転軸から r の距離にある質量 $\mathrm{d}m$ の微小部分のもつ運動エネルギー $\mathrm{d}T$ は，$\mathrm{d}m$ の速度を v とすると，

$$v = r\omega$$

であるから，その運動エネルギーはつぎのようになる．

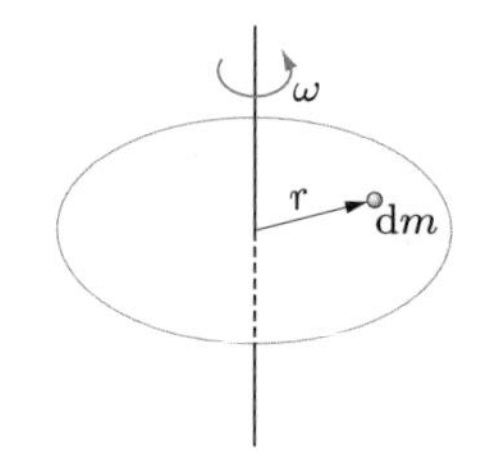

▶図 8.11　回転体のもつエネルギー

$$\mathrm{d}T = \frac{1}{2}(r\omega)^2\mathrm{d}m$$

これより，この物体全体のもつ運動エネルギーは，

$$T = \int\frac{1}{2}(r\omega)^2\,\mathrm{d}m = \frac{1}{2}\omega^2\int r^2\,\mathrm{d}m$$

となる．ここで，$\int r^2\,\mathrm{d}m$ はこの物体の回転軸まわりの慣性モーメントであるから，これを I とすると，つぎのように表すことができる．

$$T = \frac{1}{2} I\omega^2 \tag{8.9}$$

式(8.9)を直線運動の場合の式(8.8)と比べると，角運動方程式(6.4)の場合と同様，質量に相当するものが慣性モーメント，速度に相当するものが角速度となっていることがわかる．

例題 8.5 質量 500 kg，回転半径 1.2 m のはずみ車が 60 rpm で回っているとき，このはずみ車のもつ運動エネルギーを求めよ．

解答▶ このはずみ車の慣性モーメント I は，つぎのように計算される．

$$I = Mk^2 = 500 \times (1.2)^2 \text{ kg·m}^2$$

60 rpm を角速度 ω に直すと，$\omega = 2\pi$ rad/s であるので，運動エネルギーはつぎのように求められる．

$$T = \frac{1}{2} I\omega^2 = \frac{1}{2} \times 500 \times (1.2)^2 \times (2\pi)^2 = 14.2 \times 10^3 \text{ N·m}$$

8.2.5 力学的エネルギー保存の法則

図 8.12 において，高さ h のところにある質量 m の物体は，位置エネルギー mgh をもっている．この物体が自然落下して高さ h' のところにきたとき，この物体は，

$$v = \sqrt{2g(h - h')}$$

の速さをもっているから，この物体のもっている運動エネルギー T は，

$$T = \frac{1}{2} mv^2 = \frac{1}{2} m\, 2g(h - h') = mg(h - h')$$

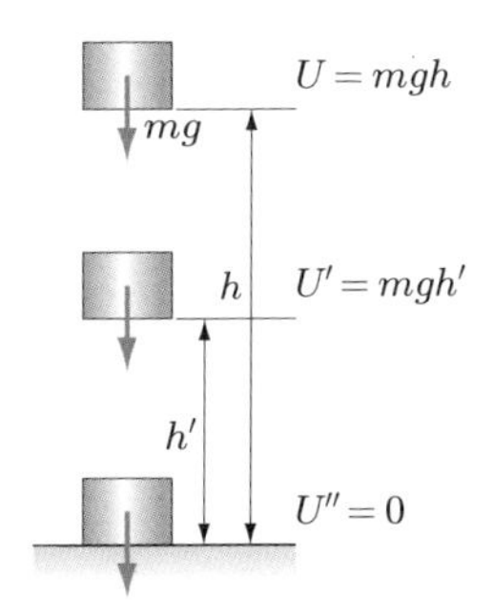

▶図 8.12　エネルギー保存の法則

と表される．また，このときの位置エネルギーを U' とすると，

$$U' = mgh'$$

であるので，この物体のもつ力学的エネルギーはつぎのようになる．

$$T + U' = mg(h - h') + mgh' = mgh$$

これは，この物体が最初もっていたエネルギーに等しい．また，さらに落下して地上に達したとき，この物体の速さは，

$$v = \sqrt{2gh}$$

になるから，このときもっている運動エネルギー T は，

$$T = \frac{1}{2}mv^2 = \frac{1}{2}m\,2gh = mgh$$

となる．地表面を基準にとり，そこでの位置エネルギー U'' を 0 としたから，この物体のもつ力学的エネルギーは，

$$T + U'' = mgh$$

であり，やはりこの物体が最初もっていたエネルギーに等しい．このことから，**力学的エネルギー保存の法則**が導かれる．

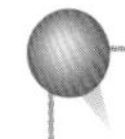

力学的エネルギー保存の法則

物体が保存力の場で運動するとき，運動エネルギーと位置エネルギーの和は，その間に交換があっても，つねに一定で，はじめに与えられたエネルギーに等しい．

しかし，摩擦や空気の抵抗などの非保存力がはたらくと，経路によって力のする仕事が違うから，力学的エネルギー保存の法則は成り立たない．

例題 8.6 **図 8.13** のように，長さ 20 cm の糸におもりをつるし，これを一方に引き上げ，糸が鉛直となす角が 60° の位置からはなした．おもりが最下点に達したときの速さを求めよ．

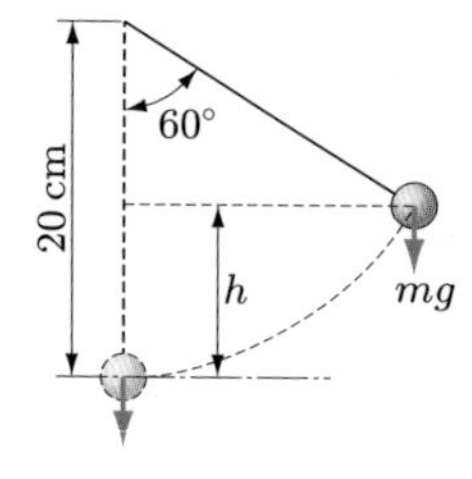

▶図 8.13

解答▶ おもりの質量を m とする．最下点の位置を基準とすると，おもりをはなした位置は，

$$h = 0.20 - 0.20\cos 60° = 0.10\ \mathrm{m}$$

である．このときもっている位置エネルギー mgh は，最下点ですべて運動エネルギーになるから，最下点に達したときの速さ v は，つぎのようになる．

$$\frac{1}{2}mv^2 = mgh \qquad \therefore\ \ v = \sqrt{2 \times 0.10 \times 9.8} = 1.4\ \mathrm{m/s}$$

例題 8.7 **図 8.14** のように，半径 r，質量 m の円柱が傾角 α の斜面上を斜面に沿って距離 s だけすべることなくころがり落ちたとき，円柱の速さを求めよ．

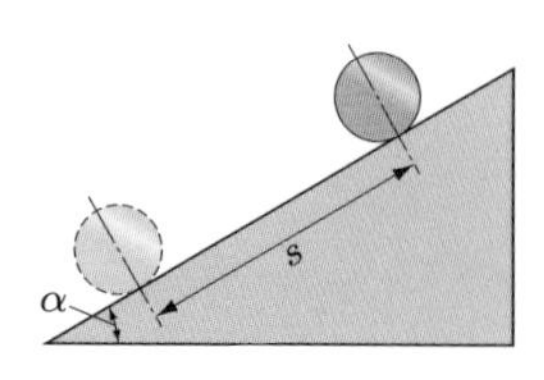

▶図 8.14

解答▶ 円柱の失った位置エネルギーは $mgs\sin\alpha$，距離 s だけころがったときの円柱の速さを v，角速度を ω と

すると，つぎのように表される．

$$v = r\omega$$

このときもっている直線運動のエネルギーは $\frac{1}{2}mv^2$ であり，回転運動のエネルギーは，

$$I = \frac{1}{2}mr^2 \qquad \omega = \frac{v}{r}$$

を用いてつぎのように求められる．

$$\frac{1}{2}I\omega^2 = \frac{1}{2}\cdot\frac{1}{2}mr^2\left(\frac{v}{r}\right)^2 = \frac{1}{4}mv^2$$

したがって，力学的エネルギー保存の法則により，円柱の速さはつぎのようになる．

$$mgs\sin\alpha = \frac{1}{2}mv^2 + \frac{1}{4}mv^2 = \frac{3}{4}mv^2$$

$$v^2 = \frac{4gs\sin\alpha}{3} \qquad \therefore \quad v = \sqrt{\frac{4gs\sin\alpha}{3}}$$

例題 8.8 地球上にある，質量 m の物体を無限遠の点まで打ち上げるのに必要な仕事を求めよ．また，このようなことが起こるには，この物体にどのくらいの大きさの初速度を与えればよいかを求めよ．ただし，空気の抵抗は無視できるものとする．

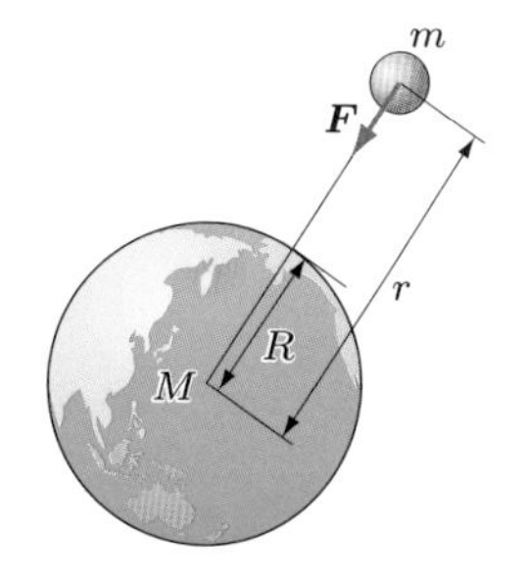

▶図 8.15

解答▶ **図 8.15** のように，地球の半径を R，質量を M とする．地球の中心から r の距離にある物体にはたらく重力の大きさは，万有引力の定数を f とすると，

$$F = \frac{fmM}{r^2}$$

と表される．地球上のとき，すなわち $r = R$ のとき，$F = mg$ であるから，引力 F はつぎのように求められる．

$$mg = \frac{fmM}{R^2} \quad \text{より} \quad f = \frac{gR^2}{M} \qquad \therefore \quad F = \frac{mgR^2}{r^2}$$

したがって，地球の表面から無限遠の点まで上げるのに必要な仕事は，つぎのようになる．

$$\int_R^\infty \frac{mgR^2}{r^2}\mathrm{d}r = mgR^2\left[-\frac{1}{r}\right]_R^\infty = \frac{mgR^2}{R} = mgR$$

つぎに，地球上から打ち上げるときの初速度の大きさを v とすると，力学的エネル

ギー保存の法則によりつぎの式が成り立つ.

$$\frac{1}{2}mv^2 = mgR \quad より \quad v^2 = 2gR \qquad \therefore \quad v = \sqrt{2gR}$$

この速度のことを地球からの**脱出速度**という. $R = 6.37 \times 10^3\,\text{km}$ として求めると, $v = 11.2\,\text{km/s}$ となる. すなわち, これ以上の速度が必要である.

8.2.6 衝突による運動エネルギーの損失

一直線上を運動している2球が衝突する場合について考えよう. 2球の質量を m_1, m_2, 衝突前の速さをそれぞれ v_1, v_2, 衝突後の速さを v_1', v_2' とし, はねかえりの係数を e とする.

衝突前に2球がもっていた運動エネルギー E_1 は,

$$E_1 = \frac{1}{2}m_1 v_1{}^2 + \frac{1}{2}m_2 v_2{}^2$$

であり, 衝突後に2球がもっている運動エネルギー E_2 は,

$$E_2 = \frac{1}{2}m_1 v_1'^2 + \frac{1}{2}m_2 v_2'^2$$

である. これより, 衝突における運動エネルギーの損失 ΔE は, つぎのようになる.

$$\begin{aligned}\Delta E &= E_1 - E_2 \\ &= \left(\frac{1}{2}m_1 v_1{}^2 + \frac{1}{2}m_2 v_2{}^2\right) - \left(\frac{1}{2}m_1 v_1'^2 + \frac{1}{2}m_2 v_2'^2\right)\end{aligned} \tag{8.10}$$

式(7.18)の v_1', v_2' を式(8.10)に代入して整理すると, つぎのように書ける.

$$\Delta E = \frac{1}{2}\frac{m_1 m_2}{m_1 + m_2}(1 - e^2)(v_1 - v_2)^2 \tag{8.11}$$

式(8.11)より, 完全弾性衝突 ($e = 1$) であれば, $\Delta E = 0$ となり, 運動エネルギーの損失がなく力学的エネルギーは保存される. 一般の衝突では $0 < e < 1$ であり, 衝突によって運動エネルギーの損失が生じる. この場合, 衝突のときに運動エネルギーが音や熱のエネルギーに変わる.

例題 8.9 **図 8.16** のように, 鋼球を高さ $h = 60\,\text{cm}$ から水平な床に落としたら, $h' = 15\,\text{cm}$ の高さまではね上がった. このときのはねかえりの係数の値と, 運動エネルギーの損失を求めよ.

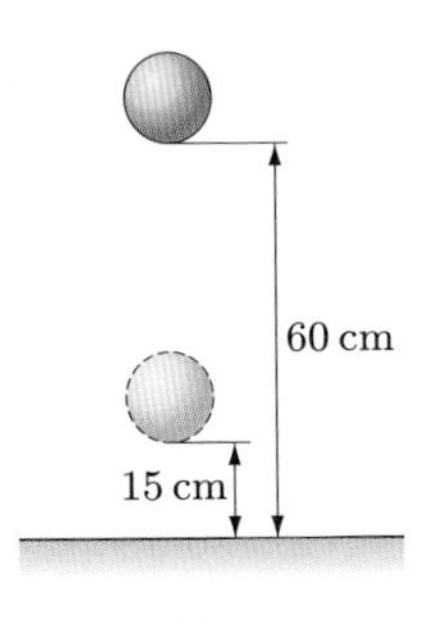

▶図 8.16

解答▶ 鋼球の衝突前の速さを v_1, 衝突後の速さを v_1' とすると, それぞれつぎのようになる.

$$v_1 = \sqrt{2gh} = \sqrt{2g \times 0.60}$$

$$v_1' = -\sqrt{2gh'} = -\sqrt{2g \times 0.15}$$

床は静止しているから，衝突前後の速さをそれぞれ v_2，v_2' とすれば，

$$v_2 = v_2' = 0$$

である．また，はねかえりの係数は，つぎのように求められる．

$$e = \frac{v_2' - v_1'}{v_1 - v_2} = -\frac{v_1'}{v_1} = \frac{\sqrt{2g \times 0.15}}{\sqrt{2g \times 0.60}} = \frac{1}{2} = 0.50$$

衝突前の運動エネルギーは，鋼球の質量を m とすると，

$$E_1 = \frac{1}{2} m v_1{}^2 = \frac{1}{2} m \times 2g \times 0.60 = 0.60\,mg$$

であり，衝突後の運動エネルギーは，

$$E_2 = \frac{1}{2} m v_1{}'^2 = \frac{1}{2} m \times 2g \times 0.15 = 0.15\,mg$$

である．よって，運動エネルギーの損失の割合はつぎのように求まる．

$$\frac{\Delta E}{E_1} = \frac{E_1 - E_2}{E_1} = \frac{0.60\,mg - 0.15\,mg}{0.60\,mg} = \frac{3}{4} = 0.75$$

8.3 動　力

8.3.1 動　力

8.1 節で述べたように，仕事は時間に無関係な量であった．しかし，これに時間の考えを入れて仕事をする能力を比較する，すなわち，仕事の時間に変化を考えることが必要である．

単位時間にする仕事の量を，**動力**（power）という．時間 t の間に W の仕事がなされたとすると，動力 P はつぎのように定められる．

$$P = \frac{W}{t} = \frac{Fs}{t} = F\frac{s}{t} \tag{8.12}$$

ここで，$\dfrac{s}{t}$ は速さであり，これを v と表すとつぎのように書くこともできる．

$$P = Fv \tag{8.13}$$

毎秒 1 J(N·m) の仕事をするときの動力を，動力（仕事率）の単位としてワット（W）で表す．1 W は 1 J/s である．実用単位として，その 10^3 倍，すなわちキロワット（kW）がよく使用される．また馬力（PS）も用いられている．1 PS は 75 kgf·m/s の動力のことである．

$$1\,\text{W} = 1\,\text{J/s} = 0.102\,\text{kgf·m/s}$$

$$1\,\mathrm{kW} = 1000\,\mathrm{W} \fallingdotseq 1.36\,\mathrm{PS}$$
$$1\,\mathrm{PS} = 75\,\mathrm{kgf\cdot m/s} = 75 \times 9.8\,\mathrm{J/s} \fallingdotseq 735\,\mathrm{W}$$

仕事の量が大きいときには，動力の単位に kW，時間の単位に 1 h（時間）をとった 1 キロワット時（kWh）が単位として用いられる．これは 1 時間連続して 1 kW の動力のした仕事である．

例題 8.10 **図 8.17** のように，質量 1200 kg の自動車が傾角 10° の坂道を時速 40 km で登るのに必要な馬力を求めよ．ただし，自動車はその質量 1000 kg につき $10g$［N］の抵抗を受けるものとする．

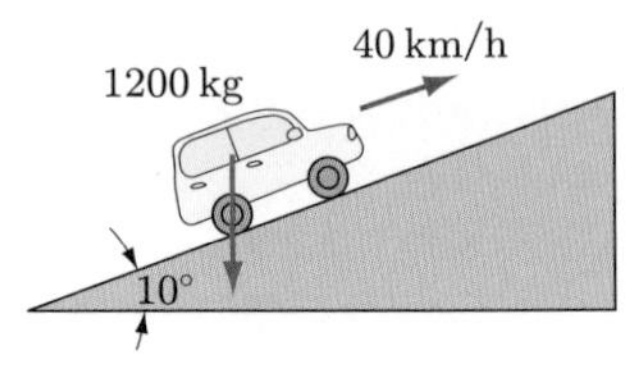

▶図 8.17

解答▶ 自動車の駆動力 F が斜面に沿う下向きの力 $1200g\sin 10°$ と，走行抵抗 $10g \times 1.2 = 12g$ の和とつりあって，自動車が等速度で坂を登ると考えると，

$$\begin{aligned} F &= 1200g\sin 10° + 12g \\ &= 1200 \times 9.8 \times 0.1736 + 12 \times 9.8 = 2.16 \times 10^3\,\mathrm{N} \end{aligned}$$

となる．また，時速 40 km/h は，$v = \dfrac{40 \times 1000}{60 \times 60} = \dfrac{100}{9}$ m/s であるので，必要な動力はつぎのように求められる．

$$P = Fv = 2.16 \times 10^3 \times \frac{100}{9} = 2.40 \times 10^4\,\mathrm{J/s} \qquad \therefore \ \frac{2.40 \times 10^4}{75 \times 9.8} = 33\,\mathrm{PS}$$

8.3.2 回転運動の動力

物体がトルク N により一様な角速度 ω で回転している場合の動力を調べる．トルクによる仕事は，回転角を θ とすると，式(8.7)より，

$$W = Fr\theta = N\theta$$

と表される．よって動力 P はつぎのようになる．

$$P = \frac{W}{t} = \frac{N\theta}{t} = N\frac{\theta}{t}$$

ここで，$\dfrac{\theta}{t}$ は角速度 ω であるから，この式をつぎのように表すこともできる．

$$P = N\omega \tag{8.14}$$

また，毎分回転数（rpm）を n とすると，

$$P = N\omega = \frac{2\pi nN}{60}\,[\mathrm{W}] \tag{8.15}$$

となる*．

図 **8.18** のような，原動車 A，従動車 B のベルト車がある．張り側の張力は 3 kN，ゆるみ側の張力は 1.5 kN，A の直径は 80 cm である．原動車 A の伝達する動力を求めよ．ただし，A の回転数は 180 rpm とする．

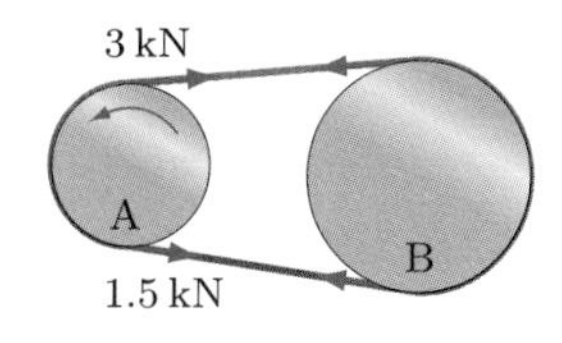

▶図 8.18

解答▶ はたらいているトルクを N とすると，つぎのように計算できる．

$$N = 0.4(3000 - 1500) = 600 \text{ N·m}$$

$$\therefore \quad P = \frac{2\pi \times 180}{60} \times 600 = 11.3 \times 10^3 \text{ W}$$

したがって，11.3 kW を伝達する．

演習問題

8.1 直径 30 cm，高さ 5 m の円柱を横倒しの位置から直立させるのに必要な仕事を求めよ．ただし，この円柱の密度は 2500 kg/m^3 とする．

8.2 図 **8.19** のように，長さ 50 m のロープの端に質量 500 kg の物体をつるし，ロープを巻胴に巻いて物体を 30 m 上げるのに必要な仕事を求めよ．ただし，ロープの質量は 1 m 当たり 2 kg とする．

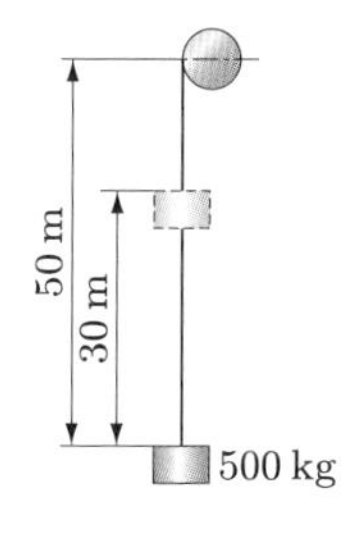

▶図 8.19

8.3 つるまきばねを鉛直につるし，これに 200 g のおもりをつけると長さが 10 cm になり，350 g のおもりをつけると 13 cm になる．このばねを 10 cm の長さから 15 cm の長さに引きのばすのに必要な仕事を求めよ．

8.4 10 m/s の速さで運動している 3 kg の物体を 15 m/s の速さにするのに必要なエネルギーを求めよ．

8.5 2 kg の物体が高さ 20 cm の斜面をすべり降り床に達したとき，速さが 0.10 m/s であった．物体が下降する間に失ったエネルギーを求めよ．

8.6 図 **8.20** のように，3 kg の物体をある高さから落として，コイルばねを 10 cm 縮めるには，物体をどのくらいの高さから落と

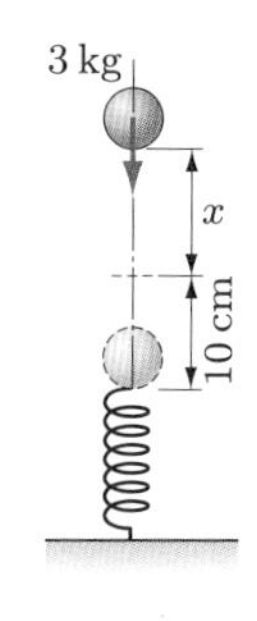

▶図 8.20

＊トルク N が kgf·m で表されているときは，つぎのようになる．

$$P = \frac{2\pi nN}{102 \times 60} \text{ [kW]} \qquad P = \frac{2\pi nN}{75 \times 60} \text{ [PS]}$$

せばよいかを求めよ．ただし，ばね定数は $k = 2000\ \mathrm{N/m}$ とする．

8.7 ばね定数が $3000\ \mathrm{N/m}$ のばねを $10\ \mathrm{cm}$ 圧縮して，質量 $30\ \mathrm{g}$ の球をその上にのせてはなすと，球はどのくらいの高さまで上がるかを求めよ．

8.8 ばね定数 k ［N/m］のばねの自然の状態で，下端に質量 M ［kg］のおもりを結び，急に手をはなしたときと，静かに手をはなしたとき，おもりはそれぞれ最低どこまで下がるかを求めよ．

8.9 **図 8.21** のように，半径 r の円形のレールをもつおもちゃで，質量 M の車を走らせて落ちることなく1回転させるには，どのくらいの高さ以上のところから走らせればよいかを求めよ．

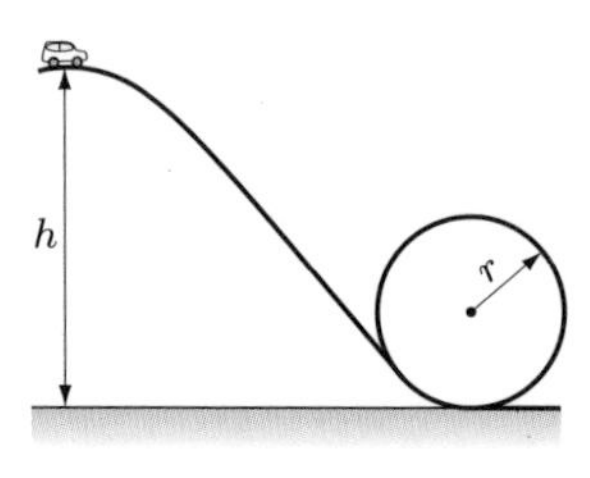

▶図 8.21

8.10 弾丸を木に打ち込むのに，その速さが $100\ \mathrm{m/s}$ ならば $2\ \mathrm{cm}$ の深さまで入る．速さが $250\ \mathrm{m/s}$ ならば，どのくらいの深さまで入るかを求めよ．

8.11 質量 $5\ \mathrm{kg}$，$3\ \mathrm{kg}$ の2球がそれぞれ $v_1 = 8\ \mathrm{m/s}$，$v_2 = 5\ \mathrm{m/s}$ で同じ直線上を同じ方向に運動して衝突したとき，この2球の衝突後の速さ v_1'，v_2'，衝突によるエネルギーの損失 ΔE を求めよ．ただし，この2球間のはねかえりの係数は $e = 0.60$ とする．

8.12 毎時，$1000\ \mathrm{m^3}$ の水を $50\ \mathrm{m}$ の高さに上げるのに必要な動力を求めよ．

8.13 $100\ \mathrm{kg}$ の物体を $5\ \mathrm{s}$ 間に $10\ \mathrm{m}$ の割合で巻き上げる巻上機の動力は何馬力かを求めよ．

8.14 工作器具のバイトで鋼棒を切削するとき，切削速度が $20\ \mathrm{m/min}$ で，刃物に作用する抵抗力が $3\ \mathrm{kN}$ であるとすると，切削に費される動力を求めよ．

8.15 全質量 $1 \times 10^5\ \mathrm{kg}$ の列車に最大速度 $120\ \mathrm{km/h}$ を出させるためには，何 kW の動力の機関車で引かなければならないかを求めよ．ただし，抵抗は $1000\ \mathrm{kg}$ につき $80\ \mathrm{N}$ とする．また，機関車の重さも全質量のなかに含まれているものとする．

8.16 $800\ \mathrm{kW}$ の機関車が $2 \times 10^5\ \mathrm{kg}$ の列車（機関車を含む）を引いて，$\dfrac{1}{1000}$ の勾配をもつ坂を登るときの最大の速さを求めよ．ただし，抵抗は $1000\ \mathrm{kg}$ につき $100\ \mathrm{N}$ とする．

8.17 二つの滑車にかけたベルトが $240\ \mathrm{m/min}$ で運動している．これによって伝えられる動力を求めよ．ただし，ベルトの張力の差は $8\ \mathrm{kN}$ とする．

8.18 モータが回転軸に $350\ \mathrm{N \cdot m}$ のトルクを与えながら $3000\ \mathrm{rpm}$ で回転するとき，モータの供給している動力を求めよ．

FRICTION

摩　擦

第 9 章

二つの物体が接触しているとき，一方の物体を他方の物体の面に沿って動かそうとすると，接触面に物体がすべるのを妨げようとする抵抗力が生じる．このような現象を**すべり摩擦**（sliding friction）といい，この抵抗力を**摩擦力**（frictional force）という．

また，一方の物体が他方の物体の面に沿ってころがろうとするとき，接触部分に偶力のモーメントを生じ，物体がころがるのを妨げようとする．これを**ころがり摩擦**（rolling friction）という．

9.1 すべり摩擦

図 9.1 のように，平面に垂直な力 P で押し付けられている物体に，接触面に平行に力 F をはたらかせる．P は接触面の反力とつりあうから，物体は F の力ですべりだすはずである．しかし，実際には F の小さい間は動かない．これは，F と大きさが等しく反対向きの抵抗力（摩擦の反力）F' が接触面に生じてつりあうからである．このときの摩擦を**静摩擦**（static friction）といい，F' を**静摩擦力**という．

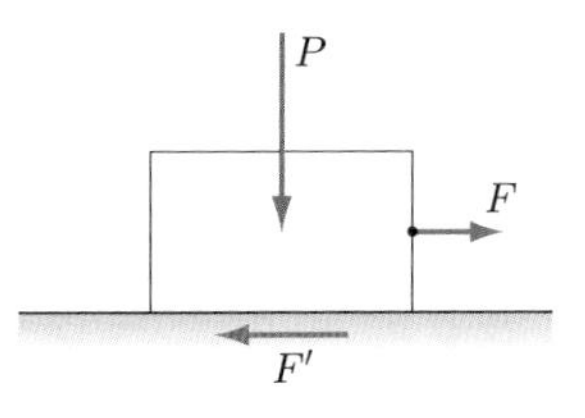

▶図 9.1　すべり摩擦

力 F を大きくしていくとそれにつれて静摩擦力 F' も大きくなるが，F' には上限があり，ついにはつりあいがやぶれて物体は動きはじめる．このときの静摩擦力を**最大摩擦力**という．

最大摩擦力の大きさは接触面の大小に関係なく，接触面にはたらく垂直力の大きさに比例する．すなわち，

$$F' \leqq \mu_s P \tag{9.1}$$

と表される．ここで，μ_s は比例定数で，**静摩擦係数**（coefficient of static friction）という．この値は摩擦面の材質，摩擦面の状態によって定まる定数である．

表 9.1 に，大気中における，みかけ上潤滑してないときの静摩擦係数の値を示す．

図 9.2 に，静摩擦力のつりあいを示す．接触面から物体にはたらく力は，反力 P' と摩擦力 F' であり，その合力を R' とする．いま，ちょうど最大摩擦力がはたらいてつりあっているとすると，$F' = \mu_s P$ であり，P' と R' のなす角 λ には，

▶表 9.1　静摩擦係数 μ_s

材料の組み合わせ	μ_s	材料の組み合わせ	μ_s
鋼 と 鋼	0.6	金属とガラス	0.5〜0.7
鋼と鋳鉄	0.4	金属と木材	0.2〜0.6
鋼と青銅	0.35	固体とゴム	1 〜 4
鋼と黒鉛	0.1		

$$\tan\lambda = \frac{F'}{P'} = \frac{\mu_s P}{P} = \mu_s \qquad (9.2)$$

の関係がある．この角 λ を**静摩擦角**（angle of static friction）という．

接触面が等方的であれば，μ_s はどの方向にも同じであり，図 9.2 の関係を接触面に垂直な軸のまわりに 1 回転させると，合力 R' のベクトルは円すい面を描く．これを**図 9.3** に示す．この頂角 2λ の円すいを，**摩擦円すい**（cone of friction）という．F と P の合力がこの摩擦円すいの内部にあれば，この物体はすべりださない．

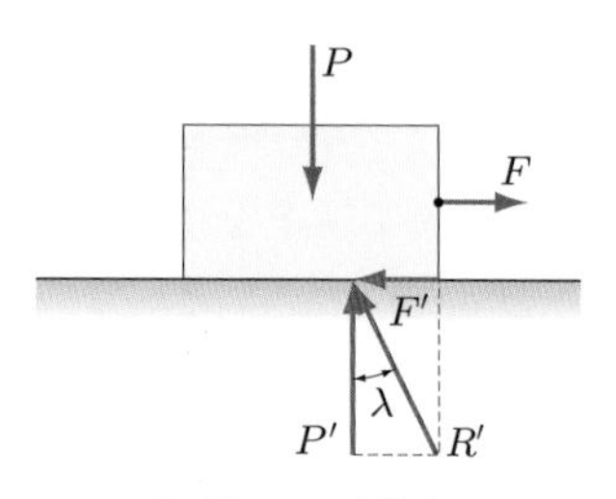

▶図 9.2　摩擦角

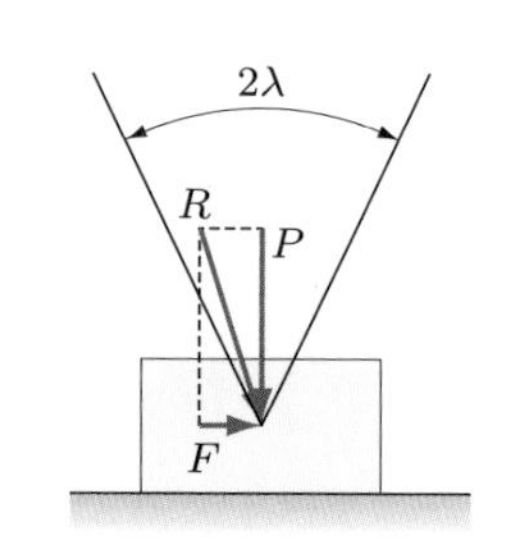

▶図 9.3　摩擦円すい

図 9.4 のように，質量 M の物体を平面の上にのせて，その面をしだいに傾けていくとき，まさに物体がすべりはじめようとするときの斜面と水平面とのなす角を α_s とする．この角のことを**息角**（angle of repose）という．このとき，力のつりあいより，つぎの関係式が求まる．

$$Mg\sin\alpha_s = \mu_s Mg\cos\alpha_s$$

$$\therefore \quad \mu_s = \tan\alpha_s \qquad (9.3)$$

式(9.2)，(9.3)より $\alpha_s = \lambda$，すなわち息角は静摩擦角に等しい．

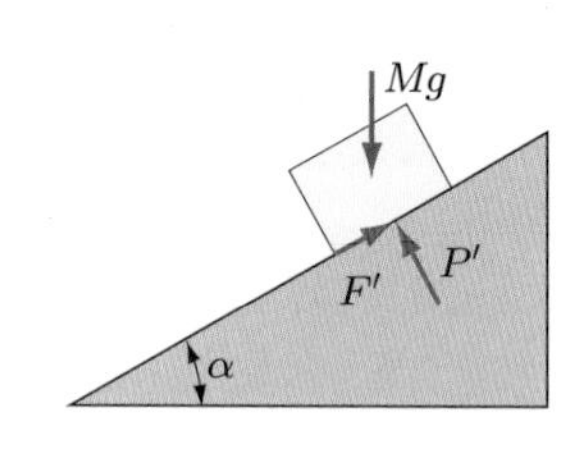

▶図 9.4　斜面の摩擦

物体を面に沿って動かそうとする力が最大静摩擦力を超えると，物体は動きはじめる．いったん動きはじめた後でも，接触面には物体の運動を妨げる摩擦力がはたらく．この現象を**動摩擦**（kinetic friction）といい，このときはたらく摩擦力を**動摩擦力**という．動摩擦力は最大静摩擦力より小さい．動摩擦力も接触面に垂直にはたらく力に比例し，速度や面の広さとはほとんど関係しない．動摩擦力を F' で表すと，式(9.1)と同様につぎの関係が成り立つ．

$$F' = \mu_k P \tag{9.4}$$

この式の μ_k を**動摩擦係数**（coefficient of kinetic friction）という．これは摩擦面の状態によって定まる定数であり，その値は静摩擦係数より小さい．

例題 9.1 水平面上にある 5 kg の物体に，20 N の水平力を加えたら動きはじめた．静摩擦係数と静摩擦角を求めよ．

解答▶ 最大摩擦力 $F' = 20$ N，物体の重さ $Mg = 49$ N であるから，静摩擦係数 μ_s は，

$$\mu_s = \frac{F'}{Mg} = \frac{20}{49} = 0.41$$

となる．また，静摩擦角 λ はつぎのようになる．

$$\tan\lambda = 0.41 \quad より \quad \lambda = 22.3°$$

例題 9.2 水平な床の上をすべっている物体が，速度 5 m/s の状態から停止するまでに 3 s かかった．物体と床との間の動摩擦係数を求めよ．

解答▶ 摩擦力により負の加速度が生じ，この物体は停止したことになる．加速度は進行方向と逆向きに大きさ $\frac{5}{3}$ m/s^2，また，この物体の質量を m とすると，摩擦力 F' は，

$$F' = \frac{5}{3}m$$

と表される．床に垂直な力は mg であるから，動摩擦係数 μ_k はつぎのように求められる．

$$\mu_k = \frac{F'}{mg} = \frac{5}{3g} = \frac{5}{3 \times 9.8} = 0.17$$

9.2 ころがり摩擦

図 9.5 のように，半径 r の円筒が，平面上を平面に平行な力 F を受けてころがる場合を考える．円筒と平面間のすべり摩擦が 0 であれば，円筒は平面上をすべるはずである．しかし，実際にはすべり摩擦力 F' がはたらくから，モーメント Fr によって接触部を瞬間中心とした回転運動が生じ，円筒は平面上をころがる．

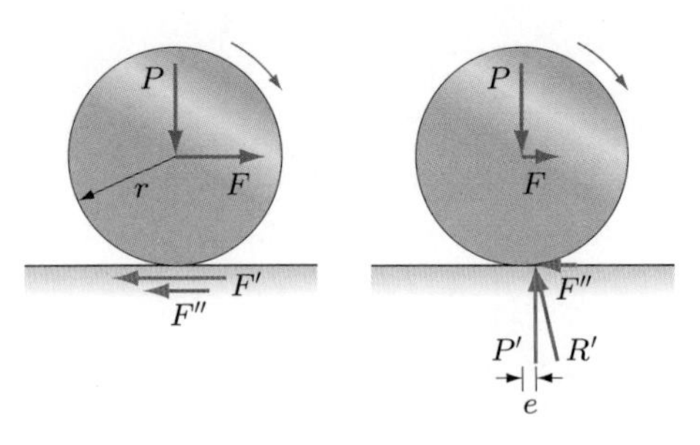

▶図 9.5　ころがり摩擦

このとき，接触部には変形によってある大きさの接触面積を生じ，ころがるときそこにはたらく接触圧力の分布が非対称となり，圧力の合力 P'（$= P$）の着力点は前方にずれて，ころがりに抵抗する偶力のモーメント $P'e$ を生じる．すべらずに一定の速度でころがり運動を続けさせるためには，

$$Fr = P'e = Pe$$

を満たす力 F を絶えず加えなければならない．この力と偶力のモーメントを形成する接触部に現れる摩擦力 F''（$= F$）を，ころがり摩擦力という．

$$F'' = \frac{e}{r}P = \mu_r P \tag{9.5}$$

ころがり摩擦力 F'' と垂直荷重 P の比 μ_r を，**ころがり摩擦係数**（coefficient of rolling friction）という．μ_r は，材料や表面の状態のほかに，円柱の半径なども関係し，その値は 10^{-3}～10^{-2} 程度である．すべり摩擦に比べると，ころがり摩擦は非常に小さいので，ころや車輪を用いてすべり摩擦をころがり摩擦に変えることで，小さい力で重いものを動かすことができる．

なお，着力点のずれ e をころがり摩擦係数ということもある．ただし，e は μ_r と違って長さの単位をもち，鋼で $e = 0.005$～0.05 mm の程度である．このとき，Pe は一定の速度でころがり運動を続けさせるために，絶えず加えなければならないトルクである．

例題 9.3　ころがり摩擦係数が 0.030 の平面上で円柱が静止しているとき，この平面を傾け，円柱が等速度でころがり落ちる角を求めよ．

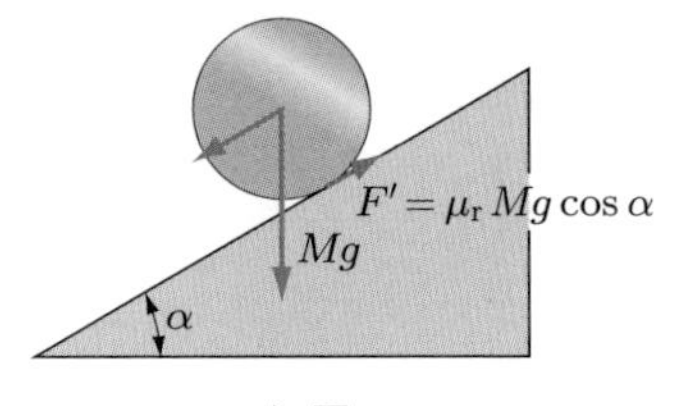

▶図 9.6

解答▶　**図 9.6** のように，この円柱の質量を M とし，α だけ傾けたとき等速度でころがり落ちたとする．このとき，加速度が 0 であるから，円柱の重

さの斜辺方向への分力と，ころがり摩擦力がつりあい，円柱にはたらく外力の和が0になっている．

$$Mg\sin\alpha = 0.030\,Mg\cos\alpha \qquad \therefore \quad \tan\alpha = 0.030$$

したがって，$\alpha = 1.7°$ に傾ければよい．

9.3 ベルトの摩擦

ベルト伝動装置はベルトと車との間の摩擦によって動力を伝える装置である．このような円筒面に巻き付けられたベルト（ロープでもよい）の摩擦について考えよう．**図9.7**のように，ベルトと円筒とが接触している角をθ，ベルトの両側の張力の大きさをT_1，T_2（$T_2 > T_1$），ベルトと円筒との間の静摩擦係数をμ_sとし，ベルトの微小長さ$r\,\mathrm{d}\varphi$に作用する力のつりあいを考える．

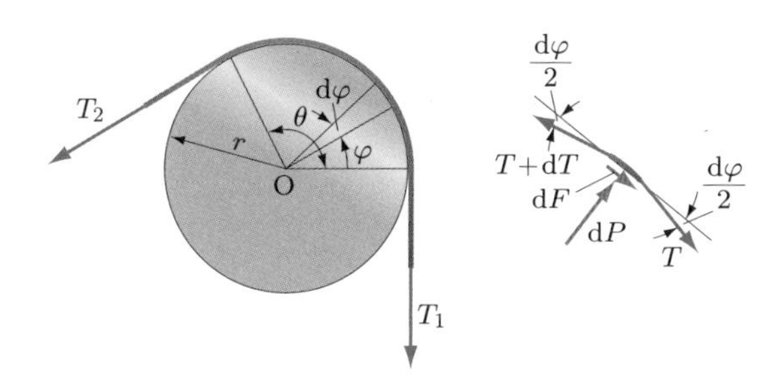

▶図9.7　ベルトの摩擦

$r\,\mathrm{d}\varphi$の微小長さに作用する力は，この両端にはたらく張力$T+\mathrm{d}T$とT，円筒の反力$\mathrm{d}P$，これによる摩擦力$\mathrm{d}F$である．半径方向の力のつりあいより，

$$(T+\mathrm{d}T)\sin\frac{\mathrm{d}\varphi}{2} + T\sin\frac{\mathrm{d}\varphi}{2} = \mathrm{d}P$$

が成り立つ．ここで，$\dfrac{\mathrm{d}\varphi}{2}$は非常に小さいから，

$$\sin\frac{\mathrm{d}\varphi}{2} \fallingdotseq \frac{\mathrm{d}\varphi}{2}$$

と近似できる．したがって，高次の微小項を省略すると，

$$T\frac{\mathrm{d}\varphi}{2} + T\frac{\mathrm{d}\varphi}{2} = \mathrm{d}P \qquad \therefore \quad T\,\mathrm{d}\varphi = \mathrm{d}P \tag{9.6}$$

となる．また，点Oのまわりのモーメントのつりあいより，

$$(T+\mathrm{d}T)r - r\,\mathrm{d}F - rT = 0 \qquad \therefore \quad \mathrm{d}F = \mathrm{d}T \tag{9.7}$$

であり，すべらずにトルクを伝えられる限界では$\mathrm{d}F = \mu_s\,\mathrm{d}P$であるから，式(9.6)，

(9.7)よりつぎの式が成り立つ.

$$T\,\mathrm{d}\varphi = \frac{\mathrm{d}T}{\mu_s} \qquad \therefore\ \mu_s\,\mathrm{d}\varphi = \frac{1}{T}\,\mathrm{d}T$$

両辺を積分すると，つぎの式が得られる.

$$\int_0^\theta \mu_s\,\mathrm{d}\varphi = \int_{T_1}^{T_2} \frac{1}{T}\,\mathrm{d}T \qquad \therefore\ \mu_s\theta = \log_e \frac{T_2}{T_1}$$

$$\therefore\ \frac{T_2}{T_1} = e^{\mu_s\theta} \quad \text{また} \quad T_2 = T_1 e^{\mu_s\theta} \tag{9.8}$$

ここで，$\mu_s = 0.50$，$\theta = \pi$ とすると $T_2 = 4.8\,T_1$ となり，大きな摩擦抵抗を生じることがわかる．このようなベルトを使って動力を伝えるとき，伝達される最大トルク N は，つぎの式で与えられる.

$$N = (T_2 - T_1)r \tag{9.9}$$

船が岸に近づいたとき，ロープをけい船柱に数回巻き付けることはよく知られている．このときもベルトの摩擦と同じで，ロープと柱とが接触している角は非常に大きいから，この摩擦力を利用して小さい力で船の動きをとめることができる.

例題 9.4 モータによって生じた 500 N·m のトルクを，平ベルトにより伝達する．**図 9.8** のように，ベルトは直径 30 cm のドラムにかかっている．ベルトとドラムとの静摩擦係数が 0.30 であるとき，ベルトの両側の張力の大きさ T_1，T_2 を求めよ．ただし，ベルトにスリップがないものとする.

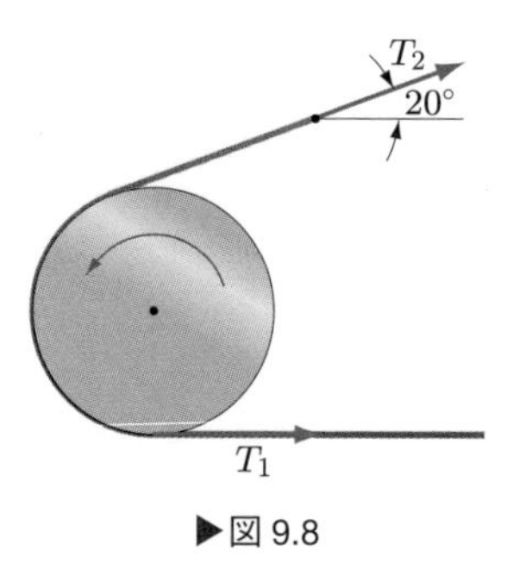

▶図 9.8

解答▶ ベルトとドラムとが接触している角は，図からわかるように 160° であるから，これをラジアンに直すとつぎのようになる.

$$160° \times \frac{\pi}{180} = \frac{8}{9}\pi\ \mathrm{rad}$$

ここで，式(9.8)より，

$$T_2 = T_1 e^{0.3\times(8/9)\pi} = 2.31T_1$$

となる．また式(9.9)より，つぎの式が成り立つ.

$$(T_2 - T_1) \times \frac{0.3}{2} = 500$$

これらを解くと，張力 T_1，T_2 はつぎのように求められる.

$$T_1 = \frac{500}{1.31 \times 0.15} = 2.54 \times 10^3$$

$$T_2 = 2.31\,T_1 = 2.31 \times 2.54 \times 10^3 = 5.87 \times 10^3$$

したがって，$T_1 = 2.5\,\mathrm{kN}$，$T_2 = 5.9\,\mathrm{kN}$ となる．

9.4 ブレーキ

物体の摩擦を利用しているものに**ブレーキ**（brake）がある．ブレーキ胴にブレーキ片を押し付け，摩擦力によって回転軸を制動する**ブロックブレーキ**（block brake）と，ブレーキ片代わりにブレーキバンドをブレーキ胴に巻き付けておき，これを締め付けて制動する**バンドブレーキ**（band brake）の力の関係について調べよう．

図 9.9 のように，ブロックブレーキのレバーを P の力で押したときに，ブレーキ片にはたらく摩擦力を F，ブレーキ胴からの反力を P' とすると，点 A のまわりのモーメントのつりあいより，

$$bP' - aP + cF = 0$$

が成り立つ．また，$F = \mu_k P'$ より，

$$b\frac{F}{\mu_k} - aP + cF = 0$$

となる．これより，摩擦力 F はつぎのように求められる．

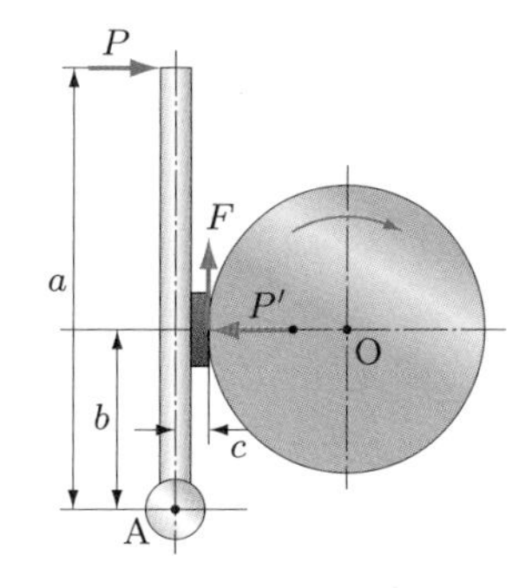

▶図 9.9　ブロックブレーキ

$$F = \frac{\mu_k aP}{b + \mu_k c} \tag{9.10}$$

ブレーキ胴が左回りのときは F の向きが反対になるから，同様にして求めると，つぎのようになる．

$$F = \frac{\mu_k aP}{b - \mu_k c} \tag{9.11}$$

図 9.10 において，点 O のまわりに回転できるバンドブレーキのレバーに力 P を加えると，点 A は上に上がり，点 B は下に下がる．ところが，OB > OA であるから，A が上がるより B が下がるほうが大きく，その差でバンドはブレーキ胴を締め付け，摩擦力がはたらく．ブレーキ胴が右回りのとき，張力 T_1，T_2 の間には，

$$T_1 = e^{\mu_k \theta}\, T_2$$

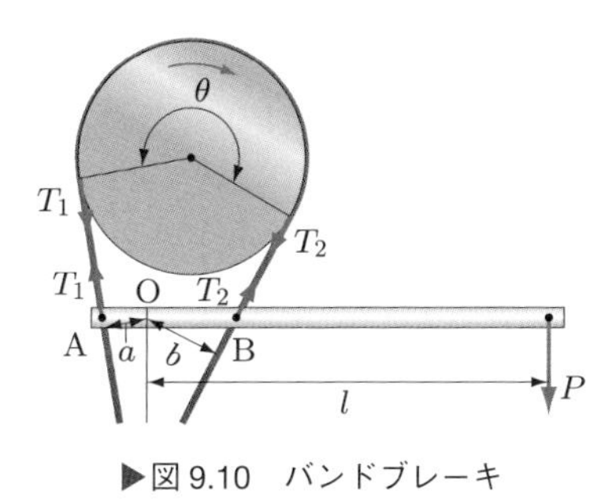

▶図 9.10　バンドブレーキ

の関係があるから，そのときの摩擦力 F はつぎのように表される．

$$F = T_1 - T_2 = (e^{\mu_k\theta} - 1)T_2$$

また，レバーの点 O のまわりのモーメントのつりあいより，つぎの関係が成り立つ．

$$-aT_1 + bT_2 - lP = 0$$

$$(-ae^{\mu_k\theta} + b)T_2 - lP = 0$$

$$\frac{(-ae^{\mu_k\theta} + b)F}{e^{\mu_k\theta} - 1} - lP = 0$$

よって，摩擦力 F はつぎのように求められる．

$$F = \frac{lP(e^{\mu_k\theta} - 1)}{-ae^{\mu_k\theta} + b} \tag{9.12}$$

また，ブレーキ胴が左回りのときは，同様にしてつぎのようになる．

$$F = \frac{lP(e^{\mu_k\theta} - 1)}{be^{\mu_k\theta} - a} \tag{9.13}$$

9.5 軸受の摩擦

回転運動または直線運動する軸を支える機械要素が，**軸受**（bearing）である．**図 9.11** のように，軸に直角方向の荷重を支える軸受を**ラジアル軸受**（radial bearing），**図 9.12** のように，軸方向の荷重を支える軸受を**スラスト軸受**（thrust bearing）という．

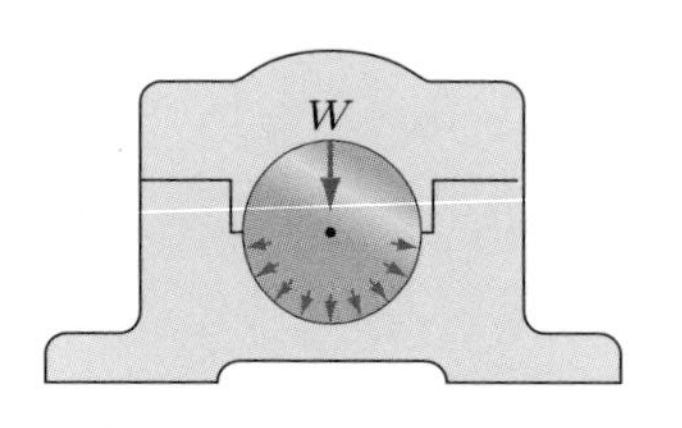

▶図 9.11　ラジアル軸受

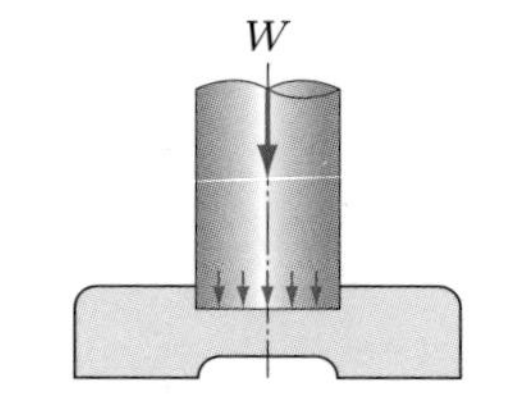

▶図 9.12　スラスト軸受

幅 l のラジアル軸受が，**図 9.13** のように半径 R の軸を支えている．軸受の反力は軸の下半分の円柱面に一様にはたらくと仮定し，単位面積当たりの反力を p とする．

接触面を微小な幅 $R\,\mathrm{d}\theta$ の軸に平行な部分に分け，その一つの面積を $\mathrm{d}A$ とすると，それらの間には，

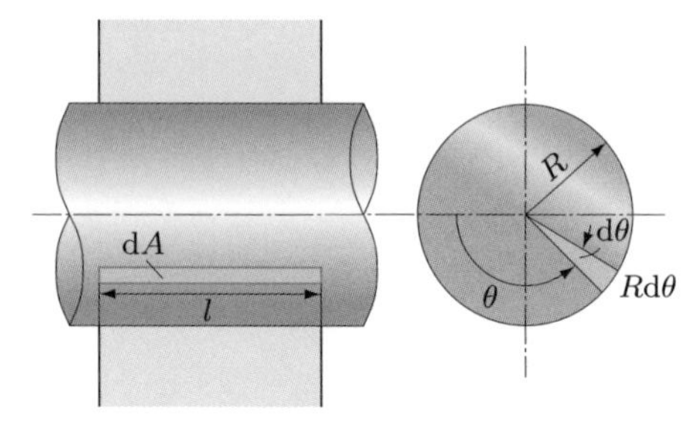

▶図 9.13

$$dA = R\,d\theta\cdot l$$

の関係が成り立つ．この部分にはたらく反力 $p\,dA$ の荷重方向成分の総和が荷重 W とつりあうから，

$$\int_0^{\pi} pRl\sin\theta\cdot d\theta = pRl\,[-\cos\theta]_0^{\pi} = 2pRl = W$$

であり，$p = \dfrac{W}{2Rl}$ となる．ここで，p は単位投影面積当たりの荷重に等しく，これを**軸受平均圧力**という．この反力により $\mu_k p\,dA = \dfrac{\mu_k W\,d\theta}{2}$ の摩擦力がはたらく．これを軸受の下半分について積分すると，軸受の摩擦力 F はつぎのように求められる．

$$F = \int_0^{\pi} \frac{\mu_k W}{2}\cdot d\theta = \frac{\mu_k W}{2}[\theta]_0^{\pi} = \frac{\pi\mu_k W}{2} \tag{9.14}$$

また，摩擦力のモーメント N はつぎのようになる．

$$N = \frac{\pi\mu_k RW}{2} \tag{9.15}$$

しかし，実際には摩擦面にはたらく力は一様ではなく，また潤滑されているのがふつうであるから，このようにはならない．そこで，

$$F = \mu' W \qquad N = \mu' RW \tag{9.16}$$

とおいて，実験あるいは潤滑理論によって求められる軸受の摩擦係数 μ' を利用する．

つぎに，スラスト軸受の摩擦モーメントを求めよう．**図 9.14** のように，接触面の半径が R の固定平面スラスト軸受を考える．荷重を W とし，接触面に垂直にはたらく力は一様であると仮定すると，中心から r の距離にある微小な幅 dr のリング状の部分にはたらく垂直力は，

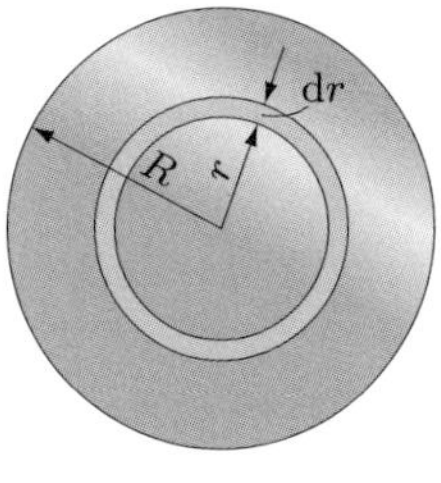

$$\frac{W}{\pi R^2}\cdot 2\pi r\,dr = \frac{2Wr\,dr}{R^2}$$

▶図 9.14

と表される．また，これによって生じる摩擦力のモーメント dN は，

$$dN = \mu_k \frac{2Wr^2\,dr}{R^2}$$

となる．したがって，接触部分全体にはたらく摩擦力によるモーメントは，つぎのように求められる．

$$N = \int_0^R \mu_k \frac{2Wr^2}{R^2}\,dr = \mu_k \frac{2W}{R^2}\left[\frac{r^3}{3}\right]_0^R = \frac{2}{3}\mu_k WR \tag{9.17}$$

例題 9.5 直径 8 cm のラジアル軸受において，軸が 3 kN の荷重を受けて 120 rpm で回転している．摩擦によって失われる動力を求めよ．ただし，$\mu' = 0.020$ とする．

解答▶ 摩擦力のモーメント N，角速度 ω は，

$$N = \mu' RW = 0.020 \times 0.04 \times 3000 = 2.4\ \mathrm{N{\cdot}m}$$

$$\omega = \frac{2\pi \times 120}{60} = 4\pi\ \mathrm{rad/s}$$

となる．したがって，動力 P はつぎのように求められる．

$$P = N\omega = 2.4 \times 4\pi = 30\ \mathrm{W}$$

演習問題

9.1 静摩擦係数が 0.25 であるときの摩擦角を求めよ．

9.2 傾角 15° の斜面を物体が等速度ですべり落ちている．このときの摩擦係数を求めよ．

9.3 水平面上にある 50 kg の物体を，水平と 30° の方向に 200 N の力で引くとき，この物体の加速度を求めよ．ただし，物体と水平面との間の摩擦係数を 0.30 とする．

9.4 水平な床の上にある質量 M の物体を引いて床の上をすべらせる．最小の力で動かすには，水平に対してどの方向へ引けばよいかを求めよ．ただし，物体と床との間の摩擦係数を μ とする．

9.5 30 kg の物体が，傾角 45° の斜面を 5 m すべり落ちるのに必要な時間を求めよ．ただし，物体と斜面の間の摩擦係数を 0.15 とする．

9.6 長さ 5 m，質量 30 kg のはしごを，地面と 60° の角度で壁にたてかけ，体重 60 kg の人がこれに登るとき，はしごがすべりはじめる高さを求めよ．ただし，はしごと地面，はしごと壁の間の摩擦係数をそれぞれ 0.40，0.20 とする．

9.7 半径 r の球の上に質量 M の物体をおくとき，これがすべることなく静止するには，球の中心よりどのくらいの高さにおいたらよいかを求めよ．ただし，球と物体との間の摩擦係数を 0.20 とする．

9.8 雨にぬれている水平な道路を自動車が半径 30 m のカーブを描いて曲がるとき，横すべりをしない最大の速さを求めよ．ただし，道路とタイヤの間の摩擦係数を 0.20 とする．

9.9 直径 20 cm，質量 5 kg のころを水平な床の上でころがすとき，ころを押すのに必要な力を求めよ．ただし，ころと床との間のころがり摩擦係数を 0.0050 とする．

9.10 タイヤと道路との間のころがり摩擦係数が 0.1 cm のとき，質量 1000 kg，車輪の直径 60 cm の自動車を押して動かすのに必要な力を求めよ．

9.11 直径 5 cm の鋼棒が鋼板上をころがり落ちるのに必要な最小傾角を求めよ．ただし，ころがり摩擦係数を 0.05 cm とする．

9.12 質量 5×10^4 kg の電気機関車がある．車輪とレールとの間のすべり摩擦係数を $\mu_s = 0.30$ とするとき，この機関車の引きうる列車の全質量を求めよ．ただし，列車のころがり摩擦抵抗は質量 1000 kg ごとに 40 N であるとする．

9.13 張力 T で引っ張られている綱を円柱に n 回巻き付け，その端を引いてつりあわせるとき，引く力 F を求めよ．また，これは T の力の何分の 1 かを求めよ．

9.14 ロープを円柱に 3 回巻き付け，300 N の力で 1000 kg のものを支えることができた．ロープと円柱との間の摩擦係数を求めよ．

9.15 **図 9.15** のようなブロックブレーキで，ブレーキ胴が右回りのとき，ブレーキ力の大きさを求めよ．ただし，ブレーキ片とブレーキ胴の間の摩擦係数を 0.30 とする．

9.16 **図 9.16** のようなバンドブレーキで，ブレーキ胴がトルク 300 N·m で右回りに回転している．これを完全に停止させるには，レバーの先にどのくらいの力を加えればよいかを求めよ．ただし，ブレーキバンドとブレーキ胴の間の摩擦係数を 0.25 とする．

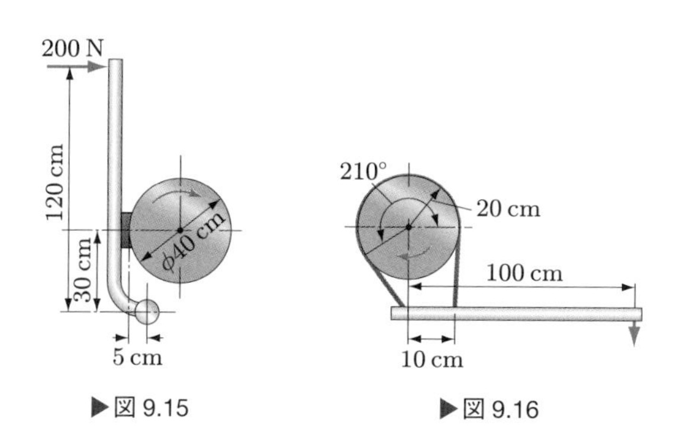

▶図 9.15　▶図 9.16

SIMPLE MACHINE

簡単な機械

機械をみると，複雑なようではあるが，いくつかの簡単な機械が組み合わされてできていることがわかる．この章では，そのいくつかについて，どのようなはたらきをするかをいままでに学んだ知識をもとにして調べよう．

10.1 て　こ

図 10.1 のように，支点 O のまわりに回転できるようにした棒（剛体）を，**てこ**（lever）という．力 F の作用点を**力点**，荷重 W のかかる点 B を**重点**という．

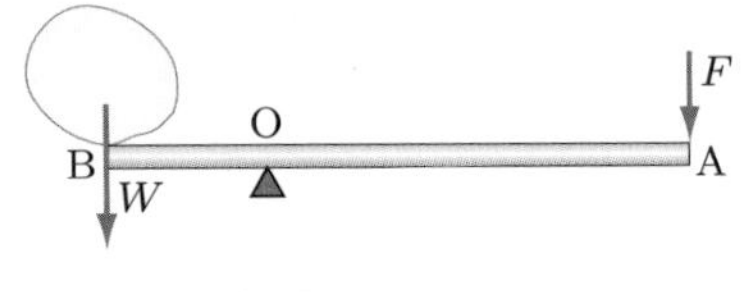

▶図 10.1　てこ

支点 O のまわりの力のモーメントのつりあいより，つぎの関係が成り立つ．

$$W \cdot \mathrm{BO} - F \cdot \mathrm{OA} = 0$$

$$\therefore \quad \frac{W}{F} = \frac{\mathrm{OA}}{\mathrm{OB}} \tag{10.1}$$

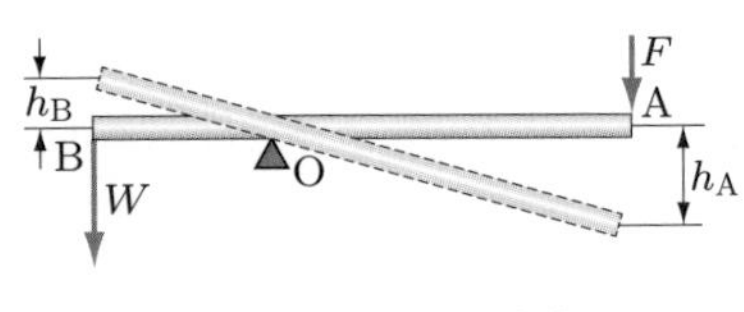

▶図 10.2　てこの変位

この $\dfrac{W}{F}$ の比の値を**力比**（force ratio）という．力比が大きいほど，小さい力で大きな物体を動かすことができる．この力比を大きくするには，OB の長さに対して OA の長さを大きくすればよい．また，**図 10.2** のように，点 A に力 F を加えて h_A だけ下げると，それにつれて荷重 W のかかっている点 B は h_B だけ上がる．これらの運動に要する時間 Δt は同じであるから，点 A，B の速さ v_A，v_B の間には，つぎの関係が成り立つ．

$$\frac{v_B}{v_A} = \frac{h_B/\Delta t}{h_A/\Delta t} = \frac{h_B}{h_A} \tag{10.2}$$

この $\dfrac{h_B}{h_A}$ を**速比**（velocity ratio）という．このように，てこは物体の動きを拡大したり縮小したりすると同時に，速さを変えることができる．

10.2 滑　車

綱やくさりで軸のまわりに回転させることができるようにした車を，**滑車**（pulley）という．滑車には，**図 10.3** のように軸の位置を固定した**定滑車**（fixed pulley）と，**図 10.4** のように軸の位置が一定でない**動滑車**（movable pulley）とがある．

定滑車は力の向きを変えることができるが，力の大きさを変えることはできない．一方，動滑車では，その中心に質量 M の物体をつるすとき，滑車の重さを無視すれば，点 C のまわりのモーメントのつりあいから，

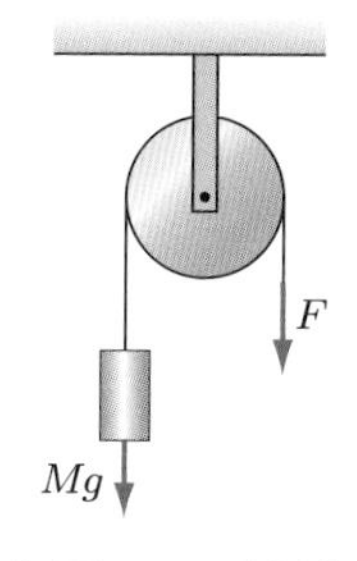

▶図 10.3　定滑車

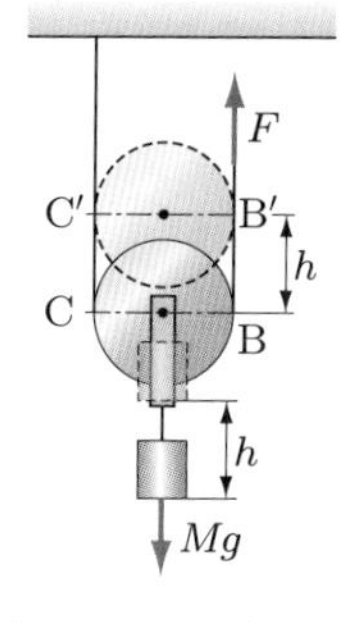

▶図 10.4　動滑車

$$F \cdot 2r = Mg \cdot r \qquad \therefore \quad F = \frac{Mg}{2} \tag{10.3}$$

となり，物体を持ち上げるのに必要な力は $\frac{1}{2}$ になる．また，質量 M の物体を距離 h だけ引き上げるには，CC′ と BB′ の部分，すなわち $2h$ の長さだけ綱を引き上げなければならない．したがって，力 F による仕事は，

$$F \cdot 2h = \frac{Mg}{2} \cdot 2h = Mgh$$

となる．これは，質量 M の物体を h だけ引き上げるのに必要な仕事に等しい．すなわち，加える力は $\frac{1}{2}$ になっても，綱を引く距離は 2 倍となり，仕事の量としては変わらないことがわかる．これを**仕事の原理**という．

滑車は定滑車，動滑車を組み合わせて使う場合が多いが，その組み合わせ方によって，**図 10.5**（a），図（b）と（c），図（d）のように，おおまかに 3 種類に分けられる．

図（a）のような複合滑車では，動滑車の数を n とし，動滑車の質量を無視すれば，

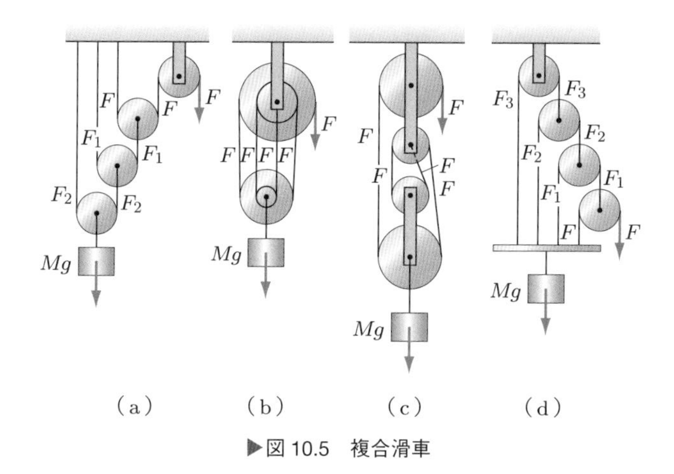

▶図 10.5　複合滑車

$$F = \frac{Mg}{2^n} \tag{10.4}$$

と表すことができる．一方，動滑車の重さを考慮し，1 個の質量を m とすると，つぎのように表される．

$$F = \frac{Mg + mg(2^n - 1)}{2^n} \tag{10.5}$$

図(b)と(c)のような複合滑車では，動滑車をつっている糸の数を n とし，動滑車の質量を無視すれば，

$$F = \frac{Mg}{n} \tag{10.6}$$

と表される．また，それぞれの動滑車の質量を m とすると，つぎのように表される．

$$F = \frac{mg + Mg}{n} \tag{10.7}$$

図(d)のような複合滑車では，動滑車の数を n とし，動滑車の質量を無視すれば，

$$F = \frac{Mg}{2^{n+1} - 1} \tag{10.8}$$

となる．また，動滑車の質量を m とすると，つぎのように表される．

$$F = \frac{Mg - \{2(2^n - 1) - n\}mg}{2^{n+1} - 1} \tag{10.9}$$

式(10.4)〜(10.9)より，動滑車の数が多くなると，小さい力で重い物体を引き上げることができるが，仕事の原理より，綱を引く距離は長くなる．

図 10.6 のように，半径 R，r の軸の固定された 2 個の定滑車 A，B と 1 個の動滑車をくさりで連結したものを，**差動滑車**（differential pulley block）という．

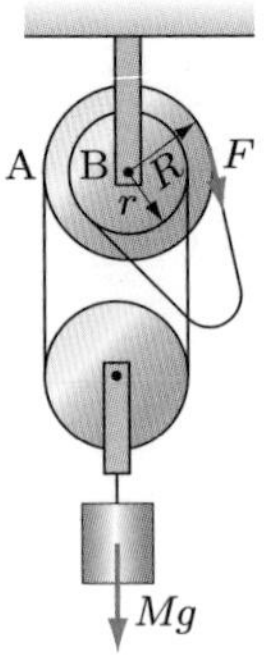

動滑車の中心に質量 M の物体をつるし，A にかかったくさりを力 F で引くとする．このとき，定滑車の中心のまわりのモーメントのつりあいより，動滑車の質量を無視すると，力 F の大きさはつぎのように表される．

$$\frac{Mg}{2}R - \frac{Mg}{2}r - FR = 0$$

$$\therefore \quad F = \frac{Mg(R - r)}{2R} \tag{10.10}$$

▶図 10.6　差動滑車

式(10.10)より，R の値が大きく，それぞれの定滑車の半径 R と r の差が小さいほど，力 F は小さくてすむ．

このとき，質量 M の物体を距離 h だけ上げるのに必要な，A にかかったくさりを

引く距離 s を考えよう．仕事の原理により，

$$Fs = Mgh$$

が成り立ち，これと式(10.10)より，くさりを引く距離 s はつぎのようになる．

$$s = \frac{Mgh}{F} = \frac{2Rh}{R - r} \tag{10.11}$$

このように，$R - r$ を小さくし，くさりを引く力 F を小さくすると，その代わりにくさりを引く距離 s が大きくなる．つまり，力で得をしても距離で損をするのである．

また，動滑車の質量 m を考慮すると，式(10.10)はつぎのように表される．

$$F = \frac{(Mg + mg)(R - r)}{2R} \tag{10.12}$$

例題 10.1 図 10.6 の差動滑車において，$R = 25$ cm，$r = 24$ cm であるとき，500 kg の物体を上げるのに必要な力を求めよ．また，この物体を 1 m 上げるのに，滑車 A を何回転させなければならないかを求めよ．

解答▶ この物体を上げる力は，式(10.10)より，つぎの式で表される．

$$F = \frac{Mg(R - r)}{2R}$$

ここで，$Mg = 500 \times 9.8 = 4900$ N，$R = 25$ cm，$r = 24$ cm を代入すれば，力 F は，

$$F = \frac{4900(25 - 24)}{2 \times 25} = 98\,\mathrm{N}$$

と求められる．また，物体を上げるのに引くくさりの距離 s は，式(10.11)より，

$$s = \frac{Mgh}{F} = \frac{4900 \times 1}{98} = 50\,\mathrm{m}$$

と求められる．したがって，その間に滑車 A が n 回転するとすれば，

$$n = \frac{50}{2\pi \times 0.25} = \frac{100}{\pi} = 32$$

となる．まとめると，物体を上げるのに必要な力は 98 N，滑車 A の回転数は 32 回転である．

例題 10.2 **図 10.7** のように，水平面と α の角をなす斜面の上に質量 M_1 の物体をおき，それを糸で斜面の端につけられた質量 M，半径 R の滑車にかけ，糸の他端につけた質量 M_2 の物体で斜面上の物体を動かすとき，滑車のまわる角加速度を求めよ．た

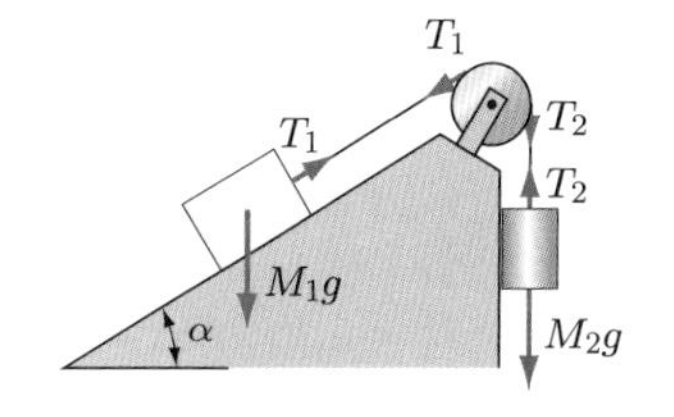

▶図 10.7

だし，糸は滑車に対してすべらないものとし，物体と斜面の間の動摩擦係数を μ_k とする．

解答▶ 糸の斜面に平行な部分と，鉛直な部分にはたらく張力の大きさを，それぞれ T_1，T_2 とする．物体の加速度を a とすると，質量 M_1，M_2 の物体の運動方程式は，それぞれつぎのように与えられる．

$$M_1 a = T_1 - M_1 g\sin\alpha - \mu_k M_1 g\cos\alpha \qquad ①$$

$$M_2 a = M_2 g - T_2 \qquad ②$$

滑車の回転の運動方程式は，慣性モーメントを I，角加速度を $\dot{\omega}$ とすれば，

$$I\dot{\omega} = (T_2 - T_1)R \qquad ③$$

となる．ここで，

$$I = M\frac{R^2}{2}$$

$$a = R\dot{\omega} \qquad ⑤$$

であるので，式①，②，⑤より，張力 T_1，T_2 はつぎのように求められる．

$$T_1 = M_1 g\sin\alpha + \mu_k M_1 g\cos\alpha + M_1 R\dot{\omega} \qquad ⑥$$

$$T_2 = M_2 g - M_2 R\dot{\omega} \qquad ⑦$$

式④，⑥，⑦を式③に代入して整理すると，つぎのように角加速度 $\dot{\omega}$ が求められる．

$$\dot{\omega} = \frac{2g(M_2 - M_1\sin\alpha - \mu_k M_1\cos\alpha)}{(M + 2M_2 + 2M_1)R}$$

10.3 輪　軸

図 10.8 のように，半径の異なる円筒 A，B を同じ軸に固定したものを，**輪軸**（wheel and axle）という．このとき，大きいほうの円筒 A を車輪，小さいほうの円筒 B を軸という．A に巻かれた綱を F の力で引き，B に巻かれた綱で質量 M の物体を引き上げるとすると，中心 O のまわりの力のモーメントのつりあいより，

$$RF = rMg \qquad \therefore \quad F = \frac{r}{R}Mg \qquad (10.13)$$

が成り立つ．したがって，輪軸は $r:R$ の比の値を小さくするほど，小さい力で重い物体を引き上げることができる．ウィンチは輪軸を応用したものである．

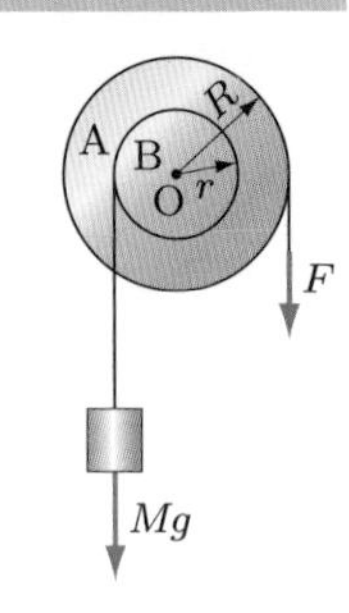

▶図 10.8　輪軸

例題 10.3 **図 10.9** のような輪軸で，質量 500 kg の物体を 5 rpm で巻き上げるとき，ロープを引く力 F および動力を求めよ．

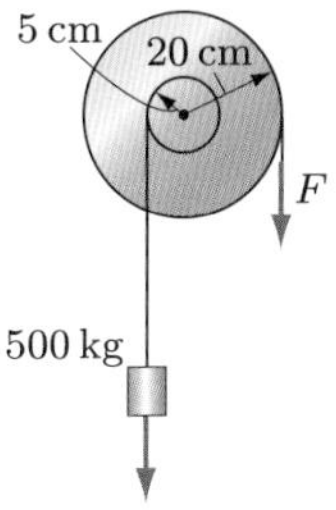

▶図 10.9

解答▶ 式(10.13)より，力 F はつぎのように求められる．

$$F = \frac{r}{R} Mg = \frac{5}{20} \times 500 \times 9.8 = 1.2\,\mathrm{kN}$$

つぎに，軸の回転数は 5 rpm であるから，500 kg の物体が上昇する速さ v は，

$$v = 0.05 \times \frac{2\pi \times 5}{60} = 0.0262\,\mathrm{m/s}$$

となる．したがって，動力 P はつぎのように求められる．

$$P = 500 \times 9.8 \times 0.0262 = 128\,\mathrm{W}$$

10.4 斜　面

図 10.10 のように，質量 M の物体を鉛直に h だけ引き上げる代わりに，傾角 α の**斜面**を利用して引き上げる場合を考える．摩擦がないものとし，斜面に平行にはたらかせる力を F とする．物体にはたらく重力を Mg とすると，仕事の原理より，つぎのようになる．

$$Fs = Mgh \qquad \therefore \quad F = Mg\frac{h}{s} = Mg\sin\alpha \quad \left(0 < \alpha < \frac{\pi}{2}\right) \tag{10.14}$$

この式より，傾角 α の値が小さいほど力 F の値が小さいことがわかる．すなわち，Mg より小さい力 F で引き上げることができる．

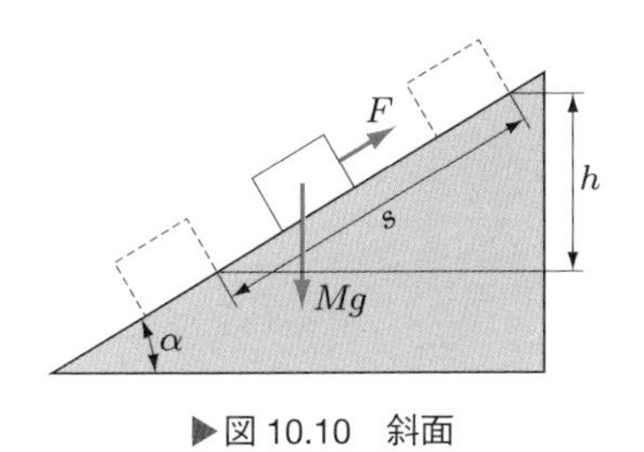

▶図 10.10　斜面

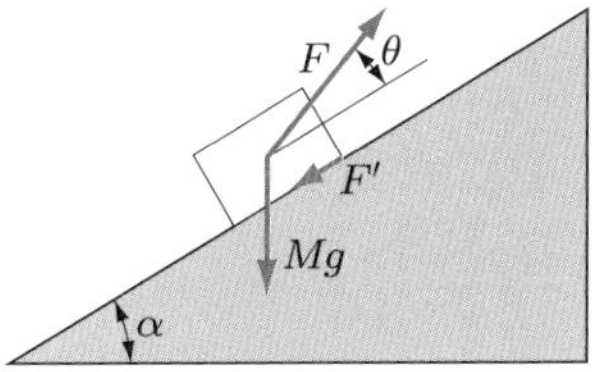

▶図 10.11　斜面に沿って物体を押し上げる力

つぎに摩擦のある場合を調べてみよう．**図 10.11** のように，斜面と角 θ の方向に力を加えて物体を引き上げ，物体がまさに動き出そうとするときの力の大きさを F とし，斜面と物体との間の静摩擦係数を $\mu_s = \tan\lambda$ とする．

斜面に垂直にはたらく力は $Mg\cos\alpha - F\sin\theta$ である．また，摩擦力 F' は

$$F' = \mu_s(Mg\cos\alpha - F\sin\theta)$$

となる．斜面に平行な方向における力のつりあいより，つぎの式が成り立つ．

$$F\cos\theta = Mg\sin\alpha + F' = Mg\sin\alpha + \mu_s(Mg\cos\alpha - F\sin\theta)$$

$$F = \frac{Mg(\sin\alpha + \mu_s\cos\alpha)}{\cos\theta + \mu_s\sin\theta} \qquad (10.15)$$

ここで，$\mu_s = \tan\lambda$ を代入すると，つぎのように書くことができる．

$$F = \frac{Mg(\sin\alpha + \tan\lambda\cos\alpha)}{\cos\theta + \tan\lambda\sin\theta} = Mg\frac{\sin(\alpha + \lambda)}{\cos(\theta - \lambda)} \qquad (10.16)$$

F が水平方向にはたらくときは $\theta = -\alpha$ であるから，式(10.16)はつぎのようになる．

$$F = Mg\tan(\alpha + \lambda) \qquad (10.17)$$

また，物体が斜面に沿ってすべり落ちるのを防ぐのに必要な力は，摩擦力が斜面に沿って上向きにはたらくことを考慮して，

$$F\cos\theta = Mg\sin\alpha - F'$$
$$= Mg\sin\alpha - \mu_s(Mg\cos\alpha - F\sin\theta) \qquad (10.18)$$

$$F = \frac{Mg(\sin\alpha - \mu_s\cos\alpha)}{\cos\theta - \mu_s\sin\theta} = Mg\frac{\sin(\alpha - \lambda)}{\cos(\theta + \lambda)} \qquad (10.19)$$

となる．また，水平方向に力を加えるときは $\theta = -\alpha$ であるから，式(10.19)は，つぎのようになる．

$$F = Mg\tan(\alpha - \lambda) \qquad (10.20)$$

ここで，$\alpha = \lambda$ のとき $F = 0$，また，$\alpha < \lambda$ のとき $F < 0$ となる．すなわち，斜面の傾角が摩擦角に等しいか小さいときは，力を加えなくても物体はすべり落ちない．

図 10.12 のように，斜面に沿って物体を押し下げるのに必要な最小の力を F とすると，斜面に沿った方向における力のつりあいより，つぎのように求められる．

$$F\cos\theta + Mg\sin\alpha$$
$$= \mu_s(F\sin\theta + Mg\cos\alpha) \qquad (10.21)$$

$$F = Mg\frac{\mu_s\cos\alpha - \sin\alpha}{\cos\theta - \mu_s\sin\theta}$$
$$= Mg\frac{\sin(\lambda - \alpha)}{\cos(\theta + \lambda)} \qquad (10.22)$$

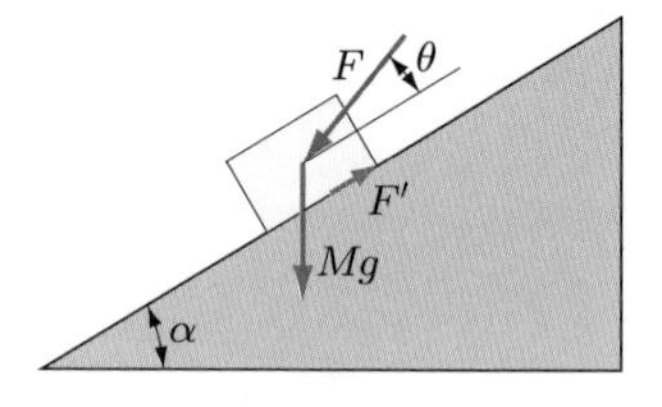

▶図 10.12　斜面に沿って物体を押し下げる力

水平方向に力を加えた場合は，$\theta = -\alpha$ とおいて，式(10.22)はつぎのようになる．

$$F = Mg\tan(\lambda - \alpha) \qquad (10.23)$$

式(10.23)より，$\alpha > \lambda$ ならば $F < 0$ となる．すなわち，物体は力を加えなくても自然にすべり落ちる．

10.4.1 くさび

斜面を利用したもっとも簡単なものに，**くさび**（wedge）がある．頂角 2α の二等辺三角形の形のくさびを，**図 10.13** のように，力 F を加えて物体に打ち込む場合を考えてみよう．くさびと物体の間の静摩擦係数を $\mu_s = \tan\lambda$ とする．くさびにはたらく力は，押し込もうとする力 F，物体からの接触面に垂直な反力 P'，接触面に沿って生じる摩擦力 F' であるから，これらの力のつりあいより，力 F はつぎのように表される．

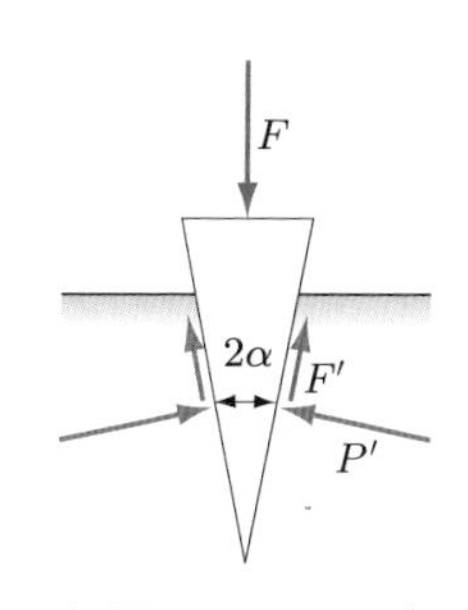

▶図 10.13　くさび

$$
\begin{aligned}
F &= 2(P'\sin\alpha + F'\cos\alpha) \\
&= 2P'(\sin\alpha + \mu_s\cos\alpha) \qquad (10.24) \\
&= 2P'(\sin\alpha + \tan\lambda\cos\alpha) \\
&= 2P'\frac{\sin(\alpha+\lambda)}{\cos\lambda} \qquad (10.25)
\end{aligned}
$$

F の力でこのくさびを打ち込んだ場合，くさびの側面が物体を押しのけようとする力は，式(10.24)，(10.25)より，つぎのように表される．

$$
P' = \frac{F}{2(\sin\alpha + \mu_s\cos\alpha)} = \frac{F\cos\lambda}{2\sin(\alpha+\lambda)} \qquad (10.26)
$$

また，くさびを抜くときの力を F とすれば，図 10.13 において，F の向きは反対になり，摩擦力 F' の向きも反対になるから，同様にして計算すると，つぎのようになる．

$$
F = 2P'(\mu_s\cos\alpha - \sin\alpha) = 2P'\frac{\sin(\lambda-\alpha)}{\cos\lambda} \qquad (10.27)
$$

この式で $\alpha > \lambda$ とすると，$F < 0$ となる．このことは，くさびが自然に抜けることを意味している．

例題 10.4　頂角 20° のくさびを 800 N の力で木材に打ち込むとき，木材を押し割ろうとする力を求めよ．ただし，木材とくさびとの間の静摩擦係数を $\mu_s =$ 0.25 とする．

解答▶　式(10.26)より，求める力 P' はつぎのように表される．

$$
P' = \frac{F}{2(\sin\alpha + \mu_s\cos\alpha)}
$$

ここで，$F = 800\,\text{N}$，$\alpha = \dfrac{20^\circ}{2} = 10^\circ$，$\mu_s = 0.25$ を代入すると，つぎのようになる．

$$P' = \frac{800}{2\,(\sin 10^\circ + 0.25 \cos 10^\circ)} = 9.5 \times 10^2\ \text{N}$$

例題 10.5 **図 10.14** のように，質量 60 kg の物体を，質量 3 kg のくさびで押し上げるとき，くさびを押し込む力 F を求めよ．ただし，物体とくさびの間の静摩擦係数は 0.15，物体と壁，くさびと床の間の静摩擦係数を 0.20 とする．

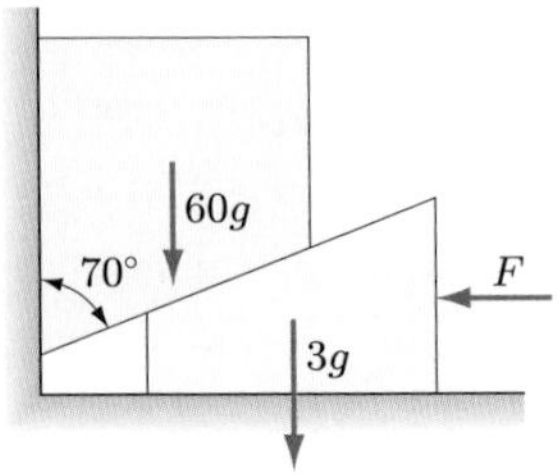

▶図 10.14

解答▶ **図 10.15** より，60 kg の物体についての力のつりあいは，水平方向について，

$$P_1' - P_2' \sin 20^\circ - 0.15\, P_2' \cos 20^\circ = 0 \qquad ①$$

となる．また，鉛直方向についてはつぎのようになる．

$$60 \times 9.8 + 0.20\, P_1' - P_2' \cos 20^\circ + 0.15\, P_2' \sin 20^\circ = 0 \qquad ②$$

式①，②を解くと，

$$P_1' = 3.6 \times 10^2\ \text{N} \qquad P_2' = 7.4 \times 10^2\ \text{N}$$

となり，つぎに**図 10.16** より，くさびにはたらく力のつりあいは，水平方向については，

$$0.20\, P_3' + 0.15\, P_2' \cos 20^\circ + P_2' \sin 20^\circ = F \qquad ③$$

となり，鉛直方向については，

$$3 \times 9.8 + P_2' \cos 20^\circ - 0.15 P_2' \sin 20^\circ - P_3' = 0 \qquad ④$$

となる．先ほど求めた P_2' を式③，④に代入して解くと，

$$P_3' = 6.9 \times 10^2\ \text{N} \qquad F = 5.0 \times 10^2\ \text{N}$$

となり，したがって，くさびを押し込む力 F は $5.0 \times 10^2\ \text{N}$ である．

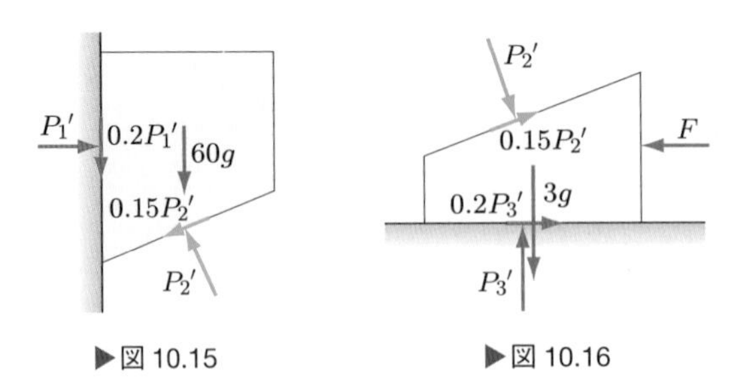

▶図 10.15　▶図 10.16

10.4.2 ねじ

ねじ (screw) も斜面を利用したものである．すなわち，**図 10.17** に示すように，直角三角形を直円柱に巻き付けたとき，その斜面の部分がねじ面に相当する．ねじはらせんに沿った斜面である．

ねじのピッチを p，ねじ山の平均直径を d とすると，図 10.17 の直角三角形の角 α は，つぎのように表される．

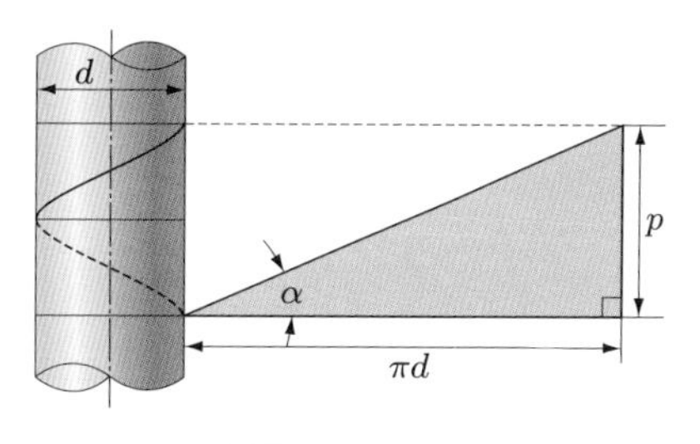

▶図 10.17　ねじ

$$\tan\alpha = \frac{p}{\pi d} \tag{10.28}$$

ねじの力の関係は，傾角 α の斜面の場合と同じである．ねじで物体を押し上げたり，締め付けたりするのは，斜面上の物体に底面に平行な力をはたらかせる場合に相当する．このことより，質量 M の物体を押し上げるためにねじに加える力 F は，式(10.17)より，つぎのように表される．

$$F = Mg\tan(\alpha + \lambda) = Mg\frac{\tan\alpha + \tan\lambda}{1 - \tan\alpha\tan\lambda} \tag{10.29}$$

ここで，$\tan\lambda = \mu_s$，$\tan\alpha = \dfrac{p}{\pi d}$ を式(10.29)に代入すると，つぎのようになる．

$$F = Mg\frac{\mu_s \pi d + p}{\pi d - \mu_s p} \tag{10.30}$$

一方，締め付けられたねじをゆるめるときに必要な力 F は，質量 M の物体を斜面に沿って引き下ろすのと同じであるから，式(10.23)より，

$$F = Mg\tan(\lambda - \alpha)$$

と表される．これより，式(10.29)と同様にして，つぎのように表される．

$$F = Mg\frac{\mu_s \pi d - p}{\pi d + \mu_s p} \tag{10.31}$$

ここで，$\alpha > \lambda$，すなわち $p > \mu_s \pi d$ のとき，$F < 0$ となる．これではねじが自然にゆるむことになり，締め付けがきかないので，固定用ねじは $\alpha < \lambda$ になるよう，α の値は $2^\circ \sim 3^\circ$ と小さくつくられている．

例題 10.6　平均直径 50 mm，ピッチ 13 mm のねじをもつジャッキで，質量 3000 kg の物体を持ち上げるのに，長さ 1000 mm のレバーの端に加えなければならない力を求めよ．ただし，ねじ面の静摩擦係数を 0.12 とする．

解答▶　物体を押し上げる場合であるから，ねじに加える力は式(10.30)で与えら

れる．ここで，$\mu_s = 0.12$，$d = 0.050\,\mathrm{m}$，$p = 0.013\,\mathrm{m}$，$M = 3000\,\mathrm{kg}$ を代入すると，力 F は，

$$F = 3000 \times 9.8 \times \frac{0.12 \times 3.14 \times 0.050 + 0.013}{3.14 \times 0.050 - 0.12 \times 0.013} = 6.0 \times 10^3\,\mathrm{N}$$

と求められる．レバーの端に加える力は，ねじの軸のまわりのモーメントのつりあいより，つぎのようになる．

$$\frac{2.5F}{100} = \frac{2.5 \times 6.0 \times 10^3}{100} = 1.5 \times 10^2\,\mathrm{N}$$

10.5 機械の効率

機械で仕事をするとき，実際には摩擦などによるエネルギーの損失があるから，機械がした仕事に使われたエネルギーはつねに機械に供給されたエネルギーより小さい．実際に利用された有効仕事と機械に供給された全仕事との比を，**機械の効率**（mechanical eifficiency）といい，一般に百分率（%）で表す．

機械の効率を η とすると，つぎのように表すことができる．

$$\eta = \frac{\text{有効仕事}}{\text{全仕事}} \times 100\% = \left(1 - \frac{\text{消耗した仕事}}{\text{全仕事}}\right) \times 100\% \tag{10.32}$$

仕事の時間変化量が動力であるから，式(10.32)の仕事のところを動力に置き換えても成り立つ．また，いくつかの機械が組み合わされていて，おのおのの機械の効率を η_1，η_2，η_3，…とすると，この装置全体の効率 η は，各機械の効率の積で表される．

$$\eta = \eta_1 \cdot \eta_2 \cdot \eta_3 \cdot \cdots \tag{10.33}$$

ねじの効率を調べよう．平均直径 d のねじに力 F を加えて1回転すると，ねじに与えられた全仕事は $F\pi d$ となる．このとき，ねじは質量 M の物体をピッチ p だけ押し上げるから，ねじのした有効仕事は Mgp である．このことより，**ねじの効率** η は，つぎのようになる．

$$\eta = \frac{Mgp}{F\pi d} = \frac{Mg}{Mg\tan(\alpha + \lambda)}\frac{p}{\pi d} = \frac{\tan\alpha}{\tan(\alpha + \lambda)} \tag{10.34}$$

例題 10.7 8 kW のモータがついているクレーンが，2000 kg の物体を 0.30 m/s の速さでつり上げている．このクレーンの効率を求めよ．

解答▶ このクレーンが実際にした単位時間当たりの仕事は，

$$2000 \times 9.8 \times 0.3 = 5880\,\mathrm{W}$$

である．よって，このクレーンの効率 η は，つぎのように求められる．

$$\eta = \frac{5880}{8000} \times 100 = 73.5\%$$

演習問題

10.1 350 N の力を出すことのできる人が，てこの端を押すとする．長さ 2.5 m のてこを使って，質量 300 kg の物体を持ち上げるには，物体からどのくらいの位置に支点をとればよいかを求めよ．

10.2 **図 10.18** に示す台ばかりで質量 M の物体を量ったとき，DEGH が水平になり，質量 M_0 のおもりでつりあった．このとき，この $\dfrac{M_0}{M}$ の比の値が BC 上の物体の位置 x に無関係であるように設計されている．OA ＝ 3OB のとき，つぎの値を求めよ．

（a） $\dfrac{\mathrm{DG}}{\mathrm{EG}}$　　（b） $\dfrac{M_0}{M}$

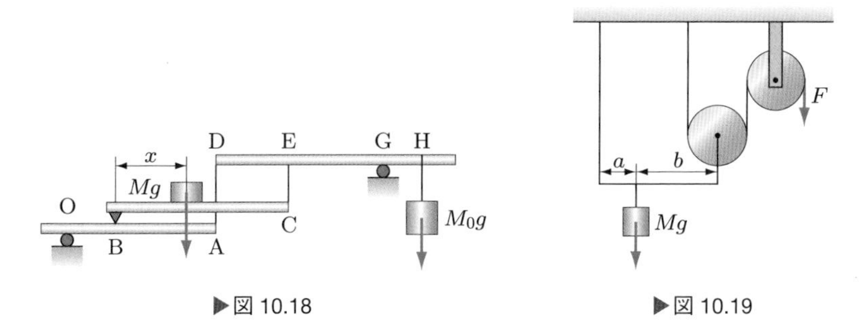

▶図 10.18　　▶図 10.19

10.3 **図 10.19** において，重力 Mg とつりあう力 F の大きさを求めよ．ただし，ロープ，棒，滑車の重さは考えないものとする．

10.4 **図 10.20** のような組み合わせ滑車で質量 M の物体を持ち上げる．必要な力 F を求めよ．ただし，滑車の重さは考えないものとする．

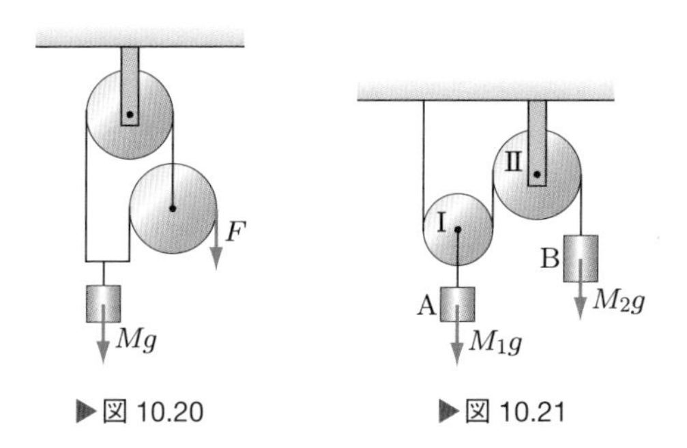

▶図 10.20　　▶図 10.21

10.5 **図 10.21** のような動滑車Ⅰと定滑車Ⅱに質量 M_1，M_2 のおもりがかかっている．このとき，おもり A，B の加速度を求めよ．ただし，滑車Ⅰ，Ⅱの慣性モーメントを

それぞれ I_1，I_2，半径を r_1，r_2 とし，滑車 I の質量は M_1 に含まれているものとする．

10.6 差動滑車を用いて，600 kg の物体を 300 N の力でつり上げるようにしたい．大きい滑車の半径を，小さい滑車の半径の何倍にしたらよいかを求めよ．

10.7 大滑車 A，小滑車 B の半径がそれぞれ 20 cm，18 cm の差動滑車がある．これを使って 500 kg の物体を上げるのに 350 N の力を要した．この差動滑車の効率を求めよ．

10.8 質量 150 kg の物体を 30 s 間に 10 m の高さに引き上げるウィンチがある．これについている電動機の所要電力を 0.8 kW とするとき，電動機を含めた全機械効率を求めよ．

10.9 静摩擦角 15°，傾き 10° の斜面の上に，10 kg の物体がある．これに水平な力を加えて押し上げるのに必要な力を求めよ．また，引き下ろすのに必要な力を求めよ．

10.10 傾角 α の斜面上にある質量 M の物体を，斜面をすべらせて引き上げるとき，最小の力で引き上げることができる方向 θ を求めよ．ただし，接触面の静摩擦係数を $\tan\lambda$ とする．

10.11 水平面と α の角をなす斜面において，15 kg の物体をすべり落ちないように支えるには，斜面に沿って 60 N の力が必要である．また，斜面に沿って上向きに 120 N の力で引っ張ると動きはじめる．このときの静摩擦係数 μ_s と角 α を求めよ．

10.12 頂角 20° の二等辺三角形の形のくさびを，木の割れ目に 600 N の力で打ち込んだとき，この木を割る力を求めよ．ただし，くさびの重さは無視できるとし，木とくさびとの間の静摩擦係数を 0.25 とする．

10.13 物体とくさびの間の静摩擦係数を 0.15 とする．くさびを物体に打ち込んだとき，自然に抜け出さないために必要なくさびの頂角を求めよ．

10.14 **図 10.22** において，B の質量が 50 kg のとき，すべての接触面の間の静摩擦係数を 0.20 とすると，A の質量が何 kg 以上のとき，この B を支えることができるかを求めよ．

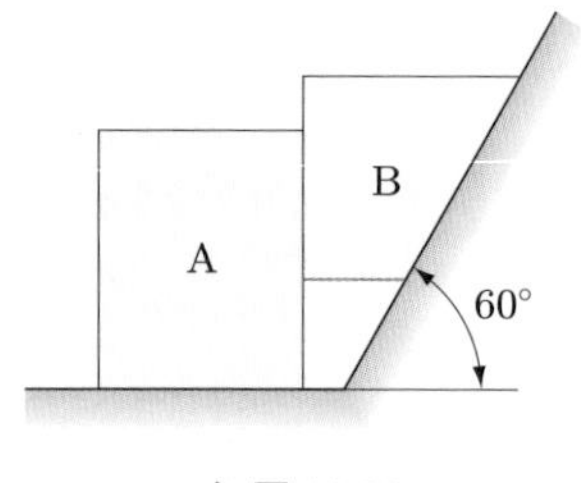

▶図 10.22

10.15 平均直径 48 mm のねじのピッチを何 mm 以上にすると，軸方向の力だけでねじが回り出すかを求めよ．ただし，ねじ面の静摩擦係数を 0.050 とする．

10.16 平均直径 22 mm，ピッチ 3 mm のねじを用い，長さ 25 cm のスパナで 80 N の力を加えて物体を締め付けた．締め付けた力を求めよ．ただし，ねじ面の静摩擦係数を 0.10 とする．

10.17 ピッチ 5 mm，ハンドルの長さ 50 cm のジャッキの機械効率を 50 % とすると，2000 kg の物体を押し上げるのに必要な，ハンドルの端に加える力を求めよ．

OSCILLATION

振動

第11章

一定の時間ごとに，同一の運動を繰り返す現象を**振動**（oscillation）という．本章では，その基本的なものについて学ぶことにしよう．

11.1 単振動

図 11.1 のように，半径 r の円周上を点 P が一定の角速度 ω で運動をしている．このとき，点 P から x 軸におろした垂線の足 Q は x 軸上を O を中心に左右に往復運動をする．このような点 Q の運動を**単振動**（simple harmonic motion）という．物体の振動のなかで，このような単振動とみられる振動は非常に多く，あらゆる振動の基本となっている．

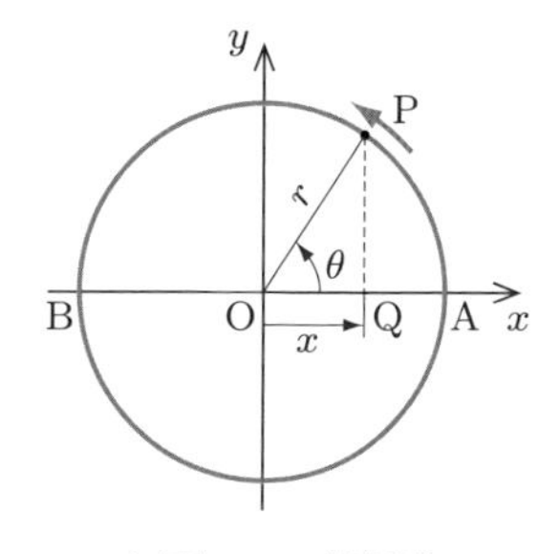

▶図 11.1　単振動

点 P が最初，図 11.1 の点 A の位置にあり，時間 t の間に点 P の位置にきたとする．このとき，OQ $= x$，$\angle$POQ $= \theta$ とすると，

$$x = r\cos\theta$$

である．また，$\theta = \omega t$ であるから，点 Q の O からの変位は，

$$x = r\cos\omega t \tag{11.1}$$

で表される．変位は時間とともに正弦関数的に変化する．

点 P がこの円周上を 1 周すると，点 Q は点 A から点 O を経て点 B にいき，再び点 A に帰ってくるが，この往復する時間 T を**周期**（period），O からの最大の変位 OA $= r$ を**振幅**（amplitude），1 秒間の往復回数 f を**振動数**（frequency）という．振動数の単位にはヘルツ（Hz）を使う．また，ω（$= 2\pi f$）を**角振動数**（angular frequency）という．このとき，T，f，ω の間につぎの関係が成り立つ．

$$T = \frac{1}{f} = \frac{2\pi}{\omega} \tag{11.2}$$

点 Q の速度 v は，式(11.1)の両辺を時間 t で微分して，

$$v = \frac{\mathrm{d}x}{\mathrm{d}t} = \dot{x} = -r\omega\sin\omega t \tag{11.3}$$

と求められる．また，加速度 a は式(11.3)の両辺を時間 t で微分して，つぎのように

求められる．

$$a = \frac{\mathrm{d}v}{\mathrm{d}t} = \frac{\mathrm{d}^2 x}{\mathrm{d}t^2} = \ddot{x} = -r\omega^2 \cos \omega t = -\omega^2 x \tag{11.4}$$

式(11.4)のように，単振動をする点の加速度は，中心からの変位に比例してつねに中心に向かっている．質量 m の物体が単振動をしているとき，その物体は式(11.4)の加速度をもち，運動の第二の法則により，その物体には，

$$F = -m\omega^2 x \tag{11.5}$$

の力がはたらいていることになる．すなわち，振動の中心からの変位 x に比例し，つねにその物体を中心に引きもどそうとする力がはたらいている．このような力を**復元力**（restoring force）とよぶ．

例題 11.1 3 kg の物体が直線上で振幅 2 cm，周期 0.2 s の単振動をしている．振動数と，この物体にはたらく振動の中心に向かう力の大きさを求めよ．

解答▶ 振動数 f，角振動数 ω は，

$$f = \frac{1}{T} = \frac{1}{0.2} = 5\,\mathrm{Hz} \qquad \omega = \frac{2\pi}{T} = \frac{2\pi}{0.2} = 10\pi\,\mathrm{rad/s}$$

となる．これより，中心に向かう力 F は，

$$F = -m\omega^2 x = -3 \times (10\,\pi)^2 x = -2.96 \times 10^3 x \quad (-0.02 \leqq x \leqq 0.02)$$

となり，振動の中心からの変位 x に比例する．これが最大になるのは $|x| = 0.02\,\mathrm{m}$ のときで，そのときの力は中心に向かって 59.2 N である．

例題 11.2 振幅 20 cm，最大速度 3 m/s で直線上を単振動する質点がある．振動の中心から 10 cm の位置での質点の加速度を求めよ．

解答▶ 最大速度が 3 m/s ということは，$x = 0$，すなわち $\omega t = \dfrac{\pi}{2}$ のときの速度の大きさが 3 m/s であるから，角速度 ω はつぎのようになる．

$$|v| = r\omega \qquad \omega = \frac{|v|}{r} = \frac{3}{0.2}\,\mathrm{rad/s}$$

これを用いると，中心から 10 cm の位置での加速度は，

$$a = -\omega^2 x = -\left(\frac{3}{0.2}\right)^2 \times 0.1 = -22.5\,\mathrm{m/s^2}$$

となり，振動の中心に向かって 22.5 $\mathrm{m/s^2}$ の加速度をもっている．

11.2 いろいろな振り子

11.2.1 単振り子

図 11.2 のように，上端を固定した，重さを無視できる長さ l の糸の他端に質量 m の物体をつるし，鉛直面内で小さい角で左右に振らせると，物体は固定点 O を中心とし，半径 l の円弧上を往復運動する．これを**単振り子**（simple pendulum）という．

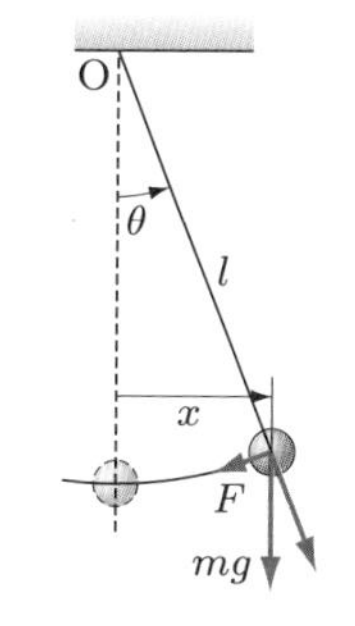

▶図 11.2　単振り子

糸が鉛直線に対して角 θ だけ傾いているとき，重力 mg を糸の方向の力と，それに垂直な方向の力 F に分解する．このとき，糸の方向への分力は糸の張力とつりあうから，物体は力 F によって加速度を生じる．角 θ の増加する向きにはたらく力を正とすると，力 F はつぎのように表される．

$$F = -mg\sin\theta$$

水平方向の変位を x とすると，つぎのように書くことができる．

$$\sin\theta = \frac{x}{l}$$

$$F = -mg\sin\theta = -\frac{mg}{l}x \tag{11.6}$$

角 θ の値が小さければ，物体はほぼ水平に動くと考えられ，物体には中心からの変位に比例した復元力がはたらくから，これは単振動となる．したがって，式(11.5)，(11.6)より，つぎのようにまとめられる．

$$\omega^2 = \frac{g}{l} \qquad \therefore \quad \omega = \sqrt{\frac{g}{l}} \tag{11.7}$$

$$\text{周　期} \qquad T = \frac{2\pi}{\omega} = 2\pi\sqrt{\frac{l}{g}} \tag{11.8}$$

$$\text{振動数} \qquad f = \frac{1}{T} = \frac{1}{2\pi}\sqrt{\frac{g}{l}} \tag{11.9}$$

式(11.8)より，周期 T は糸の長さと重力の加速度によって決まり，振幅やつるす物体の質量には無関係である．この性質を，振り子の**等時性**（isochronism）という．

例題 11.3　1 日に 3 min 遅れる時計がある．この振り子の長さが 25 cm とすると，この長さをどのくらいにすれば遅れなくなるかを求めよ．

解答▶　遅れないときの周期を T_0，長さを l_0，振動数を f_0 とし，現在の周期を T，長さを l，振動数を f とする．このとき，T_0，l_0，T，l には，つぎの関係が成り立つ．

$$T_0 = 2\pi\sqrt{\frac{l_0}{g}} \qquad T = 2\pi\sqrt{\frac{l}{g}}$$

$$\frac{T_0}{T} = \sqrt{\frac{l_0}{l}} \qquad \left(\frac{T_0}{T}\right)^2 = \frac{l_0}{l}$$

ここで，周期は振動数に反比例することを用いて，つぎのように計算できる．

$$\frac{T_0}{T} = \frac{f}{f_0} = \frac{24 \times 60^2 - 3 \times 60}{24 \times 60^2} = 0.998$$

$$\frac{l_0}{l} = \left(\frac{T_0}{T}\right)^2 = (0.998)^2 = 0.996$$

$$l_0 = 0.996l$$

$$l_0 - l = 0.996l - l = -0.004l = -0.004 \times 25 = -0.1\ \text{cm}$$

したがって，0.1 cm 縮めればよい．

11.2.2 ばね振り子

図 11.3 のように，長さ l_0 のコイルばねの上端を固定し，他端に質量 m の物体をつるすと，コイルばねは l の長さになって静止する．このとき，ばね定数を k とすると，つぎの式が成り立つ．

$$mg = k(l - l_0)$$

つぎに，この位置を O とし，物体をさらに x だけ下に引っ張ってはなすと，物体は O の位置を中心として上下に往復運動をする．このようなものを，**ばね振り子** (spring pendulum) という．

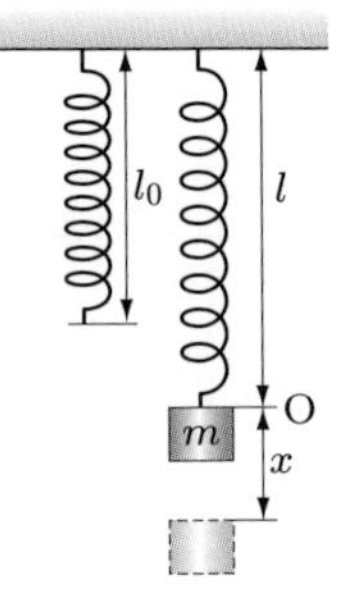

▶図 11.3　ばね振り子

O より x だけ下に引っ張ったとき，物体にはたらく力 F はつぎのように求められる．

$$F = mg - k(l + x - l_0) = k(l - l_0) - k(l + x - l_0) = -kx \tag{11.10}$$

物体には x に比例する復元力がはたらくから，この物体は単振動をする．式(11.5)と式(11.10)より，つぎのようにまとめられる．

$$k = m\omega^2 \qquad \omega = \sqrt{\frac{k}{m}} \tag{11.11}$$

周　期　$$T = \frac{2\pi}{\omega} = 2\pi\sqrt{\frac{m}{k}} \tag{11.12}$$

振動数　$$f = \frac{1}{T} = \frac{1}{2\pi}\sqrt{\frac{k}{m}} \tag{11.13}$$

例題 11.4 あるばねにおもりをつるしたら，2 cm のびた．おもりを少し下に引っ張ってはなすとき，このばね振り子の周期と振動数を求めよ．

解答▶ ばねの最初の長さを l_0，おもりの質量を m，ばね定数を k とする．$l - l_0 = 0.02\,\mathrm{m}$ を用いて，つぎのように求められる．

$$mg = 0.02\,k \qquad \therefore \quad k = \frac{mg}{0.02}$$

$$T = 2\pi\sqrt{\frac{m}{mg/0.02}} = 2\pi\sqrt{\frac{0.02}{g}} = 0.284 \qquad \therefore \quad 0.28\,\mathrm{s}$$

$$f = \frac{1}{T} = \frac{1}{0.284} = 3.5\,\mathrm{Hz}$$

11.2.3 ねじり振り子

図 11.4 のように，長さ l の棒の上端を固定し，下端には質量 m の円板を固定し，この円板を軸のまわりにねじってからはなすと，棒の弾性によって，もとの状態にもどろうとして，軸のまわりに角往復運動をする．このようなものを，**ねじり振り子**（torsional pendulum）という．

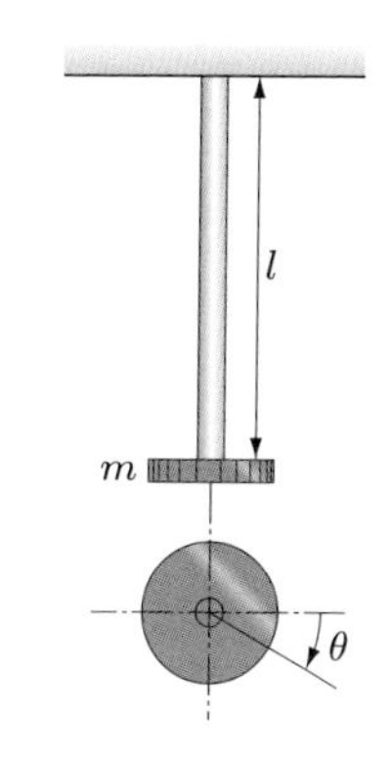

▶図 11.4　ねじり振り子

円板に加えたトルクの反作用として棒より円板が受けるトルクを N，円板の軸のまわりの慣性モーメントを I，このとき生じる角加速度を $\ddot{\theta}$ とすると，つぎの関係が成り立つ．

$$N = I\ddot{\theta}$$

また，トルク N は，ねじれ角 θ に比例し，その向きは角の増す向きと反対である．したがって，比例定数，すなわち単位角だけねじるのに必要なトルクを C とすると，

$$N = -C\theta$$

と表される．よって，上の二つの式から，角加速度 $\ddot{\theta}$ はつぎのように求められる．

$$I\ddot{\theta} = -C\theta \qquad \therefore \quad \ddot{\theta} = -\frac{C}{I}\theta \tag{11.14}$$

式(11.14)は単振動の $\ddot{x} = -\omega^2 x$ に対応する式であり，つぎのようにまとめられる．

$$\omega^2 = \frac{C}{I} \qquad \therefore \quad \omega = \sqrt{\frac{C}{I}} \tag{11.15}$$

$$\text{周　期} \qquad T = \frac{2\pi}{\omega} = 2\pi\sqrt{\frac{I}{C}} \tag{11.16}$$

振動数　$f=\dfrac{1}{T}=\dfrac{1}{2\pi}\sqrt{\dfrac{C}{I}}$　(11.17)

式(11.17)より，振動数は，比例定数 C と慣性モーメント I の値によって定まり，振幅やトルクの大きさには無関係である．ねじり振り子の周期 T の値を知ることによって，比例定数 C がわかっている場合は，慣性モーメント I の値を，I がわかっている場合には，C の値を求めることができる．

11.2.4 円すい振り子

図 11.5 のように，重さを無視できる長さ l の糸の上端を固定し，他端に質量 m の物体をつけ，これを鉛直線に対して角 φ だけ傾け，水平面内で半径 r の等速円運動をするようにしたものを**円すい振り子** (conical pendulum) という．

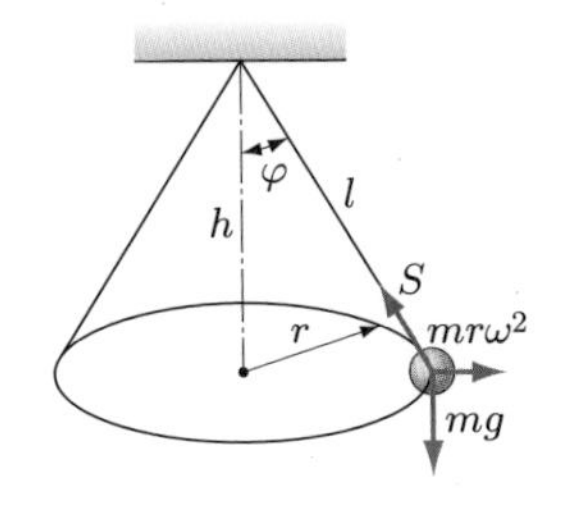

▶図 11.5　円すい振り子

物体の角速度を ω，糸の張力を S とすると，物体にはたらく力は重力 mg，張力 S，円運動による遠心力 $mr\omega^2$ である．これらの力はつりあうから，

$$S\cos\varphi = mg \qquad S\sin\varphi = mr\omega^2$$

が成り立ち，上の二つの式より，つぎの関係が求まる．

$$\tan\varphi = \frac{r\omega^2}{g}$$

また，振り子の高さを h とすると，

$$\tan\varphi = \frac{r}{h}$$

と書くこともできる．以上より，つぎのようにまとめられる．

$$\frac{r}{h} = \frac{r\omega^2}{g} \qquad \therefore \quad \omega = \sqrt{\frac{g}{h}} \tag{11.18}$$

周　期　$T=\dfrac{2\pi}{\omega}=2\pi\sqrt{\dfrac{h}{g}}$　(11.19)

振動数　$f=\dfrac{1}{T}=\dfrac{1}{2\pi}\sqrt{\dfrac{g}{h}}$　(11.20)

円すい振り子の回転速度が速くなれば振り子の高さ h は小さくなり，回転速度が遅くなれば h は大きくなる．この原理を応用したものに，調速機がある．

例題 11.5　円すい振り子が毎分 60 回転している．回転数が 5％増加すると，振り子の高さはどのように変化するかを求めよ．

解答▶ 毎分 60 回転，すなわち毎秒 1 回転のときの振り子の高さを h，5％増加したときの振り子の高さを h' とすると，式(11.20)より，つぎのように表される．

$$1 = \frac{1}{2\pi}\sqrt{\frac{g}{h}} \quad ①$$

$$1.05 = \frac{1}{2\pi}\sqrt{\frac{g}{h'}} \quad ②$$

式①，②より，h と h' にはつぎの関係が成り立つ．

$$\frac{h'}{h} = \left(\frac{1}{1.05}\right)^2 = 0.907 \qquad \therefore \ h' = 0.907h \quad ③$$

ここで，式①より，h はつぎのように求められる．

$$h = \frac{9.8}{(2\pi)^2} = 0.248 \qquad \therefore \ 24.8\,\mathrm{cm}$$

これを式③に代入して，

$$h' = 0.907 \times 24.8 = 22.5\,\mathrm{cm}$$

と求められる．よって，

$$h - h' = 24.8 - 22.5 = 2.3$$

となり，2.3 cm 低くなる．

11.2.5 実体振り子

図 11.6 のように，重心を通らない固定した水平軸 O のまわりに回転できるようにした物体を，**実体振り子**（physical pendulum）という．

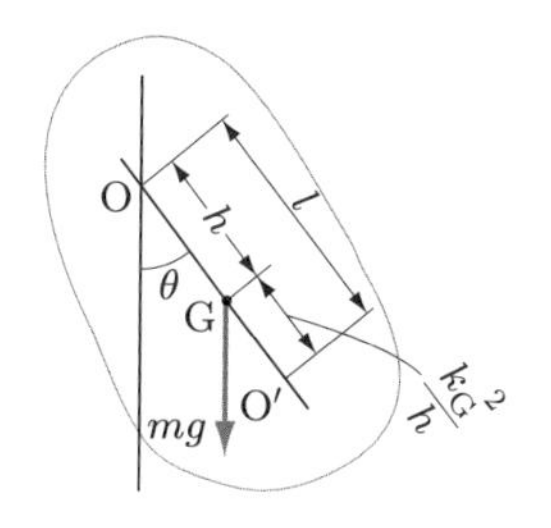

▶図 11.6　実体振り子

物体の重心を G とし，OG の距離を h，この物体の軸 O のまわりの慣性モーメントを I_0 とする．つりあいの位置より OG が微小角 θ だけ傾いたところからはなすと，この物体は往復運動をする．このときの O まわりの重力 mg のモーメントの大きさは $mgh\sin\theta$ であり，角 θ が正のとき θ を減少させる方向にモーメントがはたらくから，運動方程式は，

$$I_0\ddot{\theta} = -mgh\sin\theta$$

となる．ここで角 θ は小さいから，$\sin\theta \fallingdotseq \theta$ とおくとつぎのようになる．

$$I_0\ddot{\theta} = -mgh\theta \qquad \therefore \ \ddot{\theta} = -\frac{mgh}{I_0}\theta \qquad (11.21)$$

単振動の式 $\ddot{x} = -\omega^2 x$ との対応から，角振動数 ω が求められ，つぎのようにまとめられる．

$$\omega^2 = \frac{mgh}{I_0} \qquad \therefore \quad \omega = \sqrt{\frac{mgh}{I_0}} \tag{11.22}$$

周　期　$$T = \frac{2\pi}{\omega} = 2\pi\sqrt{\frac{I_0}{mgh}} \tag{11.23}$$

振動数　$$f = \frac{1}{T} = \frac{1}{2\pi}\sqrt{\frac{mgh}{I_0}} \tag{11.24}$$

ここで，この物体の軸 O まわりの回転半径を k_0 とすると，周期 T はつぎのようになる．

$$T = 2\pi\sqrt{\frac{I_0}{mgh}} = 2\pi\sqrt{\frac{{k_0}^2}{gh}} \tag{11.25}$$

また，式(11.25)で，

$$\frac{{k_0}^2}{h} = l \tag{11.26}$$

とおけば，つぎのように表すことができる．

$$T = 2\pi\sqrt{\frac{l}{g}} \tag{11.27}$$

これは単振り子の周期の式に一致する．このことから，式(11.26)の l を実体振り子の**相当単振り子の長さ**（length of the equivalent simple pendulum）という．

また，重心を通り，軸 O に平行な軸のまわりの回転半径を k_G とすると，

$${k_0}^2 = {k_G}^2 + h^2$$

より，式(11.26)はつぎのように書き換えられる．

$$l = h + \frac{{k_G}^2}{h} \tag{11.28}$$

実体振り子において，OG の延長上にあり，$OO' = l$ となる点 O′ を支点に対する**振動の中心**（center of oscillation）という．また，O′ を軸にして振る場合は，O が振動の中心になる．

ある物体を任意の軸に関しての実体振り子とみて，その周期 T を測定すると，式(11.27)より l が定まる．このとき，この物体の重心から軸までの距離 h を測定すると，式(11.28)より ${k_G}^2$ が求まり，この物体の重心を通る軸のまわりの慣性モーメントが決定される．このことは，物体の慣性モーメントを実験的に求めるのに利用される．

例題 11.6　20 kg のベルト車をリムの内側で支えて小さく振動させたとき，その周期は 1.5 s であった．このベルト車の中心軸のまわりの慣性モーメントを求めよ．ただし，ベルト車の重心と支えた点との距離は 20 cm とする．

解答▶ 式(11.27)より，相当単振り子の長さ l は，$l=\dfrac{T^2 g}{4\pi^2}$ となる．

また，式(11.28)より，$k_G{}^2=lh-h^2=\dfrac{T^2 gh}{4\pi^2}-h^2$ であるので，中心軸まわりの慣性モーメント I_G は，つぎのように求められる．

$$I_G=mk_G{}^2=m\left(\frac{T^2 gh}{4\pi^2}-h^2\right)=\frac{mgT^2 h}{4\pi^2}-mh^2$$

$$=\frac{20\times 9.8\times 1.5^2\times 0.20}{4\times 3.14^2}-20\times 0.20^2=1.4\,\mathrm{kg\cdot m^2}$$

11.3 自由振動と強制振動

11.3.1 自由振動

ここでは代表例として，図 11.3 に示したような，質量 m の物体とばね定数 k のばねからなる直線振動系を考える．運動方程式は，

$$m\ddot{x}=-kx \tag{11.29}$$

であり，この微分方程式を解いて，運動の状態，すなわち x と t の関係が求められる．

$\dfrac{k}{m}=\omega_n{}^2$ とおくと，運動方程式はつぎのように表される．

$$\ddot{x}+\omega_n{}^2 x=0 \tag{11.30}$$

いま，この解を $x=e^{\lambda t}$ とおき，式(11.30)に代入すると，

$$(\lambda^2+\omega_n{}^2)e^{\lambda t}=0$$

となり，$e^{\lambda t}$ が解であるためには，$\lambda=\pm\, i\omega_n$ であればよいことがわかる．したがって，積分定数を C_1，C_2 とすると，式(11.30)の一般解は，

$$x=C_1 e^{i\omega_n t}+C_2 e^{-i\omega_n t} \tag{11.31}$$

となる．ところが，

$$e^{\pm i\omega_n t}=\cos\omega_n t\pm i\sin\omega_n t \quad （複号同順）$$

の関係があるから，積分定数を

$$C_1'=C_1+C_2 \qquad C_2'=i(C_1-C_2)$$

とおくと，つぎのように表すことができる．

$$x=C_1'\cos\omega_n t+C_2'\sin\omega_n t \tag{11.32}$$

また，$C_1'=A\cos\delta$，$C_2'=-A\sin\delta$ によって，別の任意定数 A，δ に置き換えると，

$$x=A\cos(\omega_n t+\delta) \tag{11.33}$$

$$A=(C_1'^2+C_2'^2)^{1/2} \qquad \tan\delta=-\frac{C_2'}{C_1'}$$

となり，式(11.33)は角振動数 ω_n の単振動を表していることがわかる．ここで，A，δ

は初期条件によって定められる定数であり，A は振幅，δ は初期位相に該当する．

復元力のはたらく運動系では，はじめに何か刺激（攪乱）を与えれば，この刺激がなくなってもそれ自体で自由にこのような運動を続けることから，この振動を**自由振動**（free vibration）という．そして $\omega_n = \sqrt{\dfrac{k}{m}}$ は，この系において一定の定数であり，振幅に無関係であることから，系の**固有角振動数**（natural angular frequency）とよばれる．また，固有周期は $T_n = \dfrac{2\pi}{\omega_n}$，**固有振動数**（natural frequency）は $f_n = \dfrac{1}{T_n} = \dfrac{\omega_n}{2\pi}$ である．

この自由振動も，実際には振幅が時間とともにしだいに小さくなり，ついには静止する．これは摩擦や空気などの抵抗によるもので，このように運動を消耗させるようにはたらく力を**減衰力**（damping force）という．

つぎに，速度に比例する減衰力がはたらく場合を調べてみよう．この場合の運動方程式は，

$$m\ddot{x} = -kx - 2mc\dot{x} \tag{11.34}$$

であり，右辺の $-2mc\dot{x}$ は速度に比例する減衰力を表す．$\dfrac{k}{m} = {\omega_n}^2$ とおくと，運動方程式はつぎのように書き換えられる．

$$\ddot{x} + 2c\dot{x} + {\omega_n}^2 x = 0 \tag{11.35}$$

減衰力のないときと同様に，この微分方程式の解を $x = e^{\lambda t}$ とおいて，式(11.35)に代入すると，

$$(\lambda^2 + 2c\lambda + {\omega_n}^2)e^{\lambda t} = 0$$

となり，つぎの方程式が得られる．

$$\lambda^2 + 2c\lambda + {\omega_n}^2 = 0 \tag{11.36}$$

この根を λ_1，λ_2 とすると，一般解は，

$$x = C_1 e^{\lambda_1 t} + C_2 e^{\lambda_2 t} \tag{11.37}$$

で与えられる．ただし，

$$\lambda_1, \lambda_2 = -c \pm \sqrt{c^2 - {\omega_n}^2} \tag{11.38}$$

であり，C_1，C_2 は積分定数である．

（i） $c^2 > {\omega_n}^2$ の場合

λ_1，λ_2 はともに負の実数であるから，$e^{\lambda_1 t}$，$e^{\lambda_2 t}$ はいずれも時間とともに減少する指数曲線で，これを加えあわせた解は振動的にはならない．この運動は，初期条件によって決まる C_1，C_2 の値により，**図 11.7** に示すような 3 種類の形の運動のいずれかになる．これらは，**無周期運動**（aperiodic motion）である．これらはばねによる復元力より減衰力の効果のほうが大きいために起こる運動であり，この意味でこの場合を**過**

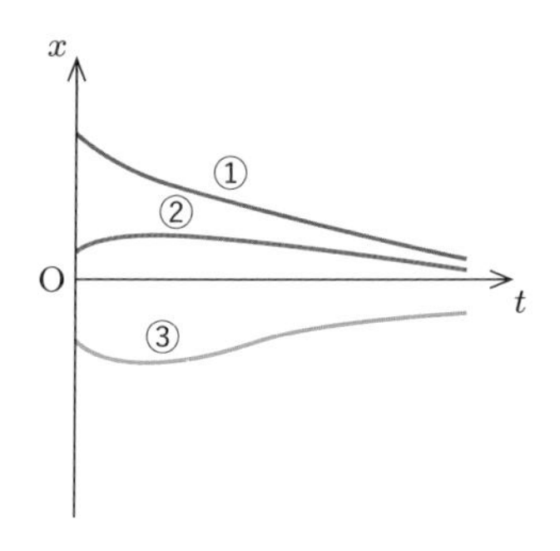

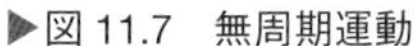
▶図 11.7　無周期運動

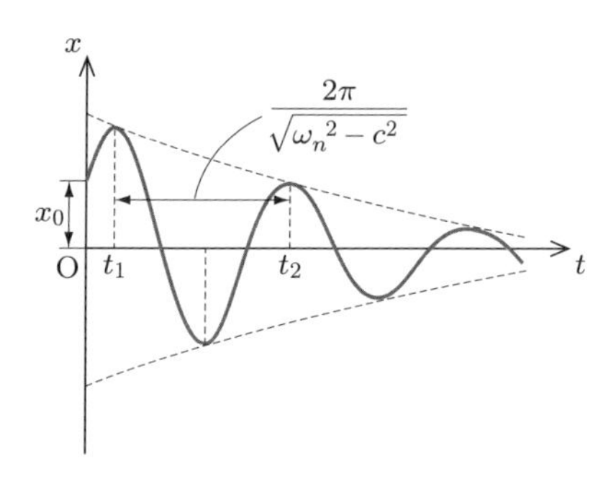

▶図 11.8　減衰振動

減衰（overdamping）という．

（ii）　$c^2 < \omega_n{}^2$ の場合

$\lambda_1, \lambda_2 = -c \pm i\sqrt{\omega_n{}^2 - c^2}$ であるから，一般解は，式(11.32)，(11.33)と同じ C_1'，C_2'，A，δ を用いて，

$$x = e^{-ct}(C_1' \cos\sqrt{\omega_n{}^2 - c^2}\,t + C_2' \sin\sqrt{\omega_n{}^2 - c^2}\,t) \tag{11.39}$$

$$= Ae^{-ct}\cos(\sqrt{\omega_n{}^2 - c^2}\,t + \delta) \tag{11.40}$$

となる．この場合の運動は，**図 11.8** に示すように，指数曲線 Ae^{-ct} と $-Ae^{-ct}$ の間を周期 $T = \dfrac{2\pi}{\sqrt{\omega_n{}^2 - c^2}}$ で往復しながら，しだいに振幅が小さくなる振動である．この振動を，**減衰振動**（damped oscillation）という．

（iii）　$c^2 = \omega_n{}^2$ の場合

重根となるから，一般解は，定数変化の方法によって求めたもう一つの基本解 te^{-ct} を加えて

$$x = e^{-ct}(C_1 + C_2 t) \tag{11.41}$$

となる．減衰がこの場合よりわずかに小さくても振動が起こるので，振動する場合と無周期運動の場合の境界であり，**臨界減衰**（critical damping）であるという．

11.3.2 強制振動

振動体に周期的な外力 $F_0 \cos\omega t$ がはたらく場合を考える．このときの運動方程式は，つぎのように表される．

$$m\ddot{x} = -kx - 2mc\dot{x} + F_0 \cos\omega t \tag{11.42}$$

$\dfrac{k}{m} = \omega_n{}^2$ とおくと，運動方程式は，つぎのように書き換えられる．

$$\ddot{x} + 2c\dot{x} + \omega_n{}^2 x = \frac{F_0}{m}\cos\omega t \tag{11.43}$$

この方程式の一般解は，右辺を0とした同次方程式の一般解，すなわち自由振動解と，この方程式の特解の和である．特解は，

$$x = x_0 \cos(\omega t - \varphi)$$

として式(11.43)に代入し，$\sin \omega t$，$\cos \omega t$ について整理すると，

$$\left.\begin{aligned}&({\omega_n}^2 - \omega^2)\,x_0 \sin\varphi - 2\,c\omega x_0 \cos\varphi = 0\\&({\omega_n}^2 - \omega^2)\,x_0 \cos\varphi + 2\,c\omega x_0 \sin\varphi = \frac{F_0}{m}\end{aligned}\right\} \tag{11.44}$$

が得られるので，これより，つぎのように求められる．

$$x_0 = \frac{F_0/m}{\sqrt{({\omega_n}^2 - \omega^2)^2 + 4c^2\omega^2}} \qquad \tan\varphi = \frac{2c\omega}{{\omega_n}^2 - \omega^2} \tag{11.45}$$

これは，外力によって強制された，外力と同じ角振動数の振動であり，**強制振動**（forced vibration）という．したがって，振動は，振動数が違う自由振動と強制振動を重ね合わせた複雑なものになる．しかし，自由振動は時間とともに減衰し，強制振動だけが持続振動として残る．

外力の振幅 F_0 に等しい力が静的に作用するときの変位は $x_{st} = \dfrac{F_0}{k}$ であるから，$\dfrac{x_0}{x_{st}}$ のように無次元化した強制振動の振幅と変位の力に対する位相遅れ φ は，$\dfrac{\omega}{\omega_n}$ と $\dfrac{c}{\omega_n}$ だけの関数である．そこで，$\dfrac{c}{\omega_n}$ をパラメータにとって，振幅の倍率

$$\frac{x_0}{x_{st}} = \frac{1}{\sqrt{\left(1 - \dfrac{\omega^2}{{\omega_n}^2}\right)^2 + \left(\dfrac{2c}{\omega_n}\right)^2 \left(\dfrac{\omega}{\omega_n}\right)^2}}$$

と振動数比 $\dfrac{\omega}{\omega_n}$ の関係を示すと，**図11.9** のようになる．加振力の角振動数 ω が固有角振動数 ω_n に比べて小さい，ゆっくりした加振では，動的な振動は加振力による静的な変位とあまり変わらないが，ω が ω_n に近づくと，振幅は非常に大きくなる．この現象を**共振**（resonance）という．$c = 0$ の場合，$\dfrac{\omega}{\omega_n} = 1$ で変位が無限大となる．$\omega > \omega_n$ では，ω の増大とともに振幅は急に減少し，0に近づいていく．実際には，減衰によって振幅は無限大になることはない．振幅が最大になるのは，$\dfrac{\omega}{\omega_n} = \sqrt{1 - 2\left(\dfrac{c}{\omega_n}\right)^2}$ のときであるが，ふつう $\dfrac{c}{\omega_n}$ の値はあまり大きくないから，振幅は ω_n よりわずかに低い角振動数で最

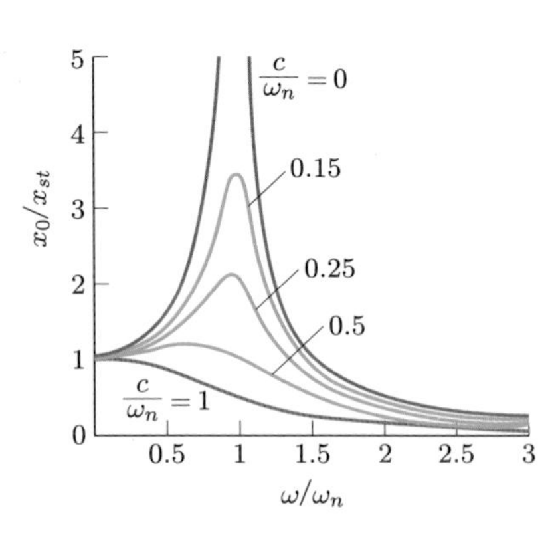

▶図11.9　共振曲線

大となる．

地震のとき倒れる建造物，倒れない建造物があるのは，その固有振動数と地震の振動数による．両者が非常に近い値になると共振の現象を起こし，大きな振幅となり，その建造物は倒れる．

また，機械のように運動する部分があると，不つりあいなどによる周期的な力が作用して共振現象が起こり，有害な結果が生じることがある．機械の設計にあたっては，振動についての十分な検討が必要である．

演習問題

11.1 振幅 10 cm，周期 0.5 s で単振動をしている 2 kg の物体の振動の，中心における速度と，この物体にはたらく中心に向かう力の大きさの最大値を求めよ．

11.2 単振り子の周期を 2 倍にするには，振り子の長さをどのようにすればよいかを求めよ．

11.3 加速度 2 m/s^2 で上昇している気球中では，振り子時計は 1 時間当たり何秒進むかを求めよ．

11.4 A 地では正しい振り子時計を B 地に移したら，1 日に 1 分遅れるようになった．両地の重力の加速度を比較せよ．

11.5 ばね振り子で，つるす物体の重さを 2 倍にすると，周期はどうなるかを求めよ．

11.6 長さ 30 cm のコイルばねに，質量 1 kg のおもりをつるしたら，ばねは 35 cm の長さになって静止した．このばね振り子の周期を求めよ．

11.7 **図 11.10** のように，ばね定数 $k_1 = 5000$ N/m，$k_2 = 10000$ N/m のコイルばねを直列につなぎ，上端を固定し，下端に 20 kg のおもりをつけて振動させたときの振動の周期を求めよ．また，コイルばねを並列にしたときはどうか．

（ヒント：合成ばね定数 k は，つぎのようにして求められる．

直列のとき $\dfrac{1}{k} = \dfrac{1}{k_1} + \dfrac{1}{k_2}$，並列のとき $k = k_1 + k_2$）

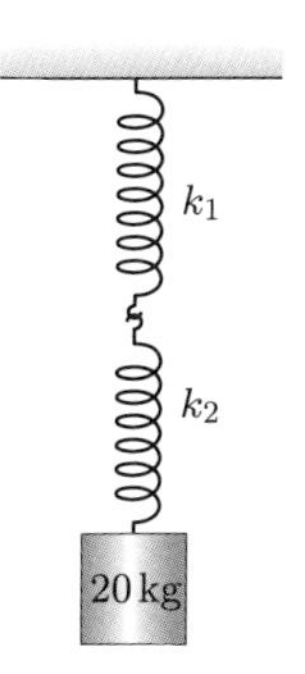

▶図 11.10 合成ばね振り子

11.8 ある物体の慣性モーメントを測定するために，直径 10 cm，密度 7200 kg/m^3 の鉄球を針金につるし，ねじり振動を与えたところ，周期が 2 s であった．つぎに物体をつるした場合，ねじり振動の周期は 2.5 s であった．この物体の重心を通る軸のまわりの慣性モーメントを求めよ．

11.9 高さ 20 cm の円すい振り子の回転数を求めよ．

11.10 円すい振り子の回転数が 120 rpm から 100 rpm に変わったとき，振り子は何 cm 下がるか求めよ．

11.11 長さ 1.5 m のまっすぐな棒で周期 2 s の実体振り子をつくるには，支点の位置をどこにしたらよいかを求めよ．

演習問題の解答とヒント

第1章

1.1 式(1.2)より合力の方向は 30 N の力となす角 23.4°，式(1.1)より大きさは 43.6 N.

1.2 式(1.2)より 45° 方向への分力は $F_2 = 51.8\,\mathrm{N}$，30° 方向への分力 F_1 は，F_1 と R に関する正弦定理より $F_1 = 73.2\,\mathrm{N}$.

1.3 例題 1.2 を参考に，式(1.7)と式(1.8)より合力の大きさは $R = 123\,\mathrm{N}$，方向は x 軸となす角 85.8°.

1.4 図 1.8 と同様.

1.5 数学的帰納法を使う．n 個の合力のモーメントを N_1，$n+1$ 番目の力のモーメントを N_2 とすれば，式(1.13)より両者のモーメントの和はその合力，すなわち $(n+1)$ 個の合力のモーメントに等しい.

1.6 点 A のベクトルの延長線に点 C から垂線をおろした点を D とし，点 B のベクトルの延長線に点 C から垂線をおろした点を E とすれば，$\mathrm{CD} = \mathrm{AC}\sin 30° = 1\,\mathrm{m}$，$\mathrm{CE} = \mathrm{BC}\sin 45° = 1.414\,\mathrm{m}$．よってモーメントは $50\times\mathrm{CD} - 60\times\mathrm{CE} = 50 - 84.8 = -34.8\,\mathrm{N\cdot m}$.

1.7 式(1.14)より，$-F_1\sin 60° \times (0.1 + 0.2 + 0.15) + F_2 \times 0.2 = -3.12 + 1.2 = -1.92\,\mathrm{N\cdot m}$.

1.8 $-0.1\,\mathrm{m} \times 30\,\mathrm{N} = -3.0\,\mathrm{N\cdot m}$（図 1.14 参照）

1.9 作用線は 20 N の力の作用線に平行で，30 N の力のほうへ 30 cm の位置，30 N の力と同じ向きで大きさ 50 N になる（図 1.16，式(1.15)参照).

1.10 作用線は 30 N の力の作用線に平行で，20 N の力と反対方向に 100 cm の位置，30 N の力と同じ向きで大きさ 10 N になる（図 1.17 参照).

1.11 点 A から時計回りに各点の力を F_1，F_2，F_3，F_4，点 A との x 方向の距離を x_1，x_2，x_3，x_4，y 方向の距離を y_1，y_2，y_3，y_4 とすると，$F_{1x} = 4\sin 30° = 2\,\mathrm{N}$，$F_{1y} = 4\cos 30° = 3.46\,\mathrm{N}$，$F_{2x} = 10\cos 60° = 5\,\mathrm{N}$，$F_{2y} = 10\sin 60° = 8.67\,\mathrm{N}$，$F_{3x} = 0$，$F_{3y} = 5\,\mathrm{N}$，$F_{4x} = 8\cos 45° = 5.66\,\mathrm{N}$，$F_{4y} = -8\sin 45° = -5.66\,\mathrm{N}$，$x_1 = 0$，$y_1 = 0$，$x_2 = 0.2\,\mathrm{m}$，$y_2 = 0$，$x_3 = 0.2\,\mathrm{m}$，$y_3 = 0.15\,\mathrm{m}$，$x_4 = 0$，$y_4 = 0.15\,\mathrm{m}$．合力の成分

はそれぞれ $R_x = 2 + 5 + 5.66 = 12.66\,\mathrm{N}$，$R_y = 3.46 + 8.67 + 5 - 5.66 = 11.47\,\mathrm{N}$，点 A のまわりのモーメントは $N = 3.46 \times 0 + 8.67 \times 0.2 + 5 \times 0.2 - 5.66 \times 0 - 5 \times 0 - 0 \times 0.15 - 5.66 \times 0.15 = 1.89\,\mathrm{N \cdot m}$．よって，合力の大きさは式(1.16)より $R = 17.1\,\mathrm{N}$，向きは式(1.17)より $\tan\theta = 0.906$（$\theta = 42.2°$），作用線の点 A からの距離は式(1.18)より $d = 1.89/17.1 = 0.110\,\mathrm{m} = 11\,\mathrm{cm}$.

1.12 合力の垂直成分は $4 + 4 - 5\sin 45° - 10\sin 60° = -4.20$，水平成分は $5\cos 45° - 10\cos 60° = -1.46$，よって合力の大きさは $4.46\,\mathrm{N}$．点 A のまわりのモーメントは $-5\sin 45° \times 0.1 - 10\sin 60° \times 0.2 + 4 \times 0.3 = -0.885$，よって合力の作用線の点 A からの距離は $l = -0.885/-4.46 = 0.199\,\mathrm{m} = 19.9\,\mathrm{cm}$，方向は $\tan^{-1}(-4.20/-1.46) = 70.8 + 180 = 250.8°$（反時計回り）.

1.13 上向きを正として，合力は $-3-4+6-5 = -6\,\mathrm{N}$．3 N の力線と間隔の寸法線との交点を O とし，点 O のまわりのモーメントは $-6 \times l = -4 \times 0.2 + 6 \times 0.5 - 5 \times 0.65 = 1.05$，よって作用線までの距離は $l = 0.175\,\mathrm{m}$.

1.14 例題 1.19 参照.

1.15 例題 1.17 参照.

第 2 章

2.1 水平方向の力のつりあいより $F_1 \cos 30° = F_2 \cos 60°$，垂直方向の力のつりあいより $F_1 \sin 30° + F_2 \sin 60° = 500$．よって $F_1 = 250\,\mathrm{N}$，$F_2 = \sqrt{3}F_1 = 433\,\mathrm{N}$.

2.2 力のつりあいより $R_\mathrm{A} + R_\mathrm{B} = 200 + 300 + 400 + 500 = 1400$，点 B のまわりのモーメントのつりあいより $200 \times (0.4 + 0.6 + 0.4 + 0.8 + 0.8) + 300 \times (0.6 + 0.4 + 0.8 + 0.8) + 400 \times (0.8 + 0.8) + 500 \times 0.8 = R_\mathrm{A} \times (0.4 + 0.8 + 0.8)$．よって $R_\mathrm{A} = 1210\,\mathrm{N}$，$R_\mathrm{B} = 190\,\mathrm{N}$.

2.3 例題 2.7 参照.

2.4 それぞれの張力を T_AB，T_BC，T_CD とする．水平方向の力のつりあいより $T_\mathrm{AB}\cos 60° = T_\mathrm{BC}\cos 30° = T_\mathrm{CD}\cos 45°$，垂直方向の力のつりあいより $T_\mathrm{AB}\sin 60° + T_\mathrm{BC}\sin 30° = 10g$（ただし $g = 9.8\,\mathrm{m/s^2}$），$P = T_\mathrm{CD}\sin 45° - T_\mathrm{BC}\sin 30°$．よって，張力はそれぞれ 85 N，49 N，60 N，$P = 1.8\,\mathrm{kg}$.

2.5 $\mathrm{AB} = a$，$\mathrm{BC} = b$ とおく．点 A のまわりのモーメントのつりあいより $a \times (a/2)\sin\alpha = b\{(b/2)\cos\alpha - a\sin\alpha\}$ なので $\tan\alpha = 0.5625$，よって $\alpha = 29.4°$.

2.6 点 A, B には棒にかかる重力による下向きの力が半分ずつ（$100g = 980\,\mathrm{N}$）作用する．よって $R_\mathrm{B} = 980\,\mathrm{N}$．摩擦なしの条件で点 A における斜面方向のつりあいより，$P = 980\sin 30° = 490\,\mathrm{N}$，点 A の反力は面に垂直に $R_\mathrm{A} = 980\cos 30° = 849\,\mathrm{N}$.

2.7　棒の中心点にはたらく重力と棒に直角な円筒との接触点の反力 R_c による棒と床の接触点のまわりのモーメントのつりあいより $0.50 \times 9.8 \times 15\cos 60° = R_c \times 10/\tan 30°$ なので $R_c = 2.08\,\mathrm{N}$. 棒にはたらく力のつりあいより，床からの反力を R_f とおくと，水平方向成分は $R_{fx} = R_c \sin 60° = 1.80\,\mathrm{N}$，垂直方向成分は $R_{fy} = 0.50 \times 9.8 - R_c \cos 60° = 3.86\,\mathrm{N}$，よって $R_f = 4.26\,\mathrm{N}$，水平方向に対し $\alpha = \tan^{-1}(3.86/1.80) = 65.0°$.

2.8　接触点 A，B，C にはたらく力をそれぞれ F_A，F_B，F_C，F_D，$\mathrm{CO_2}$ と水平線のなす角を α とすると，水平方向の力のつりあいより $F_\mathrm{A} = F_\mathrm{D} = F_\mathrm{C}\cos\alpha$，$\mathrm{O_2}$ の垂直方向の力のつりあいより $F_\mathrm{C}\sin\alpha = 20 \times 9.8 = 196\,\mathrm{N}$，$\mathrm{O_1}$ の垂直方向の力のつりあいより $F_\mathrm{B} = F_\mathrm{C}\sin\alpha + 30 \times 9.8$，$\cos\alpha = 20/(10+15) = 0.8$ より $\sin\alpha = 0.6$，$F_\mathrm{C} = 196/0.6 = 327\,\mathrm{N}$，$F_\mathrm{A} = F_\mathrm{D} = 327 \times 0.8 = 261\,\mathrm{N}$，$F_\mathrm{B} = 327 \times 0.6 + 30 \times 9.8 = 490\,\mathrm{N}$.

2.9　点 A，B にはたらく力をそれぞれ F_A，F_B，棒にはたらく重力を W とおく．水平方向の力のつりあいより $F_\mathrm{A}\cos\alpha = F_\mathrm{B}\cos\beta$，垂直方向の力のつりあいより $F_\mathrm{A}\sin\alpha + F_\mathrm{B}\sin\beta = W$，点 A のまわりのモーメントのつりあいより $(l/2)W\cos x = lF_\mathrm{B}\sin(\beta + x)$．よって $x = \tan^{-1}\{(\tan\alpha - \tan\beta)/2\}$.

2.10　垂直方向の力のつりあいより $T_\mathrm{AC} = T_\mathrm{BC}\cos\alpha$，$T_\mathrm{DE}\sin\alpha = 500\,\mathrm{N}$，水平方向の力のつりあいより $T_\mathrm{DE}\cos\alpha = T_\mathrm{BC}\sin\alpha$．よって $T_\mathrm{AC} = 500\,\mathrm{N}/\tan^2\alpha = 65.3\,\mathrm{kN}$.

2.11　石の角とローラの接触点の力を F，ローラにはたらく重力を W とおく．F はローラの中心点を通り，垂直方向とのなす角を α とすると，$\tan\alpha = \sqrt{50^2 - 45^2}/45 = 0.484$．垂直方向の力のつりあいより $F\cos\alpha = W$，水平方向の力のつりあいより $F_\mathrm{AB} = F\sin\alpha = W\tan\alpha = 400 \times 9.8 \times 0.484 = 1.9 \times 10^3\,\mathrm{N} = 1.9\,\mathrm{kN}$.

2.12　棒の質量を無視する．点 A における反力を F_H とおく．点 O のまわりのモーメントのつりあいより $F_H \times 120 = 50 \times 9.8 \times 50$，よって $F_H = 204\,\mathrm{N}$．点 O の水平反力は $-F_H$ で，垂直反力は上向きに $F_V = 50g = 50 \times 9.8\,\mathrm{N}$ なので，合力の方向は水平方向に対して $\tan^{-1}(-F_H/F_V) = 112.6°$，大きさは $532\,\mathrm{N}$.

2.13　省略.

2.14　点 B，A のまわりのモーメントのつりあいより $R_\mathrm{A} = 5.0\,\mathrm{kN}$，$R_\mathrm{B} = 6.0\,\mathrm{kN}$，点 A，B，C，D，E の力のつりあいより $F_\mathrm{AB} = -10.0\,\mathrm{kN}$，$F_\mathrm{AK} = 8.7\,\mathrm{kN}$，$F_\mathrm{BC} = -8.0\,\mathrm{kN}$，$F_\mathrm{BK} = -2.0\,\mathrm{kN}$，$F_\mathrm{CD} = -8.0\,\mathrm{kN}$，$F_\mathrm{CK} = -3.0\,\mathrm{kN}$，$F_\mathrm{DE} = -12.0\,\mathrm{kN}$，$F_\mathrm{DK} = -4.0\,\mathrm{kN}$，$F_\mathrm{EK} = 10.4\,\mathrm{kN}$（+：引張，−：圧縮）.

2.15　部材 CD，CG，HC を切断し，各部材にはたらく力をそれぞれ F_CD，F_CG，F_HG，また支点 F の反力を R_F とする．支点 J のまわりのモーメントのつりあいよ

り $R_{\mathrm{F}} = 8.3\,\mathrm{kN}$，点 G のまわりのモーメントのつりあいより $F_{\mathrm{CD}} = -8.3\,\mathrm{kN}$，点 C のまわりのモーメントのつりあいより $F_{\mathrm{HG}} = 12.5\,\mathrm{kN}$，水平方向の力のつりあいより $F_{\mathrm{CG}} = -6.0\,\mathrm{kN}$.

第 3 章

問題 3.1〜3.3 では物体を分割して式(3.5)を用いるが，線の断面積，板の厚さ，材料の密度が均一の場合，物体にはたらく重力はそれぞれ長さ，面積，体積に比例するので，重力を長さ，面積，体積の値で計算してよい.

3.1　（a）二つの直線と半円弧に分け，それぞれにはたらく重力を w_1，w_2，w_3，重心の x 座標を x_1，x_2，x_3，y 座標を y_1，y_2，y_3 とすれば，$w_1 = 8$，$w_2 = 5\pi$，$w_3 = 4$，$x_1 = 0$，$x_2 = 5\,\mathrm{cm}$，$x_3 = 10\,\mathrm{cm}$，$y_1 = -4\,\mathrm{cm}$，表 3.1 の 1（c）より $y_2 = 10/\pi\,\mathrm{cm}$，$y_3 = -2\,\mathrm{cm}$．式(3.5)より

$$x_{\mathrm{G}} = \frac{8 \times 0 + 5\pi \times 5 + 4 \times 10}{8 + 5\pi + 4} = 4.3\,\mathrm{cm}$$
$$y_{\mathrm{G}} = \frac{8 \times (-4) + 5\pi \times (10/\pi) + 4 \times (-2)}{-4 + 5\pi + 4} = 0.4\,\mathrm{cm}$$

（b）四つの直線に分け，それぞれにはたらく重力を w_1，w_2，w_3，w_4，重心の x 座標を x_1，x_2，x_3，x_4，y 座標を y_1，y_2，y_3，y_4 とすれば，式(3.5)より

$$x_{\mathrm{G}} = \frac{10 \times (-5) + 5 \times 0 + 5 \times 2.5 + 10 \times 5}{10 + 5 + 5 + 10} = 0.4\,\mathrm{cm}$$
$$y_{\mathrm{G}} = \frac{10 \times (-5) + 5 \times (-2.5) + 5 \times 2.5 + 10 \times (-5)}{10 + 5 + 5 + 10} = -3.8\,\mathrm{cm}$$

3.2　（a）$15\,\mathrm{cm} \times 10\,\mathrm{cm}$ の長方形と $6\,\mathrm{cm} \times 6\,\mathrm{cm}$ の長方形に分け，それぞれにはたらく重力を w_1, w_2, 重心の x 座標を x_1, x_2 (y 座標は 0) とおくと，$w_1 = 15 \times 10 = 150$，$w_2 = 6 \times 6 = 36$，$x_1 = 7.5\,\mathrm{cm}$，$x_2 = 9\,\mathrm{cm}$．式(3.6)において，穴の部分を差し引けば，$x_{\mathrm{G}} = (150 \times 7.5 - 36 \times 9)/(150 - 36) = 7.02\,\mathrm{cm}$，$y_{\mathrm{G}} = 0\,\mathrm{cm}$.

（b）左側の半径 $4\,\mathrm{cm}$ の半円，台形，右側の半径 $2\,\mathrm{cm}$ の半円，左側の半径 $2\,\mathrm{cm}$ の円，右側の半径 $1\,\mathrm{cm}$ の円に分け，それぞれにはたらく重力を w_1，w_2，w_3，w_4，w_5，重心の x 座標を x_1，x_2，x_3，x_4，x_5（y 座標は 0）とおくと，$w_1 = \pi \times 4^2/2 = 8\pi$，$w_2 = (8 + 4) \times 10/2 = 60$，$w_3 = 2\pi$，$w_4 = 4\pi$，$w_5 = \pi$，表 3.1 の 2（e）より $x_1 = -4r/(3\pi) = -4 \times 4/(3\pi) = -16/(3\pi)$，$x_3 = 10 + 4 \times 2/(3\pi) = 10 + 8/(3\pi)$，表 3.1 の 2（c）より $x_2 = (1/3)\{(2 \times 4 + 8)/(8 + 4)\} \times 10 = 40/9$，$x_4 = 0$，$x_5 = 10$

となる．式(3.6)より，

$$x_G = \frac{8\pi \times \{-16/(3\pi)\} + 60 \times 40/9 + 2\pi \times \{10 + 8/(3\pi)\} - 2\pi \times 0 - \pi \times 10}{8\pi + 60 + 2\pi - 4\pi - 5\pi}$$
$$= 3.4\,\mathrm{cm}$$
$$y_G = 0\,\mathrm{cm}$$

（c）半径 10 cm の扇形と半径 5 cm の扇形に分け，それぞれにはたらく重力を w_1，w_2，重心の y 座標を y_1，y_2 とおくと，$w_1 = 10^2\pi/6 = 50\pi/3$，$w_2 = 5^2\pi/6 = 25\pi/6$，表 3.1 の 2（d）より

$$y_1 = \frac{4 \times 10}{3 \times \pi/3} \sin\frac{\pi/3}{2} = \frac{40}{\pi} \sin\frac{\pi}{6} = \frac{20}{\pi}, \qquad y_2 = \frac{4 \times 5}{3 \times \pi/3} \sin\frac{\pi}{6} = \frac{10}{\pi}$$

よって式(3.6)より

$$x_G = 0\,\mathrm{cm}, \qquad y_G = \frac{(50\pi) \times (20/\pi) - (25\pi/6) \times (10/\pi)}{50\pi/3 - 25\pi/6} = 7.4\,\mathrm{cm}$$

3.3　（a）三つの円柱に分け，それぞれにはたらく重力を w_1，w_2，w_3，重心の x 座標を x_1，x_2，x_3（y 座標は 0）とする．$w_1 = 3^2\pi \times 2 = 18\pi$，$w_2 = 2^2\pi \times 4 = 16\pi$，$w_3 = 1.5^2\pi \times 3 = 6.75\pi$，$x_1 = 1$，$x_2 = 2 + 2 = 4$，$x_3 = 6 + 1.5 = 7.5$．式(3.6)より，

$$x_G = \frac{18\pi \times 1 + 16\pi \times 4 + 6.75\pi \times 7.5}{18\pi + 16\pi + 6.75\pi} = 3.25\,\mathrm{cm}, \qquad y_G = 0\,\mathrm{cm}$$

（b）半径 5 cm の円を底面とした円すいと半径 3 cm の円を底面とした円すいに分け，それぞれにはたらく重力を w_1，w_2，重心の x 座標を x_1，x_2，w_2 の円すいの高さを h_1 とすると，$h_1/3 = (h_1 + 5)/5$ より $h_1 = 7.5$．$w_1 = 5^2\pi \times (5 + 7.5)/3 = 104.2\pi$，$w_2 = 3^2\pi \times 7.5/3 = 22.5\pi$，$x_1 = (5 + 7.5)/4 = 3.125$，$x_2 = 5 + 7.5/4 = 6.875$．式(3.6)より，

$$x_G = \frac{3.125 \times 104.2\pi - 6.875 \times 22.5\pi}{104.2\pi - 22.5\pi} = 2.1\,\mathrm{cm}, \qquad y_G = 0\,\mathrm{cm}$$

（c）円すい，円柱，半球に分け，それぞれにはたらく重力を w_1，w_2，w_3，重心の x 座標を x_1，x_2，x_3 とすると，$w_1 = \pi r^2 h/3$，$w_2 = \pi r^2 h$，$w_3 = (2/3)\pi r^3$．表 3.1 の 4（a）より，$x_1 = h - h/4 = 3h/4$，$x_2 = h + h/2 = 3h/2$，表 3.1 の 4（c）より $x_3 = 2h + (3/8)r$．よって式(3.6)より

$$x_G = \frac{x_1 w_1 + x_2 w_2 + x_3 w_3}{w_1 + w_2 + w_3} = \frac{21h^2 + 16rh + 3r^2}{16h + 8r}, \qquad y_G = 0\,\mathrm{cm}$$

3.4 点Aから重心までの距離を x とすると，点Bおよび点Aのまわりのモーメントのつりあいより $W_{\mathrm{A}}l = Mg(l-x)$，$Mgx = W_{\mathrm{B}}l$．両式より $M = (W_{\mathrm{A}} + W_{\mathrm{B}})/g$，$x = W_{\mathrm{B}}l/(W_{\mathrm{A}} + W_{\mathrm{B}})$.

3.5 前輪の車軸の中心を原点とし，後輪の車軸の中心と結んだ線を x 軸にとり，車体の重心の x 座標を x_{G}，y 座標を y_{G} とする．水平時の前輪中心まわりのモーメントのつりあいより $(M_{\mathrm{A}}g + M_{\mathrm{B}}g)x_{\mathrm{G}} = M_{\mathrm{B}}l$，よって

$$x_{\mathrm{G}} = \frac{M_{\mathrm{B}}l}{M_{\mathrm{A}} + M_{\mathrm{B}}}$$

前輪を持ち上げたときの傾斜角を θ とすると，両車輪の中心点間の距離は $l\cos\theta$，前輪中心と重心の水平方向距離は $x_{\mathrm{G}}\cos\theta + y_{\mathrm{G}}\sin\theta$ なので，前輪中心まわりのモーメントのつりあいより $(M_{\mathrm{a}} + M_{\mathrm{b}})g(x_{\mathrm{G}}\cos\theta + y_{\mathrm{G}}\sin\theta) = M_{\mathrm{b}}gl\cos\theta$．$\sin\theta = h/l$，$\cos\theta = \sqrt{h^2 - l^2}/l$ であり，総質量は一定なので $M_{\mathrm{a}} + M_{\mathrm{b}} = M_{\mathrm{A}} + M_{\mathrm{B}}$．よって

$$y_{\mathrm{G}} = \left(\frac{M_{\mathrm{b}}}{M_{\mathrm{a}} + M_{\mathrm{b}}} - \frac{M_{\mathrm{B}}}{M_{\mathrm{A}} + M_{\mathrm{B}}}\right)\frac{l\cos\theta}{\sin\theta} = \frac{(M_{\mathrm{b}} - M_{\mathrm{B}})l\sqrt{l^2 - h^2}}{h(M_{\mathrm{A}} + M_{\mathrm{B}})}$$

3.6 球の体積を V，半円の直線部分を x 軸としたときの半円の重心の y 座標を y_{G} とおくと，式(3.13)より $(4/3)\pi r^3 = 2\pi y_{\mathrm{G}}(\pi r^2/2)$．よって $y_{\mathrm{G}} = 4r/(3\pi)$.

3.7 式(3.13)より $V = 2\pi y_{\mathrm{G}}A = 2\pi \times 30 \times \pi \times 5^2 = 14.8 \times 10^3\,\mathrm{cm}^3$，式(3.11)より $S = 2\pi y_{\mathrm{G}}L = 2\pi \times 30 \times 2\pi \times 5 = 59.2 \times 10^2\,\mathrm{cm}^2$.

3.8 半球と直円すいの接地面の中心点が重心となり，そこを原点にとる．半球の重心 $y_1 = -3r/8$，円すいの重心 $y_2 = h/4$，半球の体積 $V_1 = (2/3)\pi r^3$，円すいの体積 $V_2 = \pi r^2 h/3$．両者合体の重心位置は $(y_1V_1 + y_2V_2)/(V_1 + V_2) = 0$．よって $-(3r/8)(2\pi r^3/3) + (h/4)(\pi r^2 h/3) = 0$ より $h = \sqrt{3}r$.

3.9 重心からの垂直線が円柱の底面の端にくる．円柱の高さを h，半径を r とすると，$r/(h/2) = \tan 30° = 1/\sqrt{3}$，よって $h = 10 \times 2 \times \sqrt{3} = 34.6\,\mathrm{cm}$.

第4章

4.1 （a）$1\,\mathrm{m} = 1/1000\,\mathrm{km}$，$1\,\mathrm{s} = 1/3600\,\mathrm{h}$ より $1\,\mathrm{m/s} = 3600/1000 = 3.6\,\mathrm{km/h}$，よって $10\,\mathrm{m/s} = 10 \times 3.6 = 36\,\mathrm{km/h}$.

（b）問（a）より $1\,\mathrm{km/h} = (1/3.6)\,\mathrm{m/s}$，よって $200\,\mathrm{km/h} = 200/3.6 = 55.6\,\mathrm{m/s}$.

（c）$1\,\mathrm{rpm} = 2\pi/60 = (\pi/30)\,\mathrm{rad/s}$ より $20\,\mathrm{rpm} = 20\pi/30 = 2.1\,\mathrm{rad/s}$.

（d）$5\,\mathrm{m/s^2} = 5 \times (3600)^2/1000 = 64800\,\mathrm{km/h^2}$

4.2　変位を時間 t で微分すると速度，さらに微分すると加速度になるので，それぞれに $t = 3\,\mathrm{s}$ を代入すると，$s = 5 \times 3^3 - 20 \times 3^2 + 8 \times 3 - 3 = -24\,\mathrm{m}$，$v = \dot{s} = 15t^2 - 40t + 8 = 23\,\mathrm{m/s}$，$a = \ddot{s} = 30t - 40 = 50\,\mathrm{m/s^2}$.

4.3　変位は速度を時間 t で積分すれば求められる．これに $t = 5\,\mathrm{s}$ を代入すると，$s = \int_0^t v\,\mathrm{d}t = (5/2)t^2 + 10t = 5 \times 5^2/2 + 10 \times 5 = 112.5\,\mathrm{m}$.

4.4　まず速度の単位を換算すると，$50\,\mathrm{km/h} = 50 \times 1000/3600 = 13.9\,\mathrm{m/s}$．等加速度より，$a = 13.9/10 = 1.39\,\mathrm{m/s^2}$．進んだ距離は式(4.11)より $x = v_0 t + (1/2)at^2$ で，初速度は $v_0 = 0$ より $x = (1/2) \times 1.39 \times 10^2 = 69.4\,\mathrm{m}$.

4.5　式(4.12)より $40^2 - 10^2 = 2a \times 20$，$a = 3.75\,\mathrm{m/s^2}$.

4.6　最初の等加速度で進んだ距離 x_1 は式(4.11)より $v_0 = 0$ として，$x_1 = (1/2) \times 2 \times 15^2 = 225$．次の等速区間では式(4.10)より速度 $v = 2 \times 15 = 30$ であるから式(4.9)より $x_2 = 30 \times 10 \times 60 = 18000$．最後の減速区間では，式(4.10)より $a = 30/12 = 2.5$，式(4.11)より $x_3 = 30 \times 12 - 0.5 \times 2.5 \times 12^2 = 180$．進んだ距離の合計は $225 + 18000 + 180 = 18405\,\mathrm{m}$．なお，速度と時間の関係図が台形になり，その面積が進んだ距離になることを利用する方法もある．

4.7　式(4.14)の 2 番目の式より，地面に達するまでの時間は $t = \sqrt{2h/g} = \sqrt{20/9.80} = 1.4\,\mathrm{s}$，1 番目の式よりそのときの速さは $v = gt = 9.8 \times 1.4 = 14\,\mathrm{m/s}$.

4.8　式(4.13)の 2 番目の式より，距離は $9.8 \times 5 + (1/2) \times 9.8 \times 5^2 = 171.5\,\mathrm{m}$，1 番目の式より速さは $9.8 + 9.8 \times 5 = 58.8\,\mathrm{m/s}$.

4.9　落下時間を t_1，音の伝わる時間を t_2，井戸の高さを y，音速を v とすると $y = vt_2$，式(4.14)の 2 番目より $y = (1/2)gt_1^2$ なので $t_1 = \sqrt{2y/g}$，$t_1 + t_2 = t$ とすると $t = \sqrt{2y/g} + y/v$ より $(t - y/v)^2 = 2y/g$，よって $y^2 - 2yv^2(t/v + 1/g) + v^2 t^2 = 0$ となる．この 2 次方程式の根は $y = v^2(t/v + 1/g) \pm v^2\sqrt{(t/v + 1/g)^2 - (t/v)^2}$ で，数値を代入すると $y = 10.6\,\mathrm{m}, 24601\,\mathrm{m}$ となるが，$y < (1/2)gt^2 = 11.0$ なので，答えは $10.6\,\mathrm{m}$.

4.10　気球の上昇速度 $5\,\mathrm{m/s}$ を初速度として式(4.15)の 2 番目の式に初期高さとして気球高さ h を加えれば，$y = 5 \times 10 - (1/2) \times 9.8 \times 10^2 + h$，$y = 0$ より $h = 440\,\mathrm{m}$.

4.11　（a）p. 49 の y 方向の速度の式より，$v_y = v_0 \sin 30^\circ - gt = 50 \sin 30^\circ - 9.8 \times 3 = -4.4\,\mathrm{m/s}$.

（b）問（a）で用いた式で $v_y = 0$ とすれば，$0 = 50 \sin 30^\circ - 9.8t$，よって $t = 50 \sin 30^\circ/9.8 = 2.25\,\mathrm{s}$，$y = 50 \sin 30^\circ - (1/2)gt^2 = 31.9\,\mathrm{m}$.

（c）問（b）の時間の 2 倍より，$2.55 \times 2 = 5.1\,\mathrm{s}$.

（d）p. 49 の x 方向の変位の式より，$x = 50\cos 30° \times 5.1 = 221\,\mathrm{m}$.

4.12 式(4.18)で，飛距離は $y = 0$ のときの $x \neq 0$ の解なので，$x = 2v_0^2 \tan\theta\cos\theta = 2v_0^2 \sin\theta\cos\theta = v_0^2 \sin 2\theta$，よって $2\theta = 90°$ のとき最大になるから $\theta = 45°$.

4.13 p. 49 の x 方向の変位式より，$x = v_0(\cos 45°)t = v_0 t/\sqrt{2}$，$t = 2000\sqrt{2}/v_0$. y 方向の変位式より $y = v_0(\sin 45°)t - (1/2)gt^2$，$y$ に高さ，t に前で求めた値を代入して $200 = 2000 - (1/2) \times 9.8 \times 2000^2 \times 2/v_0^2$，よって $v_0 = \sqrt{4.9 \times 2000^2 \times 2/1800} = 148\,\mathrm{m/s}$.

4.14 角速度は $\omega = \dot{\theta} = 3 \times 3t^2 = 9 \times 5^2 = 225\,\mathrm{rad/s}$，角加速度は $\dot{\omega} = 9 \times 2t = 18.5t = 90\,\mathrm{rad/s^2}$.

4.15 $1\,\mathrm{rpm} = 2\pi\,\mathrm{rad}/60\,\mathrm{s} = (\pi/30)\,\mathrm{rad/s}$ より $45\,\mathrm{rpm} = 45\pi/30 = 4.7\,\mathrm{rad/s}$. 式(4.20)より周速度は $v = r\omega = 0.3 \times 4.7 = 1.4\,\mathrm{m/s}$.

4.16 $\omega_0 = 60\,\mathrm{rpm} = 2\pi\,\mathrm{rad/s}$，$\omega_1 = 300\,\mathrm{rpm} = 10\pi\,\mathrm{rad/s}$，式(4.23)より角加速度は $\dot{\omega} = (10\pi - 2\pi)/60 = 2\pi/15 = 0.42\,\mathrm{rad/s}$，式(4.20)より周速度は $v = r\omega = 0.5 \times 10\pi = 15.7\,\mathrm{m/s}$. 式(4.24)より，$\theta = 2\pi \times 60 + (1/2) \times (2\pi/15) \times 60^2 = 180 \times 2\pi$ なので，180 回転する.

4.17 $150\,\mathrm{rpm} = 150 \times 2\pi/60 = 5\pi\,\mathrm{rad/s}$ より，接線加速度は $a_t = r\dot{\omega} = 0.5 \times 0.42 = 0.21\,\mathrm{m/s^2}$，法線加速度は $a_n = r\omega^2 = 0.5 \times (5\pi)^2 = 123\,\mathrm{m/s^2}$.

4.18 列車 A，B の合計の長さは 180 m，この長さがすれ違うのに 5 秒かかっているので，相対速度は $180/5 = 36\,\mathrm{m/s} = 129.6\,\mathrm{km/h}$，よって列車 B の速さは $129.6 - 50 = 79.6\,\mathrm{km/h}$.

4.19 B の相対速度ベクトルの方向を QP に対して θ とすると，$\theta = \tan^{-1}(3/4) = 36.9°$，大きさは $v_r = \sqrt{3^2 + 4^2} = 5\,\mathrm{m/s}$. AB の最短距離は，P から B の相対速度ベクトルの線上に下ろした垂線の交点 R までの距離であるから，$10\sin\theta = 10 \times (3/5) = 6\,\mathrm{m}$. 時間は B の相対速度で QR の距離を進む時間から $10\cos\theta/v_r = 10 \times (4/5)/5 = 1.6\,\mathrm{s}$.

第 5 章

5.1 $F = ma = 60 \times 19.6 = 1176\,\mathrm{N}$

5.2 重力加速度を加えて $F = m(a + g)$ より，$300 = 10(a + 9.8)$，よって $a = 20.2\,\mathrm{m/s^2}$.

5.3 加速度 a が一定なので，式(4.10)より $30 - 0.01a = 0$，よって $a = 30/0.01 =$

$3000\,\mathrm{m/s^2}$ であり，はたらいた力は $F = ma = 3 \times 3000 = 9000\,\mathrm{N}$.

5.4 加速度は $a = F/m = 150/50 = 3\,\mathrm{m/s^2}$，式(4.11)より $200 = 10v + (1/2) \times 3 \times 10^2$，よって $v = 5\,\mathrm{m/s}$.

5.5 加速度は $a = F/m = 5 \times 10^3/10^4 = 0.5\,\mathrm{m/s^2}$，式(4.10)より $v = 0 + 0.5 \times 60 = 30\,\mathrm{m/s}$.

5.6 張力を T とし，8 kg と 10 kg のおもりそれぞれの運動方程式は $8a = T - 8g$, $10a = 10g - T$. 連立方程式を解けば $a = 2g/18 = 1.1\,\mathrm{m/s^2}$, $T = 10g - 10a = 87\,\mathrm{N}$.

5.7 物体の質量を m とすると，運動方程式より $m(1.5 + g) = 10g$，よって $m = 8.7\,\mathrm{kg}$.

5.8 図 5.2 より $Ma/(Mg) = a/g = \tan\theta$，よって $a = g\tan 10° = 9.8 \times 0.176 = 1.7\,\mathrm{m/s^2}$.

5.9 車両の質量を M，遠心加速度を a，重力と遠心力の合力ベクトルの方向を重力に対して θ とする．合力ベクトルの方向が内外レールの傾斜面に垂直になればよいので，$\tan\theta = Ma/(Mg) = a/g$. 式(5.5)より $a = v^2/r = (200/3.6)^2/2000 = 1.54\,\mathrm{m/s^2}$，外側レールの高さ h はレール幅を L とすると $h = L\sin\theta$ で，$\sin\theta = a/\sqrt{g^2 + a^2}$ より $h = 1435 \times 0.1552 = 223\,\mathrm{mm}$.

5.10 式(5.5)より力は $F = mv^2/r = mr\omega^2 = 2 \times 1 \times (200 \times 2\pi/60)^2 = 877\,\mathrm{N}$. 最高角速度は，$\omega = \sqrt{F/(mr)} = \sqrt{500/2} = 15.81\,\mathrm{rad/s}$ より $15.81 \times 60/(2\pi) = 151\,\mathrm{rpm}$.

第 6 章

6.1 式(6.6)より $I = 800 \times 0.5^2 = 200\,\mathrm{kg \cdot m^2}$.

6.2 表 6.1 より $I = 2MR^2/5 = 2 \times 10 \times 0.1^2/5 = 4.0 \times 10^{-2}\,\mathrm{kg \cdot m^2}$.

6.3 直径 20 cm と 15 cm の球の体積，質量，半径，慣性モーメントをそれぞれ V_1, V_2，M_1，M_2，R_1，R_2，I_1，I_2，密度を ρ とおく．$V_1 = (4/3)\pi R^3 = (4/3)\pi \times 0.1^3 = 4.18 \times 10^{-3}\,\mathrm{m^3}$，$V_2 = (4/3)\pi \times 0.075^3 = 1.76 \times 10^{-3}\,\mathrm{m^3}$ となる．中空球の質量は $\rho(V_1 - V_2) = 4\,\mathrm{kg}$ なので，$\rho = 4/\{(4.18 - 1.76) \times 10^{-3}\} = 1.65 \times 10^3\,\mathrm{kg/m^3}$，よって中空球の慣性モーメントは $I = I_1 - I_2 = (2/5)(M_1R_1^2 - M_2R_2^2) = (2/5)\rho(V_1R_1^2 - V_2R_2^2) = 0.4 \times 1.65 \times 10^3 \times (4.18 \times 0.1^2 - 1.76 \times 0.075^2) \times 10^{-3} = 2.1 \times 10^{-2}\,\mathrm{kg \cdot m^2}$. 式(6.6)より $k = \sqrt{I/M_1} = 0.073\,\mathrm{m} = 7.3\,\mathrm{cm}$.

6.4 左から五つの部材に分け，質量をそれぞれ M_1, M_2, M_3, M_4, M_5，部材の XX' 軸に平行で重心を通る軸のまわりの慣性モーメントをそれぞれ I_1，I_2，I_3，I_4，I_5 とすると，$M_1 = 0.075^2\pi \times 0.2 \times 7800 = 27.57\,\mathrm{kg}$，$M_2 = M_4 = 0.32 \times 0.5 \times 0.1 \times 7800 = 124.8\,\mathrm{kg}$，$M_3 = M_5 = 0.075^2\pi \times 0.15 \times 7800 = 20.68\,\mathrm{kg}$．表 6.1 の円柱と直方体の式および式(6.7)より，$I_1 = (27.57/2) \times 0.075^2 + 0.22^2 \times 27.57 = 1.411\,\mathrm{kg \cdot m^2}$，$I_2 = I_4 = (124.8/12) \times (0.32^2 + 0.5^2) + 0.11^2 \times 124.8 = 5.175\,\mathrm{kg \cdot m^2}$，$I_3 = (20.68/2) \times 0.075^2 + 0 = 0.0581\,\mathrm{kg \cdot m^2}$，$I_5 = (20.68/2) \times 0.075^2 + 0.22^2 \times 20.68 = 1.059\,\mathrm{kg \cdot m^2}$．よって $I = I_1 + I_2 + I_3 + I_4 + I_5 = 12.9\,\mathrm{kg \cdot m^2}$．

6.5　20×3 と 12×3 の長方形に分け，原点を左下角にとると，式(3.5)より $x_\mathrm{G} = [20 \times 3 \times (3/2) + (15-3) \times 3 \times \{3 + (15-3)/2\}]/\{20 \times 3 + (15-3) \times 3\} = (60 \times 1.5 + 36 \times 9)/(60+36) = 4.3125\,\mathrm{cm}$, $y_\mathrm{G} = \{(20/2) \times 60 + (3/2) \times 36\}/(60+36) = 6.8125\,\mathrm{cm}$．よって x 軸，y 軸のまわりの断面二次モーメントをそれぞれ I_x，I_y とすると，式(6.7)と表 6.1 より $I_x = (10 - 6.8125)^2 \times 60 + (60/12) \times 20^2 + (6.8125 - 1.5)^2 \times 36 + (36/12) \times 3^2 = 3.7 \times 10^3\,\mathrm{cm^4}$，$I_y = (4.3125 - 1.5)^2 \times 60 + (60/12) \times 3^2 + (9 - 4.3125)^2 \times 36 + (36/12) \times 12^2 = 1.7 \times 10^3\,\mathrm{cm^4}$．

6.6　直径 5 cm の円柱と 8 cm の円柱それぞれの慣性モーメントを I_1，I_2，体積と質量を V_1，V_2，M_1，M_2，回転軸の位置を左端から x とする．$M_1 = 0.025^2\pi \times 0.1 \times 7800 = 0.4875\pi$，$M_2 = 0.04^2\pi \times 0.1 \times 7800 = 1.248\pi$ であり，$I = I_1 + (x - 0.05)^2 M_1 + I_2 + (x - 0.15)^2 M_2$ となる．I を x で微分した式が 0 になるので，$x = (0.05M_1 + 0.15M_2)/(M_1 + M_2) = (0.05 \times 0.4875\pi + 0.15 \times 1.248\pi)/(0.4875\pi + 1.248\pi) = 0.1219$, よって回転軸の位置は 12.2 cm．重心は式(3.5)より $x_\mathrm{G} = (5M_1 + 15M_2)/(M_1 + M_2) = x$ と，求めた回転軸に一致する．慣性モーメントは，表 6.1 より $I_1 = (0.4875\pi/4) \times (0.025^2 + 0.1^2/3) = 1.51 \times 10^{-3}\,\mathrm{kg \cdot m^2}$，$I_2 = (1.248\pi/4) \times (0.04^2 + 0.1^2/3) = 4.83 \times 10^{-3}\,\mathrm{kg \cdot m^2}$，よって $I = I_1 + (x - 0.05)^2 M_1 + I_2 + (x - 0.15)^2 M_2 = 1.7 \times 10^{-2}\,\mathrm{kg \cdot m^2}$．

6.7　角速度を ω とすると，トルク一定より角速度は $\dot{\omega} = 200 \times (2\pi/60)/15 = 1.396\,\mathrm{rad/s^2}$，式(6.4)より $I = N/\dot{\omega} = 300/1.396 = 215\,\mathrm{kg \cdot m^2}$．

6.8　等角加速度とすれば，角加速度は $\dot{\omega} = (300 - 100) \times (2\pi/60)/10 = 2.09$．慣性モーメントを I として，トルクは $N = I\dot{\omega} = 300 \times 0.5^2 \times 2.09 = 157\,\mathrm{N \cdot m}$．

6.9　角速度は $\omega = \dot{\omega} \times 60$, 式(6.4)より $100 = 60 \times \dot{\omega}$, よって $\omega = (100/60) \times 10 = 16.7\,\mathrm{rad/s} = 159\,\mathrm{rpm}$．

6.10　それぞれのベルト車の角加速度を $\dot{\omega}_\mathrm{A}$，$\dot{\omega}_\mathrm{B}$ とすれば，力のつりあいより $T + (T_1 - T_2)R_\mathrm{A} = I_\mathrm{A}\dot{\omega}_\mathrm{A}$，$(T_2 - T_1)R_\mathrm{B} = I_\mathrm{B}\dot{\omega}_\mathrm{B}$，ベルトがすべらないとすれば，$R_\mathrm{A}\dot{\omega}_\mathrm{A} = R_\mathrm{B}\dot{\omega}_\mathrm{B}$．これら 3 式から $T_2 - T_1$ と ω_A を消去すれば $\dot{\omega}_\mathrm{B} = TR_\mathrm{A}R_\mathrm{B}/(I_\mathrm{A}R_\mathrm{B}^2 + I_\mathrm{B}R_\mathrm{A}^2)$，$\dot{\omega}_\mathrm{A}$ と $\dot{\omega}_\mathrm{B}$ を消去すれば $T_2 - T_1 = I_\mathrm{B}TR_\mathrm{A}/(I_\mathrm{A}R_\mathrm{B}^2 + I_\mathrm{B}R_\mathrm{A}^2)$．

6.11 例題 6.6 を参考に，円柱の斜面方向の並進運動の方程式は $Mg\sin 20° - F' = Ma$，重心のまわりの回転運動の方程式は円柱の回転軸のまわりの慣性モーメントを用いて $rF' = (1/2)Mr^2\dot{\omega}$（$F'$ は摩擦力，a は重心の加速度，$\dot{\omega}$ は角加速度）．$a = r\dot{\omega}$ より $F' = (M/2)a$，並進運動の方程式に代入して $Mg\sin 20° = (3/2)Ma$，よって $a = (2/3)g\sin 20° = 2.23\,\mathrm{m/s^2}$，式(4.11) より移動距離は $(1/2)at^2 = 0.5 \times 2.23 \times 10^2 = 112\,\mathrm{m}$.

6.12 重心の並進運動の方程式は $Ma = F - F'$，回転運動の方程式は $r(F + F') = (1/2)Mr^2\dot{\omega}$ なので，$F + F' = (1/2)Mr\dot{\omega} = (1/2)Ma$ となり，$Ma = F - F' = 2(F + F')$ が成り立つ．よって $F' = -F/3$ なので，$a = (F - F')/M = 4F/(3M)$.

6.13 例題 6.7 を参考に，M_1 を x 軸上とすれば，式(6.40) の 1 番目の式より $8\times10+0+12\times6\times\cos 210°+M_4\cos\theta\times12 = 0$, よって $M_4\cos\theta = -1.4708$. 2 番目の式より $0+6\times8+12\times6\times\sin 210°+M_4\sin\theta\times12 = 0$, よって $M_4\sin\theta = -1$. 両式から $\tan\theta = -1/-1.4708 = 0.680$, $M_4 = -1/\sin\theta$ で，$\theta = \tan^{-1}0.680 = 34.2°$ または $214.2°$ だが，M_4 が正になるためには，$\theta = 214.2°$, $M_4 = -1/\sin 214.2° = 1.8\,\mathrm{kg}$.

第 7 章

7.1 時速 $60\,\mathrm{km/h}$ を秒速に換算すると $60 \times (1000/3600) = (50/3)\,\mathrm{m/s}$ となるので，運動量は $mv = 800 \times 50/3 = 1.3 \times 10^4\,\mathrm{kg\cdot m/s}$.

7.2 式(7.3) より $1000 \times 10 = 2000v$ なので，$v = 5\,\mathrm{m/s}$.

7.3 式(7.3) より $F \times 20 = 100 \times 10$ なので，$F = 50\,\mathrm{N}$.

7.4 式(7.5) より $\displaystyle\int_0^3 4t^3\,\mathrm{d}t = 5v$ なので，$v = [t^4]_0^3/5 = 16.2\,\mathrm{m/s}$.

7.5 式(7.5) より力積は $0.2 \times (20 + 30) = 10\,\mathrm{kg\cdot m/s}$，式(7.3) より平均の力は $10/0.02 = 500\,\mathrm{N}$.

7.6 飛び込む前のボートは静止しているとすると，式(7.12) より $0 = 80v - 50\times2$ なので，飛び込んだ方向と逆方向に $v = 1.25\,\mathrm{m/s}$ で動く．

7.7 おもりとくいの質量をそれぞれ m_1，m_2 とする．衝突直前のおもりの速度を v_1 とする．完全塑性衝突より式(7.17) からおもりとくいは同じ速度で運動するので，その速度を v_2 とする．式(7.16) より $m_1v_1 = (m_1 + m_2)v_2$，よって $v_2 = v_1m_1/(m_1 + m_2)$．地面の抵抗力 F による仕事は FL（L はくいの移動距離）となり，これは衝突直後の運動エネルギーに重力による仕事を加えたものに等しいので，$FL = (1/2)(m_1 + m_2)v_2^2 + (m_1 + m_2)gL$ となる．落下高さを h とすれば式(4.12) より $v_1^2 = 2gh$，よって $F = (1/2)v_1^2m_1^2/\{(m_1 + m_2)L\} + (m_1 + m_2)g =$

$1.61 \times 10^5\,\mathrm{N} = 161\,\mathrm{kN}.$

7.8　式(7.17)より $e = (8-3)/(10-0) = 0.5.$

7.9　式(7.16)より $2 \times 1.5 = m_\mathrm{A} v_\mathrm{A}$，式(7.17)より $v_\mathrm{A}/1.5 = 0.75$，よって $v_\mathrm{A} = 1.1\,\mathrm{m/s}$，$m_\mathrm{A} = 2 \times 1.5/v_\mathrm{A} = 2.7\,\mathrm{kg}.$

7.10　高さ h から落下して床に衝突する直前の速度を v_0 とすると，式(4.12)で頂点の速度 0 なので $v_0^2 = 2gh$ より $h = v_0^2/(2g)$ となる．はねかえり直後の速度 v_1 は式(7.17)より $v_1 = ev_0$，はねかえりの高さは $h_1 = v_1^2/(2g) = e^2 v_0^2/(2g) = e^2 h = 0.64 \times 3 = 1.9\,\mathrm{m}$ となる．1 回目のはねかえりで $2h_1$ 動くので，以後静止までの総距離は $h + 2h \sum_{n=1}^{\infty} e^{2n} = h + 2e^2 h/(1-e^2) = 13.7\,\mathrm{m}.$

7.11　20 kg，15 kg の球の衝突後の向心方向の速度成分を $v_{\mathrm{A}x}$，$v_{\mathrm{B}x}$，接線方向の速度成分を $v_{\mathrm{A}y}$，$v_{\mathrm{B}y}$ とする．式(7.20)より $v_{\mathrm{A}y} = 10\sin 45^\circ$，$v_{\mathrm{B}y} = -6\sin 30^\circ$．向心方向について式(7.16)より $20 \times 10\cos 45^\circ - 15 \times 6\cos 30^\circ = 20v_{\mathrm{A}x} + 15v_{\mathrm{B}x}$．式(7.17)より $(v_{\mathrm{A}x} - v_{\mathrm{B}x})/(10\cos 45^\circ + 6\cos 30^\circ) = 0.8$．2 式より $v_{\mathrm{A}x} = -2.392\,\mathrm{m/s}$，$v_{\mathrm{B}x} = 7.42\,\mathrm{m/s}$．よって $v_\mathrm{A} = \sqrt{v_{\mathrm{A}x}^2 + v_{\mathrm{A}y}^2} = 7.5\,\mathrm{m/s}$，$v_\mathrm{B} = \sqrt{v_{\mathrm{B}x}^2 + v_{\mathrm{B}y}^2} = 8.0\,\mathrm{m/s}$．$\tan\theta_\mathrm{A} = v_{\mathrm{A}y}/v_{\mathrm{A}x}$ より $\theta_\mathrm{A} = 108.7^\circ$，$\tan\theta_\mathrm{B} = v_{\mathrm{B}y}/v_{\mathrm{B}x}$ より $\theta_\mathrm{B} = 22.0^\circ$.

7.12　水平方向の速度は変わらないので，$20\cos 45^\circ = v\cos 30^\circ$ より $v = 16.3\,\mathrm{m/s}$．垂直方向の速度成分は $v_y = v\sin 30^\circ = 8.15$，式(7.17)より $e = -v_y/(-20\sin 45^\circ) = 0.58.$

7.13　水平方向の速度成分 v_x は初速度を保持するので，距離 l はボールの滞空時間 t と v_x の積になる．初速度の垂直方向の速度成分 v_y は最初のはねかえり直前の速度成分に等しいので，はねかえり直後および 2 回目のはねかえり直前の速度は ev_y となる．垂直方向の運動は，式(4.15)で最高点（$v = 0$）までの時間は v_y/g となり，その 2 倍が 1 回目に地面に達するまでにかかる時間は t_1 となるので，$t_1 = 2v_y/g$．1 回はねかえると垂直方向の速度成分は ev_y となるので，2 回目に地面に達するまでにかかる時間は $t_2 = 2ev_y/g$．同様に $t_3 = 2e^2 v_y/g$．よって合計時間は $t = t_1 + t_2 + t_3 = 2(v_y/g) \times (1 + 0.7 + 0.7^2) = 2 \times 20\sin 60^\circ/9.8 \times 2.19 = 7.74$，移動した距離は $l = v_x t = 20\cos 60^\circ \times 7.74 = 77.4\,\mathrm{m}.$

7.14　ハンマと丸棒の質量を m_1，m_2，衝突前後の速度をそれぞれ v_1，v_2，v_1'，v_2' とする．棒の重心に対する回転半径を k_G とすると，式(6.16)より $k_\mathrm{G}^2 = 0.8^2/12 = 0.0533$，換算質量 m_red は $m_\mathrm{red} = m_2/(1 + a^2/k_\mathrm{G}^2) = 1.0/(1 + 0.35^2/0.0533) = 0.3032$，式(7.33)よりハンマの速さは $v_1' = (m_1 - em_\mathrm{red})v_1/(m_1 + m_\mathrm{red}) = 3.5\,\mathrm{m/s}$，丸棒の打撃点の速度は $v_2' = m_1(1+e)v_1/(m_1 + m_\mathrm{red}) = 6.2\,\mathrm{m/s}.$

7.15　棒の点 A に対する回転半径を k_A とすると表 6.1 より $k_\mathrm{G}^2 = 1^2/3 = 1/3$，換

算質量は式(7.35)より $m_{\mathrm{red}} = m_2 k_{\mathrm{A}}^2/l^2 = 3 \times (1/3)/1 = 1$，式(7.33)より球の速さは $v_1' = (m_1 - e m_{\mathrm{red}})v_1/(m_1 + m_{\mathrm{red}}) = (2 - 0.5) \times 3/(2+1) = 1.5\,\mathrm{m/s}$，同様に $v_2' = m_1(1+e)v_2/(m_1 + m_{\mathrm{red}}) = 2 \times 1.5 \times 3/3 = 3\,\mathrm{m/s}$，よって棒の角速度は $\omega = v_2'/r = 3/1 = 3\,\mathrm{rad/s}$.

7.16 ピン点Aと棒の重心Gとの距離を b, 重心と打撃点の距離を x, 棒の重心のまわりの回転半径を k_{G} とすると式(7.37)より $bx = k_{\mathrm{G}}^2$, 表6.1より $k_{\mathrm{G}}^2 = l^2/12 = 1/12$ なので，$x = (1/12)/0.5 = 1/6 = 0.17\,\mathrm{m}$.

第8章

8.1 重心の移動による位置エネルギーの変化を考える．重心の位置は横倒しのときは $h_1 = 0.15\,\mathrm{m}$，直立のときは $h_2 = 2.5\,\mathrm{m}$ なので，位置エネルギーの変化は $W = mg(h_2 - h_1) = 0.15^2\pi \times 5 \times 2500 \times 9.8 \times (2.5 - 0.15) = 2.03 \times 10^4\,\mathrm{J}$.

8.2 質量 500 kg の物体とロープに分けて考える．物体の位置エネルギーの変化は $W_1 = 500 \times 9.8 \times 30 = 147 \times 10^3$, ロープの巻き上げ仕事は $W_2 = \int_0^{30} 2g(50-x)\,\mathrm{d}x = 9.8 \times [100x - x^2]_0^{30} = 21 \times 10^3$，よって $W = W_1 + W_2 = 168\,\mathrm{kJ}$.

8.3 ばねの自然長を l，ばね定数を k とすると，$0.2g = k(0.1 - l)$，$0.35g = k(0.13 - l)$，両式から $k = 5g = 49\,\mathrm{N/m}$，$l = 0.06\,\mathrm{m}$，$W = 0.5 \times 49\{(0.15 - 0.06)^2 - (0.1 - 0.06)^2\} = 0.16\,\mathrm{J}$.

8.4 運動エネルギーの差をとって，$E = (m/2)(v^2 - v_0^2) = (3/2)(15^2 - 10^2) = 187.5\,\mathrm{J}$.

8.5 最初の位置エネルギーから床に達したときの運動エネルギーを引けばよいので，$E = Mgh - (1/2)mv^2 = 2 \times 0.2 \times 9.8 - 0.5 \times 2 \times 0.1^2 = 3.91\,\mathrm{J}$.

8.6 最初の位置エネルギーとばねが 10 cm 縮んだときのエネルギーが等しいので，図8.20のように自然長からの高さを x とすると，$Mgh = (1/2)kx^2$．よって $3 \times 9.8 \times (x + 0.1) = 0.5 \times 2000 \times 0.1^2$ より $x = 0.24\,\mathrm{m} = 24\,\mathrm{cm}$.

8.7 ばねのエネルギーが位置エネルギーに変化するので，$(1/2)kx^2 = Mgh$ より $0.5 \times 3000 \times 0.1^2 = 0.03 \times 9.8 \times h$，よって $h = 51\,\mathrm{m}$ なので，ばねを圧縮した位置から 51 m の高さまで上がる.

8.8 急に手をはなしたときは位置エネルギーがばねのエネルギーに変わるので，$Mgx = (1/2)kx^2$ より $x = 2Mg/k$ となる．静かに手をはなしたときは力がつりあうので，$x = F/k = Mg/k$ となる.

8.9 円の頂点で遠心力が重力以上になればよい．初期位置と頂点での位置エ

ネルギーの差 $Mg(h-2r)$ が運動エネルギーに変わっているので，頂点での速度を v とすれば，$Mg(h-2r)=(1/2)Mv^2$ より $v^2=2g(h-2r)$．遠心力が $Mv^2/r=2Mg(h-2r)/r \geqq Mg$ なので，$h \geqq (5/2)r$.

8.10 木の抵抗力を F，弾丸の質量を m とすると，$(1/2)mv^2=Fx$ より，速さが $100\,\mathrm{m/s}$ のとき $F=(1/2)\times m\times 100^2/0.02=25\times 10^4\times m$ なので，速さが $250\,\mathrm{m/s}$ のときは $x=(1/2)mv^2/F=(1/2)m\times 250^2/(25\times 10^4\times m)=0.125\,\mathrm{m}=12.5\,\mathrm{cm}$.

8.11 二つの球の質量を m_1，m_2 とすると，式(7.18)より $v_1'=v_1-\{m_2/(m_1+m_2)\}(1+e)(v_1-v_2)=8-(3/8)\times 1.6\times 3=6.2\,\mathrm{m/s}$，$v_2'=v_2+\{m_1/(m_1+m_2)\}(1+e)(v_1-v_2)=5+(5/8)\times 1.6\times 3=8\,\mathrm{m/s}$，よって $\Delta E=(1/2)m_1(v_1^2-v_1'^2)+(1/2)m_2(v_2^2-v_2'^2)=0.5\times 5\times(8^2-6.2^2)+0.5\times 3\times(5^2-8^2)=5.4\,\mathrm{J}$.

8.12 $1000\,\mathrm{m}^2$ の水の質量は $M=10^6\,\mathrm{kg}$，式(8.12)より必要な動力は $P=Mgh/t=10^6\times 9.8\times 50/3600=1.36\times 10^5\,\mathrm{W}=136\,\mathrm{kW}$.

8.13 式(8.12)より $P=Mgh/t=100\times 9.8\times 10/5=1960\,\mathrm{W}$．よって $(1960/1000)\times 1.36=2.7\,\mathrm{PS}$.

8.14 式(8.13)より $P=Fv=3\times 10^3\times(20/60)=1000\,\mathrm{W}=1\,\mathrm{kW}$.

8.15 式(8.13)より $P=Fv=(1\times 10^5/1000)\times 80\times(120\times 10^3/3600)=2.67\times 10^5\,\mathrm{W}=267\,\mathrm{kW}$.

8.16 勾配がないときの抵抗力は $F_1=(2\times 10^5/1000)\times 100=20\times 10^3\,\mathrm{N}$ で，1/1000 の勾配があると，重力によって $F_2=2\times 10^5\times 9.8/1000=1.96\times 10^3\,\mathrm{N}$ が加わるので，式(8.13)より $800\times 10^3=(F_1+F_2)v=21.96\times 10^3 v$．よって $v=36.4\,\mathrm{m/s}$.

8.17 式(8.13)より $P=Fv=8\times 10^3\times(240/60)=3.2\times 10^4\,\mathrm{W}=32\,\mathrm{kW}$.

8.18 式(8.15)より $P=2\pi nN/60=2\pi\times 3000\times 350/60=1.10\times 10^5\,\mathrm{W}=110\,\mathrm{kW}$.

第9章

9.1 式(9.3)より $\tan\theta=0.25$ から $\theta=14.0°$.

9.2 等速度なので，物体にはたらく斜面方向の重力 $Mg\sin 15°$ は摩擦力 $\mu Mg\cos 15°$ とつりあっている．よって $\mu Mg\cos 15°=Mg\sin 15°$ より $\mu=\tan 15°=0.27$.

9.3 水平方向にはたらく力は $200\cos 30°$，鉛直方向にはたらく力は $50g-200\sin 30°$ となるので摩擦による抵抗力は $\mu(50g-200\sin 30°)=0.3\times(50\times 9.8-$

$100) = 177$. 求める加速度を a とすると, 式(5.2)より $50a = 200\cos 30° - 117 = 56.2$ なので, $a = 1.1\,\mathrm{m/s^2}$.

9.4 水平方向の力と摩擦力がつりあう条件を求める. 引く力を F, 水平からの角度を θ とすると, 水平方向にはたらく力は $F\cos\theta$, 床に垂直方向にはたらく力は $Mg - F\sin\theta$. よって力のつりあいより $F\cos\theta = \mu(Mg - F\sin\theta)$ なので, $F = \mu Mg/(\cos\theta + \mu\sin\theta)$. F が最小になるためには $\cos\theta + \mu\sin\theta$ が最大になればよい. $\cos\theta + \mu\sin\theta$ を θ で微分して $-\sin\theta + \mu\cos\theta = 0$ より $\theta = \tan^{-1}\mu$.

9.5 斜面方向に対して式(5.2)を用いれば $ma = mg\sin 45° - \mu mg\cos 45°$ より $a = g(\sin 45° - \mu\cos 45°) = 5.89\,\mathrm{m/s^2}$. 式(4.11)と $v_0 = 0$ より $x = (1/2)at^2$ なので, $t = \sqrt{2 \times 5/5.89} = 1.3\,\mathrm{s}$.

9.6 はしごと地面, はしごと壁の間の摩擦係数と垂直反力をそれぞれ μ_g, μ_w, N_g, N_w とすると, 水平方向と垂直方向の力のつりあいより $N_w = \mu_g N_g$, $N_g + \mu_w N_w = 90g$, 両式より $N_g = 90g/(1 + \mu_g\mu_w)$, $N_w = 90g\mu_g/(1 + \mu_g\mu_w) = 326.7$. 人のいる場所の高さを h とすると, 地面とはしごの接触点におけるモーメントのつりあいより $30g \times (5/2)\cos 60° + 60gh\cos 60° = N_w \times 5 \times \sin 60° + \mu_w N_w \times 5 \times \cos 60°$, これに N_w の値を代入すると $h = 4.1\,\mathrm{m}$.

9.7 球の頂点から角 θ のところに物体があるとすると, 接地点の接線を斜面とみなしたつりあいと同じである. その仮想斜面の傾斜角は θ となるので, 式(9.3)より $\tan\theta = \mu = 0.2$, 求める高さは $r\cos\theta = r/\sqrt{\tan^2\theta + 1} = r/\sqrt{\mu^2 + 1} = 0.98r$.

9.8 最大の速さのときは遠心力と摩擦力が等しくなるから, 式(5.5)より $mv^2/r = \mu mg$, よって $v = \sqrt{\mu rg} = \sqrt{0.2 \times 30 \times 9.8} = 7.7\,\mathrm{m/s} = 28\,\mathrm{km/h}$.

9.9 式(9.5)より $F = \mu_{\mathrm{r}} P = 0.005 \times 5 \times 9.8 = 0.245\,\mathrm{N}$.

9.10 4 本の車輪があるが各車輪にはたらく重力も 1/4 になるので, 1 本の車輪に全重力が作用したときのころがり抵抗となる. 式(9.5)より $F = (e/r)P = (0.1/30) \times 1000 \times 9.8 = 33\,\mathrm{N}$.

9.11 例題 9.3 を参考にして, 式(9.5)より $Mg\sin\alpha = (e/r)Mg\cos\alpha = (0.05/2.5)Mg\cos\alpha$. よって $\tan\alpha = 0.02$ なので, $\alpha = 1.1°$.

9.12 電気機関車の最大のけん引力は $5 \times 10^4 \times 9.8 \times 0.3 = 1.47 \times 10^5\,\mathrm{N}$, ころがり摩擦抵抗は, 列車と電気機関車の総質量を M とすれば $M \times (40/1000)$. これらがつりあうので, $M = 3.675 \times 10^6\,\mathrm{kg}$. M から電気機関車の質量を引けば, 列車の全質量は $3.675 \times 10^6 - 5 \times 10^4 = 3625 \times 10^3\,\mathrm{kg}$.

9.13 綱と円柱の間の摩擦係数を μ_{s} とすれば, 式(9.8)より $T = Fe^{\mu_{\mathrm{s}}\theta}$ なので, $F = T/e^{2\pi n\mu_{\mathrm{s}}}$ となり, F は T の $1/e^{2\pi n\mu_{\mathrm{s}}}$ 倍である.

9.14 式(9.8)より $F = Te^{-\mu_s 2\pi n}$ なので，$300 = 1000 \times 9.8e^{-6\pi\mu_s}$，よって $\mu_s = \{\log_e(1000 \times 9.8/300)\}/6\pi = 0.18$.

9.15 ブレーキからの反力を P とすると，支点のまわりのモーメントのつりあいより $0.3\times P-1.2\times 200-0.05\times 0.3\times P = 0$ なので，$P = 1.2\times 200/(0.3-0.05\times 0.3) = 842.1$．よってブレーキ力は $\mu_k P = 0.3 \times 842.1 = 253\,\mathrm{N}$.

9.16 式(9.13)より $F = lP(e^{\mu_k\theta} - 1)/(-ae^{\mu_k\theta} + b)$ なので，$P = F(-ae^{\mu_k\theta} + b)/\{l(e^{\mu_k\theta} - 1)\} = (300/0.2) \times 0.1/\{\exp(0.25 \times (210/180) \times \pi) - 1\} = 100\,\mathrm{N}$.

第 10 章

10.1 支点から物体までの距離を x とすると，支点のまわりのモーメントのつりあいより $300 \times 9.8x = 350 \times (2.5 - x)$，よって $x = 0.27\,\mathrm{m}$.

10.2 点 B に作用する力を F_B，AD と CE の張力をそれぞれ T_A，T_C とする．点 O のまわりのモーメントのつりあいより $\overline{\mathrm{OB}}F_\mathrm{B} = \overline{\mathrm{OA}}T_\mathrm{A}$，よって $T_\mathrm{A} = F_\mathrm{B}/3$．棒 BC の力のつりあいより $F_\mathrm{B} = Mg - T_\mathrm{C}$，よって $T_\mathrm{A} = (Mg - T_\mathrm{C})$．支点 B のまわりのモーメントのつりあいより $Mgx = \overline{\mathrm{BC}}T_\mathrm{C}$，よって $T_\mathrm{C} = (x/\overline{\mathrm{BC}})Mg$，$T_\mathrm{A} = \{1 - (x/\overline{\mathrm{BC}})\}Mg/3$．支点 G のまわりのモーメントのつりあいより $\overline{\mathrm{DG}}T_\mathrm{A} + \overline{\mathrm{EG}}T_\mathrm{C} = \overline{\mathrm{GH}}M_0 g$，よって $\overline{\mathrm{DG}}\{1 - (x/\overline{\mathrm{BC}})\}Mg/3 + (\overline{\mathrm{EG}}/\overline{\mathrm{BC}})xMg = \overline{\mathrm{GH}}M_0 g$ なので $\overline{\mathrm{DG}}/3 + x(\overline{\mathrm{EG}} - \overline{\mathrm{DG}}/3)/\overline{\mathrm{BC}} = \overline{\mathrm{GH}}(M_0/M)$ となる．

（a）M_0/M を x に無関係にするには，$\overline{\mathrm{EG}} - \overline{\mathrm{DG}}/3 = 0$ より $\overline{\mathrm{DG}}/\overline{\mathrm{EG}} = 3$.

（b）$M_0/M = \overline{\mathrm{DG}}/(3\overline{\mathrm{GH}})$

10.3 動滑車軸にかかる力を F_0 として，横棒の左端のまわりのモーメントのつりあいより $aMg = (a + b)F_0 = 2(a + b)F$，よって $F = aMg/\{2(a + b)\}$.

10.4 動滑車にかかる力は $2F$ であるから鉛直方向の力のつりあいより $3F = Mg$，よって $F = Mg/3$.

10.5 滑車 I，II の回転角速度を ω_I（時計回りを正），ω_II（反時計回りを正），おもり A，B の速度を v_A（下向きを正），v_B（上向きを正），ロープの張力を左から F_1，F_2，F_3 とする．ロープの速度は $r_1\omega_\mathrm{I} = r_2\omega_\mathrm{II} = v_\mathrm{B} = 2v_\mathrm{A}$．I のトルクのつりあいより $I_1\dot{\omega}_\mathrm{I} = (F_1 - F_2)r_1$，よって $(2I_1/r_1^2)\dot{v}_\mathrm{A} = F_1 - F_2$，II のトルクのつりあいより $I_2\dot{\omega}_\mathrm{II} = (F_2 - F_3)r_2$，よって $(2I_2/r_2^2)\dot{v}_\mathrm{A} = F_2 - F_3$．A の力のつりあいより $M(g - \dot{v}_\mathrm{A}) = F_1 + F_2$，B の力のつりあいより $F_3 = M_2(g + \dot{v}_\mathrm{B}) = M_2(g + 2\dot{v}_\mathrm{A})$.

これらの四つの式から F_1, F_2, F_3 を消去すれば,

$$\dot{v}_{\mathrm{A}} = \frac{(M_1 - 2M_2)g}{M_1 + 4M_2 + I_1/r_1^2 + 4I_2/r_2^2}, \qquad \dot{v}_{\mathrm{B}} = 2\dot{v}_{\mathrm{A}}$$

$M_1 > 2M_2$ のときは A は下がる方向で B は上がる方向, $M_1 = 2M_2$ のときは加速度 0 (静止または等速), $M_1 < 2M_2$ のときは加速度の向きが反対になる.

10.6 式(10.10)より $F = Mg(R-r)/(2R)$, よって $R/r = Mg/(Mg-2F) = 1.1$ (倍).

10.7 損失がなければ, 必要な力は式(10.10)より $F = Mg(R-r)/(2R) = 500 \times 9.8 \times (0.2-0.18)/0.4 = 245\,\mathrm{N}$, 実際は 350 N を要したので, 効率は $(245/350) \times 100 = 70\%$.

10.8 損失がない場合に必要な仕事は $W = Mgh = 150 \times 9.8 \times 10 = 14700\,\mathrm{J}$ で, 動力は $P = W/t = 490\,\mathrm{W} = 0.49\,\mathrm{kW}$ なので, 効率は $(0.49/0.8) \times 100 = 61.3\%$.

10.9 押し上げるのに必要な力は, 式(10.17)より $F = Mg\tan(\alpha + \lambda) = 10 \times 9.8\tan 25° = 45.7\,\mathrm{N}$. 引き下ろすのに必要な力は, 式(10.23)より $F = Mg\tan(\lambda - \alpha) = 10 \times 9.8\tan 5° = 8.6\,\mathrm{N}$.

10.10 式(10.16)より $F = Mg\sin(\alpha + \lambda)/\cos(\theta - \lambda)$, F が最小になるのは分母が最大になるときなので, $\theta = \lambda$.

10.11 すべり落ちるのを防ぐのに必要な力は, 式(10.19)で $\theta = 0$ として $60 = Mg(\sin\alpha - \mu_{\mathrm{s}}\cos\alpha)$, 引き上げるのに必要な力は, 式(10.15)で $\theta = 0$ として $120 = Mg(\sin\alpha + \mu_{\mathrm{s}}\cos\alpha)$. 両式より, $\sin\alpha = (60 + 120)/(2Mg) = 0.612$, よって $\alpha = 37.8°$, $\mu_{\mathrm{s}} = (120 - 60)/(2Mg\cos\alpha) = 0.26$.

10.12 式(10.26)より, $P' = F/\{2(\sin\alpha + \mu_{\mathrm{s}}\cos\alpha)\} = 600/\{2(\sin 10° + 0.25\cos 10°)\} = 715\,\mathrm{N}$.

10.13 式(10.27)で $F \geqq 0$ となる条件は, $\alpha \leqq \lambda = \tan^{-1} 0.15 = 8.53°$, よって頂角 2α は 17° 以下でなくてはならない.

10.14 A と B の質量をそれぞれ M_{A}, M_{B}, AB 接触面にはたらく垂直方向の力を F_{AB}, 床から A への反力を F_g, 斜面から B への反力を F_w, 摩擦係数を μ とする. A の水平方向の力のつりあいより $F_{\mathrm{AB}} = \mu F_g$, 鉛直方向の力のつりあいより $M_{\mathrm{A}}g + \mu F_{\mathrm{AB}} = F_g$ が成り立つ. よって $F_{\mathrm{AB}} = \mu M_{\mathrm{A}}g/(1 - \mu^2) = 0.2083 M_{\mathrm{A}}g$. B の水平方向の力のつりあいより $F_{\mathrm{AB}} = F_w\sin 60° - \mu F_w\cos 60° = (\sqrt{3} - \mu)F_w/2$ なので, $F_w = 0.2719 M_{\mathrm{A}}g$. B の鉛直方向の力のつりあいより $\mu F_{\mathrm{AB}} + F_w(\cos 60° + \mu\sin 60°) = M_{\mathrm{B}}g$, よって $0.2247 M_{\mathrm{A}} = M_{\mathrm{B}}$ なので, $M_{\mathrm{A}} = 223\,\mathrm{kg}$.

10.15 ねじをゆるめるときに必要な力は式(10.31)より $F = Mg(\mu_{\mathrm{s}}\pi d - p)/(\pi d +$

$\mu_s p$). $F < 0$ より $p > \mu_s \pi d = 0.05 \times \pi \times 48 = 7.5\,\mathrm{mm}$.

10.16 締めつけた力 F_x は，式(10.30)において物体の押し上げ力 Mg に相当するので $F_x = F(\pi d - \mu_s p)/(\mu_s \pi d + p)$. ねじに加わるトルク $F(d/2)$ はスパナによるトルクとつりあうので $F \times 0.011 = 80 \times 0.25$. これらから $F_x = (80 \times 0.25/0.011) \times (\pi \times 0.022 - 0.1 \times 0.003)/(0.1 \times \pi \times 0.022 + 0.003) = 1.26 \times 10^4\,\mathrm{N} = 13\,\mathrm{kN}$.

10.17 ピッチを p, ねじに加える力を F_s とすれば，式(10.34)より効率は $\eta = Mgp/(F_s \pi d)$, ハンドルの長さを l, ハンドルに加える力を F とすれば，モーメントのつりあいより $F_s(d/2) = lF$, よって $F = Mgp/(2\eta\pi l) = 62.4\,\mathrm{N}$.

第 11 章

11.1 式(11.2)より角速度 ω は $\omega = 2\pi/T = 4\pi$, 中心での速度は，式(11.3)より $v = r\omega = 0.1 \times 4\pi = 1.257\,\mathrm{m/s}$, 向心力は，式(11.5)より $F = mr\omega^2 = 2 \times 0.1 \times (4\pi)^2 = 31.6\,\mathrm{N}$.

11.2 式(11.8)より周期は長さの平方根に比例するので，周期を 2 倍にするには長さを 4 倍にすればよい.

11.3 気球の上昇加速度が 0 の場合，振動数は式(11.9)より $f_0 = (1/2\pi)\sqrt{g/l}$. 加速度 a で上昇している場合，振動数は $f = (1/2\pi)\sqrt{(g+a)/l}$. よって $f/f_0 = \sqrt{(g+a)/g} = 1.0973$, 1 秒あたり $(f - f_0)/f_0 = f/f_0 - 1$ の割合で進むので，1 時間あたり $(f/f_0 - 1) \times 3600 = 350\,\mathrm{s}$ 進む.

11.4 A, B 地点の重力加速度，振り子の振動数をそれぞれ g_A, g_B, f_A, f_B とすると，$f_\mathrm{A} = (1/2\pi)\sqrt{g_\mathrm{A}/l}$, $f_\mathrm{B} = (1/2\pi)\sqrt{g_\mathrm{B}/l}$, A 地点を基準とした遅れは $(f_\mathrm{A} - f_\mathrm{B})/f_\mathrm{A} = 1 - (f_\mathrm{B}/f_\mathrm{A}) = 1 - \sqrt{g_\mathrm{B}/g_\mathrm{A}} = 60/(24 \times 60 \times 60) = 1/1440$ となるので，$g_\mathrm{B}/g_\mathrm{A} = (1 - 1/1440)^2 = 0.9986$.

11.5 式(11.12)より周期は質量の平方根に比例するので，$\sqrt{2}$ 倍になる.

11.6 ばね定数は $k = mg/(l - l_0) = 1 \times 9.8/(0.35 - 0.3) = 196\,\mathrm{N/m}$, 式(11.12)より $T = 2\pi\sqrt{m/k} = 2\pi\sqrt{1/196} = 0.449\,\mathrm{s}$.

11.7 直列のとき，合成ばね定数は $k = k_1 k_2/(k_1 + k_2) = 5 \times 10^7/15000 = 3333\,\mathrm{N/m}$ なので，周期は式(11.12)より $T = 2\pi\sqrt{m/k} = 2\pi\sqrt{20/3333} = 0.49\,\mathrm{s}$. 並列のとき，合成ばね定数は $k = k_1 + k_2 = 15000\,\mathrm{N/m}$ なので，周期は $T = 2\pi\sqrt{20/15000} = 0.23\,\mathrm{s}$.

11.8 軸のねじりのばね定数を C, 鉄球と被測定体の慣性モーメントをそれぞれ I, I_x, それぞれの周期を T_1, T_2 とする. 式(11.16)より $T_1 = 2\pi\sqrt{I/C}$, $T_2 =$

$2\pi\sqrt{I_x/C}$, $T_2/T_1 = \sqrt{I_x/I}$ なので, $I_x = (T_2/T_1)^2 I$. 鉄球の質量を M とすると, 表 6.1 より $I = (2/5)Mr^2 = 0.4 \times 7200 \times (4/3)\pi \times 0.05^5 = 3.7699 \times 10^{-3}$, よって $I_x = (T_2/T_1)^2 I = (2.5/2)^2 \times 3.7699 \times 10^{-3} = 5.89 \times 10^{-3}\,\mathrm{kg \cdot m^2}$.

11.9 振動数 f は式(11.20)より $f = (1/2\pi)\sqrt{g/h} = 1.114\,\mathrm{rps}$, これを rpm に換算すると, $1.114 \times 60 = 66.8\,\mathrm{rpm}$.

11.10 式(11.20)より $f = (1/2\pi)\sqrt{g/h}$ なので, $h = g/(4\pi^2 f^2)$. 回転数が 120 rpm, 60 rpm のときの振り子の高さをそれぞれ h_1, h_2 とすると, $h_1 = 9.8/\{4\pi^2(100/60)^2\} = 0.0620$, $h_2 = 9.8/\{4\pi^2(100/60)^2\} = 0.08936$ なので, $h_2 - h_1 = 0.0273\,\mathrm{m} = 2.73\,\mathrm{cm}$ だけ下がる.

11.11 支点（回転中心）と棒の重心（中点）の距離を x, 相当振り子長さを l, 棒の重心のまわりの回転半径を k_G とする. 式(11.28)より $l = x + k_\mathrm{G}^2/x$ なので, $x^2 - lx + k_\mathrm{G}^2 = 0$, よって $x = (l \pm \sqrt{l^2 - 4k_\mathrm{G}^2})/2$, 表 6.1 より $k_\mathrm{G} = 1.5/(2\sqrt{3})$, $k_\mathrm{G}^2 = 0.1875$. 式(11.27)より $T = 2\pi\sqrt{l/g}$ なので $l = g(T/2\pi)^2 = 9.8 \times (2/2\pi)^2 = 0.9929$ となり, $x = 0.2536$, 0.7393. よって棒の中点から 25.4 cm または 73.9 cm のところを支点とすればよい.

参考文献

[1] 森口　繁一：初等力学，培風館
[2] 三木　忠夫：力学，朝倉書店
[3] 青木　弘，長松　昭男：工業力学，養賢堂
[4] 井上　信雄，岩永　賢三：工科基礎力学，槙書店
[5] 杉山　隆二：基礎力学演習，培風館
[6] S. Timoshenko, D. H. Young: Engineering Mechanics, McGraw-Hill
[7] T. C. Huang: Engineering Mechanics Volume 1 Statics; Volume 2 Dynamics, Addison-Wesley
[8] 日本機械学会：機械工学便覧 A3 力学・機械力学

国際単位系（SI）

ニュートンの運動の法則のうえに組み立てられた力学体系において，いろいろな現象を考える際，本質的に明確に区別される基本量として，長さ，質量，時間の三つがある．これを基本量といい，その単位を**基本単位**とよぶ．力は運動の第二法則によって定義されるから，基本量として考える必要はない．また，速度は長さとそれを通過する時間を測って求まるが，このように，ある定まった測定にもとづいてそれに関係する基本量を測定し，基本量の組み合せとして与えられる量を組立量といい，その単位を**組立単位**とよぶ．

国際単位系（Le Système International d'Unités，略称 **SI**）は，単位系の多様性からくる混乱を収拾するため，国際度量衡総会（1960）で採択された単位系であり，現在，SI への統一と SI 専用化が各国で急速に進められている．付表 1 に，七つの SI 基本単位と，幾何学的に定義される二つの補助単位を示す．付表 2 には，力学にでてくる量の SI 組立単位の例を示した．そのほか，固有の名称をもつ SI 組立単位の例を付表 3 に示している．なお，このままでは数値が大きすぎたり小さすぎたりするので，単位の大きさを変えて数値を表すのに，付表 4 に示す，10 の整数乗倍を意味する接頭語を単位の前につける．たとえば，キロニュートン（kN）は 10^3 N を，メガワット（MW）は 10^6 W を，ミリパスカル秒（mPa·s）は 10^{-3} Pa·s を表す．

従来では，実用に便利であるところから，長さ，力，時間を基本量にとる単位系が工学および工業の分野で用いられてきた．これは力の単位に重力をとるので**重力単位系**とよばれる．参考として，SI と重力単位系（工学単位系）の対照表を付表 5 に示す．また，SI と SI 以外の単位系との換算例をつぎに示す．

$$1\,\mathrm{N} = \frac{1}{9.80665}\,\mathrm{kgf}$$

$$1\,\mathrm{Pa} = 1\,\mathrm{N/m^2} = \frac{1}{9.80665}\,\mathrm{kgf/m^2}$$

$$1\,\mathrm{J} = 1\,\mathrm{N\cdot m} = \frac{1}{3.6\times10^6}\,\mathrm{kWh} = \frac{1}{9.80665}\,\mathrm{kgf\cdot m}$$

$$1\,\mathrm{W} = 1\,\mathrm{J/s} = \frac{1}{9.80665}\,\mathrm{kgf\cdot m/s} = \frac{1}{735.4988}\,\mathrm{PS}$$

$$1\,\mathrm{Pa\cdot s} = 1\,\mathrm{P}$$

$$1\,\mathrm{m^2/s} = 1\,\mathrm{St}$$

付表 1　SI 基本単位

量	単位の名称	単位記号
長　さ	メートル	m
質　量	キログラム	kg
時　間	秒	s
電　流	アンペア	A
熱力学温度	ケルビン	K
物質量	モ　ル	mol
光　度	カンデラ	cd

付表 2　SI 組立単位の例

量	単位の名称	単位記号
回転数	回毎秒	s^{-1}
角速度	ラジアン毎秒	rad/s
角加速度	ラジアン毎秒毎秒	rad/s^2
速　度	メートル毎秒	m/s
加速度	メートル毎秒毎秒	m/s^2
力のモーメント トルク	ニュートンメートル	N·m
粘性係数	パスカル秒	Pa·s
動粘性係数	平方メートル毎秒	m^2/s

付表 3　固有の名称をもつ SI 組立単位の例

量	単位の名称	単位記号	定　義
平面角	ラジアン	rad	
立体角	ステラジアン	sr	
振動数，周波数	ヘルツ	Hz	s^{-1}
力	ニュートン	N	$m\cdot kg\cdot s^{-2}$
圧力，応力	パスカル	Pa	N/m^2
エネルギー，仕事，熱量	ジュール	J	N·m
仕事率，動力	ワット	W	J/s

付表 4　10^n 倍の単位の SI 接頭語

倍　数	接頭語	記　号	倍　数	接頭語	記　号
10^{18}	エクサ	E	10^{-1}	デ　シ	d
10^{15}	ペ　タ	P	10^{-2}	センチ	c
10^{12}	テ　ラ	T	10^{-3}	ミ　リ	m
10^9	ギ　ガ	G	10^{-6}	マイクロ	μ
10^6	メ　ガ	M	10^{-9}	ナ　ノ	n
10^3	キ　ロ	k	10^{-12}	ピ　コ	p
10^2	ヘクト	h	10^{-15}	フェムト	f
10^1	デ　カ	da	10^{-18}	ア　ト	a

付表 5　SI と重力単位系（工学単位系）の対照表

量	長　さ	質　量	時　間	温　度	加速度	力	圧　力 応　力	エネルギー	仕事率 動　力
SI	m	kg	s	K	m/s^2	N	Pa	J	W
重力単位系	m	$kgf\cdot s^2/m$	s	℃	m/s^2	kgf	kgf/m^2	kgf·m	kgf·m/s

付　表

特殊定数表

円周率	$\pi = 3.1415926536$ $\pi^2 = 9.8696044$ $\sqrt{\pi} = 1.7724539$ $\log_{10}\pi = 0.4971498727$ $\pi/180 = 0.0174533$	$1/\pi = 0.3183098862$ $1/\pi^2 = 0.1013212$ $1/\sqrt{\pi} = 0.5641896$ $\log_e \pi = 1.1447298859$ $180/\pi = 57.2957795$
自然対数の底	$e = 2.7182818285$ $\log_{10} e = 0.4342944819$	$1/e = 0.3678794412$ $\log_e 10 = 2.3025850930$

ギリシャ文字

大文字	小文字	名称	大文字	小文字	名称
A	α	アルファ	N	ν	ニュー
B	β	ベータ	$\varXi$	ξ	グザイ
$\varGamma$	γ	ガンマ	O	o	オミクロン
$\varDelta$	δ	デルタ	$\varPi$	π	パイ
E	ε	イプシロン	P	ρ	ロー
Z	ζ	ゼータ	$\varSigma$	σ	シグマ
H	η	イータ	T	τ	タウ
$\varTheta$	θ	シータ	$\varUpsilon$	υ	ウプシロン
I	ι	イオタ	$\varPhi$	φ, ϕ	ファイ
K	κ	カッパ	X	χ	カイ
$\varLambda$	λ	ラムダ	$\varPsi$	ψ	プサイ
M	μ	ミュー	$\varOmega$	ω	オメガ

索　引

あ　行

圧縮材 …… 29
安定なすわり …… 39
位置エネルギー …… 103
位置ベクトル …… 43
移動支点 …… 20
運動 …… 43
運動エネルギー …… 103
運動の第一法則 …… 56
運動の第三法則 …… 57
運動の第二法則 …… 56
運動の法則 …… 56
運動方程式 …… 57
運動量 …… 84
運動量保存の法則 …… 87
エネルギー …… 102
エネルギー保存の法則 …… 102
円運動 …… 50
遠心力 …… 60
円すい振り子 …… 142
重さ …… 31

か　行

回転運動 …… 73
回転支点 …… 20
回転半径 …… 63, 70
角運動方程式 …… 63
角運動量 …… 86
角運動量保存の法則 …… 88
角加速度 …… 50
角衝撃量 …… 86
角振動数 …… 137
角速度 …… 50
過減衰 …… 146
加速度 …… 44
滑車 …… 124
換算質量 …… 95
緩衝 …… 85
慣性 …… 56
慣性の法則 …… 56
慣性モーメント …… 63, 70
慣性力 …… 58
完全塑性衝突 …… 90
完全弾性衝突 …… 90
機械の効率 …… 134
共振 …… 148
強制振動 …… 148
極 …… 13
極慣性モーメント …… 65
曲線運動 …… 43
偶力 …… 8
偶力の腕 …… 8
偶力のモーメント …… 8
くさび …… 131
クレモナの方法 …… 28
経路 …… 43
減衰振動 …… 147
減衰力 …… 146
向心加速度 …… 51
向心衝突 …… 89
向心力 …… 60
剛体 …… 62
合力 …… 2
固定支点 …… 20
固有角振動数 …… 146
固有振動数 …… 146
ころがり摩擦 …… 113
ころがり摩擦係数 …… 116
ころがり摩擦力 …… 116

さ　行

最大摩擦力 …… 113
索線 …… 14
差動滑車 …… 126
作用 …… 57
作用線 …… 1
作用・反作用の法則 …… 57
軸受 …… 120
軸受平均圧力 …… 121
仕事 …… 99
仕事の原理 …… 125
実体振り子 …… 143
射線 …… 14
斜面 …… 129
周期 …… 137
重心 …… 31, 35
自由振動 …… 146
重点 …… 124
瞬間中心 …… 73
衝撃力 …… 85
衝突 …… 89
示力図 …… 13
振動 …… 137
振動数 …… 137
振動の中心 …… 144
振幅 …… 137
スカラー …… 1
図心 …… 32
すべり摩擦 …… 113
スラスト軸受 …… 120
静的つりあい …… 79
静摩擦 …… 113
静摩擦角 …… 114
静摩擦係数 …… 113
静摩擦力 …… 113
静力学 …… 59
接近速度 …… 89
接線加速度 …… 45
絶対運動 …… 52
絶対速度 …… 52
切断法 …… 26
節点 …… 24
節点法 …… 25
相対運動 …… 52
相対速度 …… 52
相当単振り子の長さ …… 144
速度 …… 43

速比 ………………………… 124
息角 ………………………… 114

た 行

打撃の中心 …………………… 96
脱出速度 ……………………… 108
ダランベールの原理 ………… 59
単振動 ………………………… 137
単振り子 ……………………… 139
断面二次半径 ………………… 65
断面二次モーメント ………… 65
力 ……………………………… 1
力の三角形 …………………… 2
力の多角形 …………………… 4
力の場 ………………………… 101
力の分解 ……………………… 3
力の平行四辺形 ……………… 2
力のモーメント ……………… 6
着力点 ………………………… 1
中立のすわり ………………… 39
直線運動 ……………………… 43
直交軸の定理 ………………… 65
定滑車 ………………………… 125
てこ …………………………… 124
等加速度運動 ………………… 46
動滑車 ………………………… 125
等時性 ………………………… 139
等速円運動 …………………… 51
等速度運動 …………………… 46
動的つりあい ………………… 79
動的不つりあい ……………… 79
動摩擦 ………………………… 114
動摩擦係数 …………………… 115
動摩擦力 ……………………… 114
動力学 ………………………… 56
動力 …………………………… 109
トラス ………………………… 24
トルク ………………………… 62

な 行

内力 …………………………… 29
斜めの衝突 …………………… 91
2力の合成 …………………… 2
ねじ …………………………… 133
ねじの効率 …………………… 134
ねじり振り子 ………………… 141

は 行

バウの記号法 ………………… 13
はねかえりの係数 …………… 90
ばね振り子 …………………… 140
速さ …………………………… 43
反作用 ………………………… 57
バンドブレーキ ……………… 119
反発係数 ……………………… 90
反力 …………………………… 19
非弾性衝突 …………………… 90
引張材 ………………………… 24
不安定なすわり ……………… 39
復元力 ………………………… 138
部材 …………………………… 24
不等速度運動 ………………… 46
ブレーキ ……………………… 119
ブロックブレーキ …………… 119
分離速度 ……………………… 89
分力 …………………………… 3
平均の角速度 ………………… 50
平均の加速度 ………………… 44
平均の速さ …………………… 43
平行軸の定理 ………………… 64
並進運動 ……………………… 73
平面運動 ……………………… 49, 73
ベクトル ……………………… 1
変位 …………………………… 43
偏心衝突 ……………………… 94
法線加速度 …………………… 45
放物線運動 …………………… 49
保存力 ………………………… 101
ホドグラフ …………………… 45
骨組構造 ……………………… 24

ま 行

摩擦円すい …………………… 114
摩擦力 ………………………… 113
無周期運動 …………………… 146
面積の慣性モーメント ……… 65
モーメントの腕 ……………… 6

ら 行

ラジアル軸受 ………………… 120
ラミの定理 …………………… 17
力学的エネルギー …………… 102
力学的エネルギー保存の法則
……………………………… 106
力積 …………………………… 85
力積モーメント ……………… 86
力点 …………………………… 124
力比 …………………………… 124
離心軽減質量 ………………… 95
臨界減衰 ……………………… 147
輪軸 …………………………… 128
連力図 ………………………… 14

著 者 略 歴
青木　弘（あおき・ひろし）［故人］
東京大学第二工学部航空原動機学科卒業
東京工業大学名誉教授
工学博士

木谷　晋（きたに・すすむ）［故人］
東京工業大学金属工学科卒業

編集担当　大野裕司（森北出版）
編集責任　藤原祐介（森北出版）
組　　版　創栄図書印刷
印　　刷　　　同
製　　本　　　同

工業力学（第4版）

1971年 1 月25日　第1版第 1 刷発行
1985年 2 月28日　第1版第19刷発行
1985年 9 月30日　SI版第 1 刷発行
1993年 3 月 1 日　SI版第12刷発行
1994年 1 月17日　第3版第 1 刷発行
2010年 2 月10日　第3版第25刷発行
2010年12月 6 日　第3版・新装版第 1 刷発行
2021年 3 月 1 日　第3版・新装版第11刷発行
2021年 6 月10日　第4版第1刷発行
2023年 2 月10日　第4版第3刷発行

著　　者　青木　弘・木谷　晋
発 行 者　森北博巳
発 行 所　**森北出版株式会社**
東京都千代田区富士見 1-4-11（〒102-0071）
電話 03-3265-8341／FAX 03-3264-8709
https://www.morikita.co.jp/
日本書籍出版協会・自然科学書協会　会員
JCOPY ＜（一社）出版者著作権管理機構 委託出版物＞

落丁・乱丁本はお取替えいたします.

Printed in Japan／ISBN978-4-627-61025-5